草原退化机制与草地生态畜牧业模式

李政海　鲍雅静　梁存柱 等　著

U0303059

科学出版社

北京

内 容 简 介

　　草原是我国北方重要的生态安全屏障，也是我国重要的草地畜牧业资源，目前草原退化问题严重，对草原生态防护功能和畜牧业可持续发展构成严重威胁。本书从不同尺度、不同视角分析了草原退化机制与草地生态畜牧业发展模式。首先，在全国尺度上，探讨了植被发育与水热匹配指数的相互关系。其次，探讨了锡林郭勒草原气候旱化与过度放牧影响下的区域性整体退化机制，研究了景观尺度上草原的退化规律与空间分异规律，以及放牧强度对草原植被覆盖状况和牧民经济收益的影响。根据本书提出的植物能量功能群概念与分类体系，探讨了草原退化演替进程与能量功能群更迭的耦合机制。最后介绍了良种杂交减压护草、季节轮牧、饲草料基地建设等生态畜牧业实践成果。

　　本书可供农林科技、草原生态保护、草地资源管理及区域环境保护、资源开发、生态评价等领域的科研、教学和管理人员参考与应用。

审图号：蒙 S（2022）031 号

图书在版编目（CIP）数据

草原退化机制与草地生态畜牧业模式／李政海等著. —北京：科学出版社，2022.11

　ISBN 978-7-03-073883-7

Ⅰ. ①草⋯　Ⅱ. ①李⋯　Ⅲ. ①草原退化–研究–中国②草原–生态农业–畜牧业–发展模式–研究–中国　Ⅳ. ①S812.6 ②F326.376

中国版本图书馆 CIP 数据核字（2022）第 219784 号

责任编辑：张　菊／责任校对：胡小洁
责任印制：吴兆东／封面设计：无极书装

科学出版社 出版
北京东黄城根北街 16 号
邮政编码：100717
http://www.sciencep.com

北京九州迅驰传媒文化有限公司 印刷
科学出版社发行　各地新华书店经销

＊

2022 年 11 月第 一 版　开本：720×1000　1/16
2023 年 2 月第二次印刷　印张：17 1/4
字数：350 000

定价：218.00 元
（如有印装质量问题，我社负责调换）

《草原退化机制与草地生态畜牧业模式》
撰写成员

主 笔

李政海　鲍雅静　梁存柱

副主笔

张　靖　王海梅　李智勇

成 员

吕　娜　崔立新　乌云其其格

叶佳琦　张贻龙　徐梦冉

前　　言

　　我国是世界第二大草地资源大国，草地面积约 400km²，占我国陆地总面积的 41% 左右。草地具有维护国家生态安全、保护生态环境、调节气候、抵御风沙侵袭等生态服务功能，为此，国家在制定"十三五"时期"两屏三带"生态安全战略时，将我国草原区纳入北方防沙带进行重点保护与建设。习近平总书记在内蒙古考察时强调指出，要坚持生态优先、绿色发展，在集中集聚集约上找出路，加强草原保护，强化土地沙化荒漠化防治工作，保护好生态环境，筑牢我国北方重要生态安全屏障。

　　草原生态系统的退化已经成为一个备受关注的全球生态环境问题，尤其是在干旱、半干旱区，草原退化问题十分严峻，内蒙古草原退化率已经由 20 世纪 60 年代的 18% 发展到 80 年代的 39%，90 年代达到 60% 以上，2000 年前后更是达到 73%，说明草原的区域性整体退化已经成为不争的事实。长期深入、全面的研究表明，草原退化是草原地区区域性气候暖干化和草原过度放牧共同作用的结果，由此导致草原植被覆盖度降低、生产力下降、环境恶化。根据生态学的基本规律，气候是决定地带性植被分布与生产力的关键因素，在全球气候变化背景下，草原区的气候格局已经发生了明显变化，与之相对应，草原植被生长状态的一些变化应该属于植被响应气候格局变化的结果。草原退化防治与生态修复的对象主要是受过度放牧利用严重影响，草原植被状态严重偏离植被与气候相对平衡的那些区域。因此，要防止草原退化状况进一步恶化，在深入开展局地或具体退化草原群落类型的生态修复技术与利用对策研究的同时，也必须针对区域尺度上植被与气候关系状态、导致草原整体退化的原因与机制，根据气候影响草原生产力的总体规律，开展草原区气候变化背景下草原生产力格局变化机制研究，并依据不同草原生态地理区内畜牧业特点，全面分析草原生产力与草地利用强度、放牧场与割草场比例、放牧时间、冬春补饲措施等的内在关联，提出生态畜牧业的区域调控途径、措施及其实施区域，充分利用"天然草地退化机制"方面的研究成果，制定退化草地修复与可持续利用技术模式，只有这样才能实现"知天时、用地利、获人和"，实现草原生态环境保护与草原畜牧业的可持续发展目标。

　　虽然国内外对草地退化与恢复机理进行了大量的研究，取得了许多重要的理论研究成果与一些技术成果，但是，由于缺乏系统化的成果与技术转化机制和平台,将这些理论成果系统化地应用于区域可持续发展的实践并不多见。我国具有特色的乡土优良牧草品种选育与建植技术、草地资源的可持续管理技术、家畜精准管理技术、高产优质人工草地建植技术、生态畜牧业与生态产业技术等均较落后,迫切需要开展干草原区退化草地修复与可持续利用技术研发和示范研究工作。

探索生态现象与生态过程的尺度效应,进而获得最为全面的生态学规律,这在生态学研究工作中占有重要的学术地位,而将理论研究成果和生态学规律与生态环境保护及农牧业生产实践相结合是生态学研究的根本目标。本书总结了作者多年以来的生态学研究成果,内容包括全国尺度上植被与气候的水热匹配关系,区域尺度、景观尺度和植物能量功能群视角下草原的退化机制,理论研究与实践应用层面草原可持续生态畜牧业的示范模式与实现途径等,以期为实现草原生态环境保护和畜牧业可持续发展提供科学依据。

感谢大连民族大学、内蒙古大学的大力支持,感谢国家重点研发计划项目(2016YFC0500503)、国家自然科学基金项目(31971464,30970494,30771528)、辽宁省民族联合基金项目(2020-MZLH-11)对相关研究工作给予的资助。

鉴于草原退化机制与草地生态畜牧业研究的复杂性及作者知识和能力的限制,书中难免存在疏漏和不足之处,敬请读者不吝赐教!

作　者

2022 年 11 月

目　　录

第1章 | 区域尺度上植被发育的水热匹配常数与中国生物气候的水热分界

1.1 研究背景与意义

在生态学科的发展进程中，气候因素，特别是大气温度和降水量与生物种分布、植被发育与分布相互关系的研究一直是生态学研究的重要基础和主要内容，许多经典的生态学理论都是基于植被与气候的相互关系提出的，其中最为著名的经典著作和理论包括，1807年洪堡（A. v. Humboldt）的著作《植物地理学知识》以及书中提出的等温线及其对植物分布的意义（Humboldt，1807）；多库恰耶夫（V. V. Dokuchaiev）基于土壤地带性发展形成的自然地带学说；沃尔特（H. Walter）基于生物气候图解对世界植被—陆地生物圈的生态系统的详尽论述等（Jack，1986）。

就生态学而言，影响植被发育的因素有降水、温度、土壤、光照、海拔等，但从大的生态空间范围来看，温度和降水是影响生物在陆地表面分布的两个最关键生态因子，而土壤、海拔等要素的影响更多体现在局地尺度上。

为此，从1807年洪堡提出等温线至今的200多年里，众多科学家针对温度和降水与植被的关系进行了大量研究工作。例如，谢尔福德（V. E. Shelford）的生物耐性限度理论（Shelford，1914），Pianka（1975）关于温湿两因子对生物适合度的影响研究，利比希最小因子定律（Liebing's law of the minimum）和沃尔特（H. Walter）等的工作（Jack，1986）。这些研究成果表明，单个温度或降雨因子并不能决定植被的分布和发育好坏。例如，在中国北方大兴安岭地区，年降水量只有300～500mm，但可发育形成茂盛的寒温带针叶林（边玉明等，2017），而在热带干热河谷地区，降水量高达640mm，却只能发育形成稀树灌丛草地植被（张斌等，2010）。温度与植被发育的关系也表现出同样的规律。例如，在中国东南沿海地区，从积温在5000℃左右的温带地区到积温大于9000℃的热带地区，都有发育良好的森林植被，甚至在积温只有2000℃附近的寒温带地区，同样有发育良好的森林植被。

因此，温度和降水的共同作用才是决定生物群落在陆地上分布总格局的关键

（林育真和付荣恕，2015）。先后有几十位著名学者和一些国际组织（如 FAO），利用大气温度、降水量、蒸散量、大气湿度、辐射平衡等气候指标的比值或不同组合，构建了气候干燥度等计算方法，试图在此基础上，通过对比分析重要生态地理区或高等级植被分类单位分布边界与气候干燥度的对应关系，来揭示气候影响植被发育与分布的内在规律。但这些干燥度所关注的主要是某个地点的水热平衡状况，由于计算公式中均未引入与植被发育状况相关的指标，因此，模拟计算结果本质上还只是一个气候指标，没有明确的生态学含义；其计算结果也不能给出植被整体发育与分布的干湿分界线。因此，面对来自某种计算方法的两个高低不同的干燥度数值，人们无从判断植被的发育与分布是受干旱胁迫还是受水分过多的限制，也就更不能确定植被受胁迫的严重程度。上述情况表明，尽管气候与植被相互关系的研究是生态学中最古老、最经典的研究内容，但是对气候中的温度与降水量综合影响植被发育与分布的机制和共性规律的认识还远没有达到明晰的程度。

既然温度和降水量是影响植被发育与分布的关键生态因子，而在气候的影响下植被在地球上又表现出规律性的分布格局（纬度地带性、经度地带性和垂直地带性），那么温度和降水量之间就应该遵循着某种固定的内在规律对植被的发育和分布产生影响。如果能找到这个规律，并把它引入到"植被—气候"模型之中，那么，就可以定量化地、更加全面地认识世界植被的地带性分布规律，更加深刻地理解植被发育状况与气候之间的内在联系，更加准确地把握全球气候变化对植被分布与发育的生态效应，研究成果对于积极应对气候变化和加强植被生态修复工作都具有极其重要的理论与实践意义。

1.2 区域尺度上植被分布与发育的水热匹配常数假说

对于地球上由不同植物种类组合形成的各种植被类型，当其在密集的等温线和等雨量线构成的二维空间移动换位时，植物群落会通过改变植物种类组成对生境差异做出适应性响应。这些变化既有同种植物个体数量、生长高度、枝叶数量等方面的变化，也包括不同种类和物种多样性的变化，甚至是生活型类群的更迭，这些变化会导致植被结构复杂性、生物量、植被盖度和植被繁茂程度等特征的改变，从而使植被表现出不同的发育状态。

根据植物光合作用原理，每生产一个能量单位的有机物质需要固定一定量的热量并利用一定量的水分。对于随生境差异不断变化的抽象意义上的植物群落而言，其发育状态不存在单纯的最适温度，也不存在单纯的最适降水量，温度高低对植被发育状态的影响要视降水量多少而定，只有在两者相互之间高度匹配的情况下，植被才能实现最佳的发育状态。同一条等温线（等雨量线）上的植被发育状态有好有差，植被发育最好的那一点的降水量（温度），就是植被发育的最佳水热匹配点，此时植被对热量与水分的利用效率达到最大值，而且在由成千上万条等温线（或等雨量线）构成的区域范围内，每一条等温线（或等雨量线）上植被发育的最佳水热匹配点处的温度与降水量的比值是一个常数（图1-1右）。

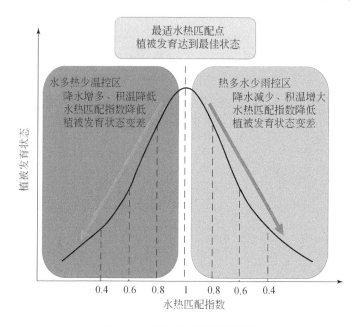

图1-1　水热匹配常数假说图示

在区域尺度上，植被的发育受大气温度与降水量的综合影响，植被发育状态取决于水热匹配状况。任意一条等温线（或等雨量线）上植被发育达到最佳状态时，≥10℃积温与年降水量的比值是一个常数，这些点的连线构成生物气候的干湿分界线。偏离分界线，不论是降水量增加或减少，还是积温降低或提高都会对植被发育产生抑制作用

1.3　数据来源与研究方法

中国地域辽阔，气候类型多样，从南到北跨越了热带、亚热带、温带和寒温带等不同热量气候带，≥10℃积温变化为150～9300℃，从东到西分布有从沿海到内陆的湿润气候、半干旱气候和干旱气候类型，在植被分布格局上，在沿海湿润地区分布着热带雨林、常绿阔叶林、落叶阔叶林、针叶林等不同的森林植被类型，而从沿海到内陆分布着森林、草原和荒漠植被。如此广阔的温度及降水梯度

及多样化的植被类型，为研究植被与气候相互关系提供了理想场所。具体研究方法和数据来源如下。

1.3.1 数据来源

1. 气象数据

来自中国气象数据网（http://data.cma.gov.cn）中国地面国际交换站2000~2011年气候资料日值数据集（V3.0），包括194个气象站点的逐日温度（℃）与降水数据（mm）（台湾省数据缺失），通过Access 2016数据库对降水数据与温度数据进行整理，剔除异常值，统计12年平均降水量及≥10℃积温平均数据，利用克里金（Kriging）空间插值法计算全国多年平均降水量与多年平均≥10℃积温图像。投影为兰勃特等面积投影，数据分辨率为1km×1km。

2. 植被指数数据

采用2000~2011年12年之间10d最大值合成（MVC）的SPOT-VGT NDVI数据，空间分辨率为1km×1km数据，共432期影像，每期包括945多万个像元（受气象数据影响，台湾地区未作统计）。其中，2001~2007年数据下载自中国西部环境与生态科学数据中心（http://westdc.westgis.ac.cn），2008~2011年的数据下载自全球Spot vegetation数据免费分发网站（http://free.vgt.vito.be/），并对两个来源数据进行一致性计算。

3. 植被区划图

使用《中国植被图集》中的植被类型及植被分区（中国科学院中国植被图编辑委员会，2001）。

1.3.2 研究方法

为探索温度、降水量以及水热匹配度与植被发育状态之间的相互关系，将插值获得的多年平均≥10℃积温数据图层，按10℃的增幅构建了915个积温等值线区带，通过与SPOT NDVI图层进行叠加提取，计算每个区带的归一化植被指数（normalized difference vegetation index，NDVI）平均值，然后以积温为横坐标，以各区带的平均NDVI值为纵坐标作图，分析NDVI在积温梯度上的变化规律，以此确定≥10℃积温对植被发育状况的影响。年降水量图层和水热匹配度图层做同样处理，其中，年降水量的增幅为 5mm，共构建了 452 个等雨量线区带，用于分析年降水量与植被发育状态的相互关系。≥10℃积温/年降水量的比值图层的增幅为 0.05，得到全国共 9447 级水热比值等值线区带，其结果用于分析水热匹配关系对植被发育状态的综合影响，并从中找出植被发育处于最佳状态时的水热匹配常数，建立中国生物气候干湿分界线。

1.4 假说验证与分析

1.4.1 年积温与植被发育关系分析

根据插值结果，中国≥10℃积温变化为 150 ~ 9300℃，提取每隔 10℃积温增量区间的 NDVI 平均值，如图 1-2 所示。结果表明，在≥10℃积温从低到高的变化梯度上，植被 NDVI 未表现出一致性的变化规律。

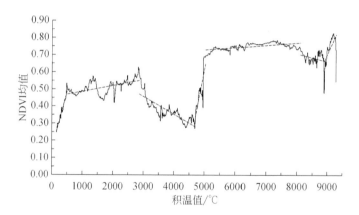

图 1-2   植被 NDVI 最大值平均值随≥10℃积温的变化规律
折线为实测数据，虚线为趋势线

在积温为 150 ~ 510℃区段，NDVI 随着温度的升高迅速地从 0.25 提高到 0.51 左右。在空间分布上，该区域主要分布在青藏高原中心局部地段。

在 510 ~ 2860℃积温区段，植被 NDVI 随着积温的升高缓慢提高，变化范围为 0.51 ~ 0.59。在空间分布上，该区域主要分布在青藏高原、大兴安岭、锡林郭勒草原中西部以及新疆塔城的局部地区。

在积温 2860 ~ 4700℃区段，植被 NDVI 随着积温升高显著降低，NDVI 从 0.59 下降到 0.39。该区域在中国分布范围最广，占据了中国中部和西北部的大部分区域，包含了大面积荒漠干旱气候区。

从积温 4700℃ 开始，NDVI 迅速回升，到 5030℃，NDVI 提高到 0.69。该区域主要分布在中国淮河以北和横断山脉以东的狭长地带，以及新疆乔戈里峰到喀喇昆仑山口地区和天山博格达峰附近局部地区。

在积温 5030～8100℃ 区段，尽管积温变化幅度很大，但 NDVI 基本保持平稳，波动变化在 0.69～0.74 范围内。空间上主要分布在淮河以南、横断山脉以东的大范围区域内。

当积温范围为 8100～8900℃ 时，植被 NDVI 表现出一定的下降趋势，变化范围主要为 0.74～0.67，最低点只有 0.48，区域范围主要分布在广东省中西部和广西南部的沿海地区。

在积温>8900℃ 的海南岛地区，植被 NDVI 达到较高水平，最高达到 0.83。

植被 NDVI 最大值平均值表现出不同变化趋势的 ≥10℃ 积温区间的空间分布范围参见图 1-3。

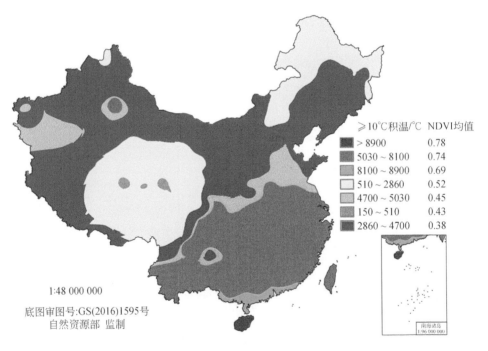

≥10℃积温/℃	NDVI均值
>8900	0.78
5030～8100	0.74
8100～8900	0.69
510～2860	0.52
4700～5030	0.45
150～510	0.43
2860～4700	0.38

1:48 000 000

底图审图号:GS(2016)1595号
自然资源部 监制

图 1-3　中国≥10℃积温生态类型区分布图
不同类型区内植被 NDVI 最大值平均值具有不同的变化趋势

从总体趋势上来说，积温与植被发育的关系呈现为正相关关系（$p<0.01$），但相关系数不大（0.712），表明植被发育并不仅仅取决于温度。在空间分布上，

由于中国地域辽阔，经纬度跨度大，且地形复杂，植被分布呈现复杂格局。

例如，深入内陆的新疆腹地与华南地区同处高积温区域，但由于其海陆距离差异引起水分条件不同，导致两者植被状况迥异，两者的 NDVI 值的标准差较大；同样，中国温度一致的很多地区都会呈现这种植被状况迥异的情况。

1.4.2　年降水量与植被发育

中国降水量的插值结果表明，全国的年降水量为 5 ~ 2255mm。图 1-4 是按 5mm 降水量增量区间提取的 NDVI 平均值。与积温的生态效应一样，在年降水量从低到高的变化梯度上，植被发育状态亦不存在"三基点"模式的变化规律。

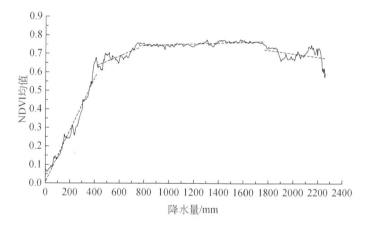

图 1-4　植被 NDVI 最大值平均值随年降水量平均值的变化规律

折线为实测数据，虚线为趋势线

在以干旱、半干旱气候区为主体的中国西北地区（图 1-5），年降水量变化为 5 ~ 415mm，植被的发育状态会随着降水量的增加得到显著改善，NDVI 从 0.06 迅速提高到 0.66。

在降水量从 415mm 增加到 755mm 的过程中，NDVI 波动式缓慢升高，从 0.66 提高到 0.75。该区域包括中国东北的中东部地区，然后基本沿着内蒙古和辽宁南部边界，按东北—西南走向延展到青藏高原的中部，其南部界线基本在淮河以北、青藏高原东缘一线（图 1-5）。

在年降水量达到 755mm 以后，一直到 1765mm，5mm 降水量增量区间内植被 NDVI 的平均值基本保持稳定，变化为 0.75 ~ 0.77，变幅只有 0.02。该区域主要分布在淮河以南和青藏高原以东地区，也包括吉林南部、辽宁东部与朝鲜交界的

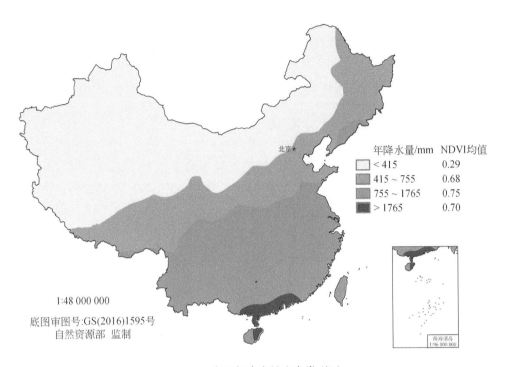

年降水量/mm　NDVI均值
< 415　　　　0.29
415 ~ 755　　0.68
755 ~ 1765　 0.75
> 1765　　　 0.70

北京★

1:48 000 000

底图审图号:GS(2016)1595号
自然资源部　监制

南海诸岛
1:96 000 000

图1-5　中国年降水量生态类型区
不同类型区植被 NDVI 最大值平均值的变化趋势存在显著差异

小部分地区。

　　在年降水量超过 1765mm 的地区，植被的平均 NDVI 为 0.70，但是由于降水量过多，积温难以与过量的降水相互匹配，导致该降水范围内的 NDVI 表现出下降的趋势，植被的平均 NDVI 低于降水范围为 755 ~ 1765mm 的地区。区域范围主要在广东中西部和广西南部的沿海地区，也包括海南岛东部地区。

　　中国降水量与 NDVI 的关系也大体上呈现了一种植被状况随着降水量增加而变好的趋势，尤其在 0 ~ 415mm 区间，呈现了一种直线上升的趋势，但在降水量超过 755mm 之后，植被状况不再随降水量上升，而是趋平波动，甚至在降水量超过 1765mm 后，植被指数呈现出下降趋势的波动。因此，植被的发育状况也并非取决于降水量单一因子。

1.4.3　水热匹配状况与植被发育

　　在前文分析的基础上，进一步分析了温度和降水量与植被发育的关系，结果表明，≥10℃积温/年降水量的比值（以下简称水热匹配比值）所代表的水热匹配状况与植被发育状态显著相关，两者之间表现出明显的单峰曲线型的变化规律，表明在水热匹配状况的变化梯度上，植被发育存在最适点。根据插值结果计算获得中国的水热匹配比值变化为 0.55~724（图 1-6）。按照 0.05 的比值增量区间提取 NDVI，当比值从 0.55 增大到 5.75 时，NDVI 迅速从 0.2601 提高到 0.7869；当比值达到 5.75 后，则随着比值的继续增大，NDVI 迅速降低，在比值为 15.3 处，NDVI 下降到与上升区最低值相当的水平，只有 0.2595，而当比值增加到 140 之后，NDVI 基本上都小于 0.1。因此，水热匹配比值为 5.75 时，NDVI 值达到最大值，为 0.7869。

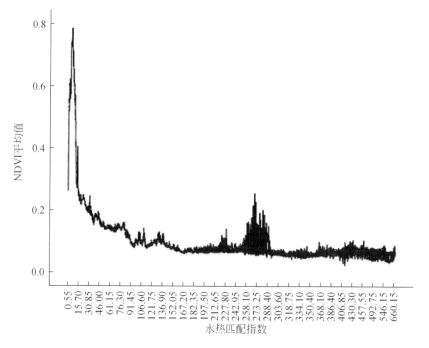

图 1-6　植被 NDVI 最大值平均值随≥10℃积温/年降水量比值的变化规律

　　根据上述分析，如果以水热匹配比值 5.75 作为标准，可将中国整个国土范围内的植被发育状态与水热匹配状况之间的关系划分为两大区域，其中，比值为 0.55~5.75 的区域，降水量丰沛但积温匹配不足，属于水多热少温控区，比值越低，降水量占比越大，植被发育受低温抑制和生长季过短的不利影响越严重，植被发育状态越差。随着比值增大，水热匹配程度提高，植被发育状态越好。该类型主要分布在中国的秦岭—淮河以南地区，青藏高原及以东的大片地区，长白山地区、大兴安岭北部和海南岛东部地区（图 1-7），约占中国大陆国土总面积的 38.27%。

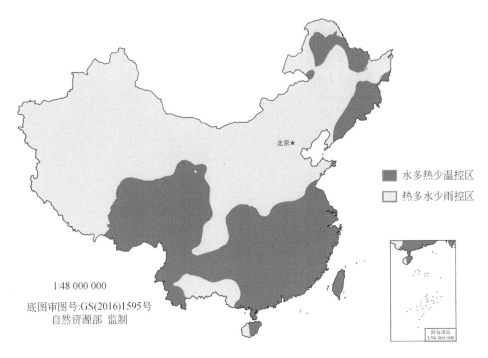

图 1-7　随水热匹配比值增大 NDVI 平均值提高区（蓝）和
下降区（黄）界线分布图

在水热匹配比值大于 5.75 的地区，通常表现为热量相对充足但降水量较少，属于热多水少雨控区。水热比值越大，水热的匹配程度越低，植被受干旱胁迫越严重，发育状态越差。该类型主要分布在中国的淮河—秦岭—四川盆地—青藏高原以北的西北地区，以及东北平原和大兴安岭以西地区，占总面积的 61.73%。

1.4.4　植被发育与分布的水热匹配指数

以上分析表明，反映植被发育状态的 NDVI 随水热匹配比值表现出单峰曲线型规律性变化（图 1-6），并在区域尺度上存在植被发育状态的最适水热匹配点。为此，可证明本研究提出的科学假设是成立的，即在区域尺度上，植被的发育受温度和年降水量的共同影响，而不存在单纯的最适温度和单纯的最适降水量。在每一条等温线（等雨量线）上，植被达到最佳发育状态时的水热匹配比值是一个常数，该常数等于 5.75，将其称为植被发育最佳状态时的水热匹配常数。

利用水热匹配常数，可以构建客观反映水热与植被发育状态关系的评估参数，定义为水热匹配指数 I_{TMP}，具体公式如下：

$$I_{TMP} = \begin{cases} \dfrac{T}{5.75 \times P}, & \text{当} \dfrac{T}{5.75 \times P} < 1（水多热少温控区） \\ \dfrac{5.75 \times P}{T}, & \text{当} \dfrac{T}{5.75 \times P} > 1（热多水少雨控区） \end{cases} \qquad (1.1)$$

式中，I_{TMP} 为水热匹配指数；T 为年 ≥10℃ 积温；P 为年降水量；5.75 为水热匹配常数。

利用年降水量与 ≥10℃ 积温两个图层进行代数运算，获得水热匹配指数等值线图（图1-8），其中的绿色曲线为 I_{TMP} 等于1，即水热匹配比值为 5.75 各点的连线。以 I_{TMP} 0.1 增量区间提取各等值线之间 NDVI 最大值的平均值，结果如图1-9所示。从图1-8中可见，水热匹配最佳状态下（水热最佳匹配线两侧各5km缓冲区范围内 NDVI 的平均值），植被覆盖度最高，其 NDVI 为 0.798。在最佳匹配线两侧 I_{TMP} 为 1～0.9 范围内，NDVI 分别为 0.76 和 0.77。随着范围扩大，不管是降水较多热量不足，还是热量较高降水不足，随着水热匹配指数的降低，植被覆盖度均表现出明显降低的趋势，当 I_{TMP} 变化为 0.6～0.7 时，水多热少一侧的平均 NDVI 为 0.61，而热多水少一侧的平均 NDVI 为 0.59。

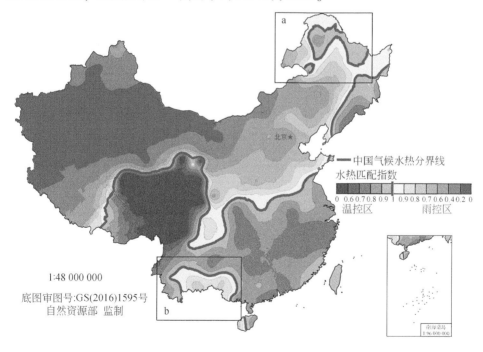

图 1-8　中国水热匹配指数等值线图

橙、黄色系为热多水少干旱区，绿色色系为水多热少湿润区。绿色线条代表 I_{TMP} 为1，是水热匹配最佳状态的各点连线，也是中国生物气候的干湿分界线

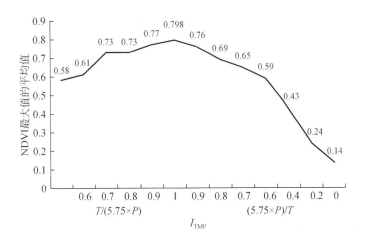

图 1-9　植被发育状况与水热匹配指数的相互关系

横坐标 1 左侧部分为水多热少温控区，1 右侧部分为热多水少雨控区。$I_{TMP}=1$ 对应的数值是曲线两侧

5km 缓冲区内 NDVI 的平均值（该线段不包括图 1-8 中青藏高原东部，原因在于海拔迅速升高，5km

缓冲区将包含部分 I_{TMP} 为 0.8 甚至 0.7 的区域）

上述结果表明，在区域尺度上，水热的良好匹配关系对植被发育具有至关重要的作用，植被的发育既要有一定的热量与降水作保证，同时更需要适宜的水热匹配关系，相对于植被发育的最好状态（$I_{TMP}=1$），I_{TMP} 越偏离 1，NDVI 平均值越低，水分或热量过多或过少均会对植被发育起抑制作用。

1.5　应 用 前 景

（1）对 ≥10℃ 积温、年降水量和水热匹配状况与植被分布与发育相互关系的研究表明，水热条件是影响区域植被发育的主要生态因子，在 ≥10℃ 积温或年降水量从低到高的变化过程中，植被的 NDVI 会随之提高，植被发育状态总体变好。但是在只考虑单一气候要素的情况下，不论是 ≥10℃ 积温还是年降水量，都不存在植被发育的最适点，即在全国范围内，不存在哪种温度状态或降水量状态能够使植被达到最佳发育状态。与之不同的是，在分析水热对植被的综合作用时，水热匹配状况与植被发育状态之间表现为单峰曲线，在全国范围内，当水热匹配比值为 5.75 时，植被的 NDVI 值达到最大值，即此时的植被达到最佳发育状态，否则偏离该点，不论是热多水少，还是水多热少均会对植被发育产生不良影响，使植被的发育受限。

为进一步验证该水热匹配常数的存在及其与植被发育状况的变化规律，在中等尺度上做了进一步验证，分别选取中国北部寒温带大兴安岭针叶林与草原地区（图1-8a），以及中国南部热带滇桂地区为案例（图1-8b），进行不同气候区的验证分析。按照上述方法，分别提取每条 I_{TMP} 等值线 5km 缓冲区内平均 NDVI 值。表 1-1 的结果表明，沿等值线 10km 宽度的狭长地带内，均以 I_{TMP} 值为 1 时的 NDVI 最高，随着 I_{TMP} 数值变小，水热匹配状况变差，NDVI 值降低。

表 1-1　中国南北典型区域 I_{TMP} 等值线缓冲区内植被发育状况的对应变化

项目	$T/5.75P<1$			$5.75P/T<1$			
I_{TMP}值	0.8	0.9	1	0.9	0.8	0.7	0.6
中国北部地区	—	0.84	0.842	0.80	0.73	0.57	0.47
中国南部滇桂地区	0.732	0.750	0.758	0.756	0.746	0.749	—

由此表明，水热匹配常数在不同尺度和不同生态气候区具有普适性，I_{TMP} 可以深刻揭示区域尺度上气候影响植被发育与分布的内在机制，即在区域尺度上，温度和降水量以固定的比例关系影响植被的发育与分布，植被发育达到最佳状态时的水热匹配状况是一个常数，常数值是水热匹配比值等于 5.75。

（2）根据 5.75 这个水热匹配常数，利用本研究建立的水热匹配指数 I_{TMP} 模型，计算获得的所有 $I_{TMP}=1$ 的点的连线构成了中国生物气候，特别是植被气候的干湿分界线，该线将整个中国划分为两大生态气候类型区，即水多热少温控区和热多水少雨控区。前者主要包括中国的东南沿海地区和青藏高原地区，该区域植被的发育主要受制于积温难以与丰沛的水分条件相匹配，积温或热量状况是该区的主导气候因子。后者主要分布在中国中部和西北部地区，植被的发育状况主要受干旱胁迫的制约，降水量是该区的主导气候因子。上述规律在科学编制区域或国家的生态区划、农牧业区划、气候区划以及开展植被建植工作等方面具有广阔的应用前景，除了不同地区选择多种适宜植物种类以外，在水多热少温控区的生产调控主要为提高环境温度、减轻水分过多导致土壤通气性对植被发育的制约，而在热多水少雨控区则主要通过各种水利工程等措施，减少干旱胁迫对植被发育的不利影响。

（3）气候变化是对陆地生态系统产生重大影响的主要但不确定的因素之一，引起植被和生物多样性的变化，特别是在脆弱的环境中。根据政府间气候变化专门委员会（IPCC）的第五次评估报告，自 1901 年以来，全球平均地表温度上升了 0.89℃。这种变暖趋势很复杂，具有很大的空间异质性，从某些地区的温度显著升高到某些地区没有变化甚至冷却。证据还表明，高山环境正在经历比低地更快的变暖，这种现象通常被称为海拔依赖性变暖（EDW）。EDW 可以加速山区生态系统、冰冻圈系统、水文制度和生物多样性的变化速度。研究将温度上升归因于过去几十年来植被生产力的提高，特别是对于温度是主要限制因素的中高纬度和高海拔地区的生态系统。如果温度上升是山区环境中植被绿化的主要驱动因素，那么在响应 EDW 时，预计也会出现一种高程依赖性植被绿化（EDVG）的模式。然而，不同海拔地区的气候变化不仅表现为气温上升，而且与降水状态的变化有关。例如，一些研究表明，与温度相比，降水对干旱/半干旱地区的植被生长更为关键。由于温度、降水和其他潜在因素的可变性，如永久冻土和积雪覆盖，EDVG 模式如何与不同海拔的气候因素变化相关联的机制仍然难以捉摸。

本研究结果可以很好地应用于解释 EDVG 模式的变化机制和气候变化对植被的影响，准确反应温度和降水变化对植被的正面与负面影响，深刻揭示区域气候变化的生态效应，对科学应对和适应气候变化具有重要指导意义。例如，利用中国各地的长期气候资料，现有的统计分析方法可以很容易地获得不同地区的温度和降水量的变化情况和发展趋势，并且根据相应的专业知识对这些变化的生态效应给出定性的说明与解释，但是利用 I_{TMP} 模型，可以定量地说明这些变化是否发生了胁迫类型的改变，根据改变后 I_{TMP} 值更加接近 1 还是更加偏离 1，准确地说明气候变化的结果是促进植被发育还是限制植被发育，从而在此基础上制定出针对性的植被保育与建设、生态需水量、水资源保护等方面的应对方案。

（4）从定性描述走向定量分析一直是生态学研究的发展趋势和努力方向，本研究所提出的水热匹配指数模型可以很好地应用于建立植被分类体系和揭示植被地带性分布规律的研究工作。例如，在植被分类系统建立方面，UNESCO 于 1973 年正式发布的 *International Classification and Mapping of Vegetation*、美国联邦地理数据委员会（The United States Federal Geographic Data Committee）下属的植被分会于 1997 年发布的 *Vegetation Classification Standard*，以及宋永昌等（2017）为中国正在编制的《中国植被志》所建议的植被分类系统，分别以群系纲（Formation class）或植被纲（Vegetation class）、群系亚纲（Formation subclass）或植被亚纲（Vegetation subclass）、群系（Formation）或植被型（Vegetation type）作为高等级植被分类单位，其中，对亚纲和第三级分类单元与气候的相互关系均作了明确说明，地层亚类"由一般优势生长形式和诊断性生长形式的组合定义，这些形式反映了主要由纬度和大陆位置驱动的全球宏观气候因素，或者反映了压倒一切的基质或水生条件"。地层（植被类型）"由优势和诊断生长形式的组合来定义，这些生长形式反映了由海拔、降水的季节性、基质和水文条件改变的全球宏观气候条件"。但在群系纲或植被纲这一级，对植被与气候关系的交代却比较模糊，地层类别是"由适应基本水分、温度和/或基质或水生条件的一般优势生长形式的广泛组合所界定"。可以认为，造成这种结果的原因在于，亚纲或植被型（如热带雨林、常绿阔叶林和落叶阔叶林）所对应的是人们所熟知的传统气候分带（热带、亚热带、温带等），而群系纲一级的森林、灌丛、草本植被、极端干旱植被、极端寒冷植被、极端多水植被等植被类型对应由水热共同影响形成的综合气候带，在本研究的水热匹配指数模型中，极端干旱植被属于热多水少雨控区中 I_{TMP} 值极低的气候区域，而极端寒冷植被和极端多水植被则属于水多热少温控区中 I_{TMP} 值极低的气候区域。绝大多数的森林植被主要分布在具有较高 I_{TMP} 值的地区，而 $I_{TMP}=1$ 的气候干湿分界线则横穿并且中分从南到北各个气候带的森林区域，即在树木可以生长的气候范围内，$I_{TMP}=1$ 沿线均生长着森林植被，而且是发育状态最好的森林植被。

上述情况说明，与大量计算区域气候干燥度或湿润度的方法不同，由于本研究在计算水热匹配指数的公式中引入了反映植被最佳发育状态时的水热匹配常数，从而赋予了该指数真正的生态学含义，特别是利用 I_{TMP} 模型计算获得的水热匹配指数值，既可以表示某一个地点植被发育的主导胁迫因子，其数值大小还可以表明植被发育的受胁迫程度。

（5）上述的分析、验证和讨论说明，本研究提出的科学假设成立，将其称之为"植被发育与分布的水热匹配常数理论"，即在区域尺度上，植被的发育与分布受大气温度与降水量的综合影响，植被发育状态的好坏取决于水热匹配状况。任意一条等温线（或等雨量线）上植被发育达到最佳状态时，水热匹配比值是一个常数，比值为 5.75，称之为水热匹配常数。利用水热匹配常数构建的水热匹配指数模型中的 I_{TMP} 不再仅仅是一个气候指标，而是具有明确的生态学含义，所有 $I_{TMP}=1$ 点的连线构成生物气候的干湿分界线，该线将整个区域划分为水多热少温控区和热多水少雨控区，前者植被发育主要受积温不足的限制，而后者主要受降水不足的制约。I_{TMP} 值的高低可以反映植被发育受水多热少胁迫或干旱胁迫的严重程度，其中，$I_{TMP}=1$ 连线上植被发育状况最好，偏离分界线，I_{TMP} 值就会降低，不论是降水量增加或减少，还是积温降低或提高都会对植被发育产生抑制作用。

气候的水热匹配状况综合影响植被分布与发育有着广泛的理论基础与大量研究成果的支持，但是在不同的大陆，或者具有不同大气环流特点的生态气候区，水热匹配常数是否一致，其水热匹配指数模型如何构建还有待进一步的验证研究。

第2章 | 锡林郭勒草原区域尺度上植被覆盖变化的驱动机制

2.1 研究现状与科学问题

2.1.1 问题的提出

草原生态系统的退化已经成为一个备受关注的全球生态环境问题。中国草地总面积为 $3.92 \times 10^6 km^2$，约有 90% 的天然草地处于不同程度的退化之中，特别是在对欧亚大陆草原具有广泛代表性的内蒙古草原，其形势则更为严峻（李博，1997a）。以锡林郭勒草原为例（面积约 $1.80 \times 10^5 km^2$），该区位于内蒙古自治区的中部，是华北地区重要的生态屏障，也是欧亚大陆草原区亚洲东部草原亚区保存比较完整的原生草原部分，其草原类型复杂、生物多样性丰富。因地处大陆性干旱半干旱气候区，气候本身的脆弱性、波动性和严酷性，再加上人类活动的作用，使得该地区的草原生态系统很容易发生退化。

畜牧业承载着传统的游牧文化，20 世纪 80 年代以来，草原生态和牧民福祉都经历了巨大的变化（刘佳佳和黄甘霖，2019）。研究显示自 20 世纪 80 年代至 21 世纪初，草原植被总体呈退化趋势（王海梅等，2009；金良，2011；姜晔等，2010），表现牧草平均高度、群落生物量和物种数量的下降（徐斌等，2007）。因京津风沙源治理工程、草畜平衡、围封转移、禁牧舍饲和生态奖补等一系列草原治理工程、措施和政策（Li et al.，2018；缪丽娟等，2014），以 2010 年前后为拐点，虽该地草地迅猛退化趋势得到遏制（田志秀等，2019），但恢复程度不理想（艾丽娅等，2019），表现为中东部草地初步好转、西部地区恶化态势加剧（马梅等，2017），甚至部分地区生态环境质量呈现出先好转后恶化的趋势（宋美杰等，2019）。

草原退化不仅严重损伤草原生态系统的生态防护功能，制约地区畜牧业的发展，而且威胁国家的生态安全。近几十年来，国内外专家学者对草原退化问题开展了广泛的研究，取得了众多研究成果。草原退化既包括自然因素与人为干扰在小尺度上对物种、群落和生态系统结构与功能的影响（李政海等，1995；李永宏，1988；刘钟龄等，2002；王炜等，1999），也包括在区域尺度上，受全球气候变化与放牧、草原开垦等人类社会经济活动的影响，草原植被覆盖状况与生产力水平等方面所发生的整体变化（Li et al.，2012；Shi et al.，2019）。草原退化在不同尺度水平上会表现出不同的特征与规律，这些特征与规律相互联系、相互作用，但不能相互取代。几乎所有的生态学特征和现象对时间和空间都有强烈的依赖性，因此，相应的科学假设和相关的生态学结论都必须以时、空为前提，才不至于导致荒谬结论。

植被生长状况是反映区域气候条件与生物生产力的最直观、最敏感的生态指标，特定区域、特定时间段内草原植被覆盖变化可在一定程度上反映草原的载畜能力、草原的退化状况与过程（杜子涛等，2008），以 NDVI 消长为特征的植被覆盖状况变化是草原退化的重要表现形式之一。随着遥感与地理信息系统技术的迅速发展，能快速大面积监测草原植被的动态变化，遥感数据中的 NDVI 已经被广泛应用于草原生态系统的研究中，尤其是在大尺度、中尺度上的植被分布规律和动态变化研究中，具有其他资料无法比拟的优势，利用这些技术对草原退化引发的植被覆盖变化进行研究已经成为区域草原退化研究的重要手段（Wu et al.，2020；Cao et al.，2020）。

目前，在区域尺度上，对于草原退化问题的研究工作总体上以现状调查与监测为主，主要集中在植被生产力估算与预测（Wu et al.，2020；Cao et al.，2020）、植被 NDVI 变化分析（Yan et al.，2022）、荒漠化监测（Li et al.，2021）、识别并区分人类活动和气候作用的影响（Pan et al.，2017）等方面。这些研究成果为利用不同时期数据进行对比判定草原退化状况、开展区域性气候变化与草原退化、放牧压力与区域草原退化相互关系的研究奠定了重要基础。

面对草原退化形势严峻、中小尺度草原退化机制得以深入研究而区域性整体退化机制尚含混不清的现实局面，利用 RS 和 GIS 技术，以气象数据、NDVI 遥感数据与各旗县牲畜头数数据为基础，分析锡林郭勒草原区气候变化的总体趋势。根据区域差异以及不同生态地理区的差异情况，研究不同地区草原牲畜密度、放牧压力现状与增长进程，以草原植被覆盖状况变化为切入点，以 NDVI 的数值消长与面积变化表征草原退化的区域进程，发挥学科交叉优势，从气候变化与放牧干扰两个方面入手，通过对锡林郭勒草原植被覆盖的时空变化规律及其与气候变化、区域放牧压力的相互关系进行系统研究，揭示锡林郭勒草原区植被覆盖变化的气候与人为驱动机制，为退化草原植被恢复理论研究，确定草原经营方向、管理与恢复措施提供决策依据。

2.1.2 技术路线

采取野外调查与遥感分析相结合的技术路线，充分利用 1960 年以来研究区及其周边的气候资料、NOAA/AVHRR NDVI（1980～2000 年数据）和 MODIS MOD13Q1 NDVI（2000～2019 年数据）、各旗县牲畜头数统计数据，利用小波分析方法和空间处理与分析方法，在 ArcGIS 10.3 软件的支持下，实现气象数据及牲畜头数数据的空间插值，得到各自的栅格数据，通过图层叠加等运算过程，分析锡林郭勒盟气候变化规律、NDVI 变化规律及草原放牧压力的时空格局，并利用相关分析、趋势分析及方差分析等方法，确定草原植被覆盖变化与气候变化、放牧压力的关系及空间分异规律。具体的技术路线如图 2-1 所示。

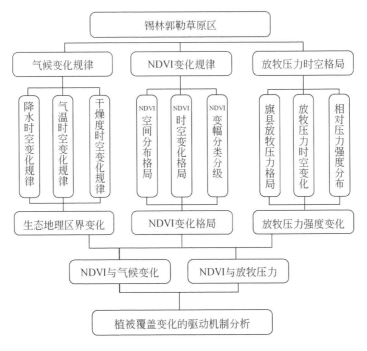

图 2-1　研究工作技术路线图

2.2 数据来源及研究方法

2.2.1 数据来源和预处理

1. 气象数据源及预处理

在气象数据的处理过程中，气温和降水量采用气象学上的常用方法，即气温取平均值，把气象台站当年的月平均气温数据取平均值得到当年的平均气温数据；而降水量数据则取累计值，把每个月的降水量累计则得到该气象台站当年的降水量。

应用的气象数据主要有如下几个。

（1）锡林郭勒盟及其周边 12 个气象观测站点（1960～2019 年），包括二连浩特市、苏尼特左旗、苏尼特右旗、阿巴嘎旗、锡林浩特市、东乌珠穆沁旗、西乌珠穆沁旗、那仁宝力格、林西县、霍林郭勒、多伦县、化德县（表 2-1）。这 12 个气象站的记录数据用于分析该盟及其不同生态地理区的年降水、年均温变化和小波分析等。气象数据来源于中国气象科学数据共享服务网（http://data.cma.cn/）《中国地面气候资料日值数据集（V3.0）》。将逐日气象数据导入 MySQL 8.0 数据库，使用 python 3.7 版本语言结合 SQL 语句将日值数据处理成相应的气象要素聚合数据（如年降水量、年均温等），导出为"*.csv"文件，在 Excel 2016 和 Matlab 2012 中处理。

表 2-1 不同生态地理区的气象站点

生态地理区	气象站点
荒漠草原区	二连浩特市、苏尼特左旗、苏尼特右旗
典型草原区	阿巴嘎旗、锡林浩特市、东乌珠穆沁旗、西乌珠穆沁旗、那仁宝力格苏木
草甸草原区	林西县、霍林郭勒市
农牧交错区	多伦县、化德县

（2）锡林郭勒盟及其周边地区 45 个气象观测站点 1980～2019 年的月累积降水量、月平均气温数据。将逐日气象数据导入 MySQL 8.0 数据库，使用 python 3.7 版本语言结合 SQL 语句将日值数据处理成相应的气象要素聚合数据（如年降水量、年均温等），导出为"*.csv"文件；随后在 Python2.7 中编写处理函数，

生成包含这些要素的"shape"点文件，并采用克里金（Kriging）空间插值法将气象要素数据空间化（空间分辨率250m）。

2. NDVI 数据来源及预处理

NDVI 数据来源有两部分：NOAA/AVHRR NDVI（1980~2000年，时间分辨率30d、空间分辨率1km）和 MODIS MOD13Q1 NDVI（2000~2019年，时间分辨率16d、空间分辨率250m）。NOAA/AVHRR NDVI 和 MODIS NDVI 数据由不同卫星传感器观测得到，因此为了保证两者数据的一致性和可比性，首先对两组数据进行格式转换、重投影和范围裁剪，MODIS NDVI 按月进行最大值合成；其次，两者重叠的年份在研究区及周边范围内随机设置采样点，采用线性回归对AVHRR NDVI 数据进行校正，回归方程为：$NDVI_{MODIS} = 0.008NDVI_{NOAA} - 0.974$（$R^2 = 0.774$，$P < 0.01$），重采样空间分辨率为250m。

2.2.2 研究方法

1. NDVI 变化趋势分析

1）线性回归趋势

在区域尺度上，采用图像趋势分析，通过对每个像元多年数据的分析，可以模拟每个像元特定时间序列内的变化趋势，并估计变化幅度。公式为：

$$y_k = a + bx_k \tag{2.1}$$

式中，y_k 为待估测数据/栅格第 k 年图像的取值（如 $k = 1979$，1980，…，2019，代表降水、气温、干燥度、NDVI 等）；x_k 为年栅格时间序列，该栅格由年值组成，与参与回归的待估栅格相同大小的区域内，每一个像素都由同一个值所组成（如 $x_k = 1979$，1980，…，2019），该方法常常用于图像趋势分析；a 为截距；b 为斜率（变化趋势），当斜率为正时，则表示参与趋势分析的栅格所代表的值是增加的，b 值越大，值增加的趋势越大，反之则相反。为了验证回归 b 值的可信程度，采用 t 检验的形式来判断，分别采用0.005、0.01、0.05的显著性水平检验。根据最小二乘原理，b 可以表示为：

$$b = \frac{l_{XY}}{l_{XX}} = \frac{\sum\limits_{k}^{n} x_k y_k - \sum\limits_{k}^{n} x_k \sum\limits_{k}^{n} y_k / n}{\sum\limits_{k}^{n} x_k^{2} - \left(\sum\limits_{k}^{n} x_k\right)^2 / n} \tag{2.2}$$

式中，n 为栅格图像的数量。

2）百分比变化幅度分析

$$百分比变化图像 = (X_{后一年} - X_{前一年})/X_{前一年} \tag{2.3}$$

式中，X 值为降水、气温、干燥度、NDVI 等自变量，每一个像素的值代表了当年的 X 值相对于多年平均值变化的百分比。

$$Range = b \times (n-1) \tag{2.4}$$

式中，Range 为研究时段内的变化幅度；$n = 1，2，3，\cdots，n$ 为年序号。

2. 相关性系数计算公式

为了揭示两个要素之间相互关系的密切程度，需进行两者的相关分析。以前述公式作为基础，分析锡林郭勒盟植被覆盖状况变化与气候变化、牲畜密度等因素的相关关系，从而对锡林郭勒盟植被覆盖变化的自然及人为驱动机制进行分析。相关系数 r_{xy} 的计算公式如下：

$$r_{xy} = \frac{\sum_{i=1}^{n}(x_i - \bar{x})(y_i - \bar{y})}{\sqrt{\sum_{i=1}^{n}(x_i - \bar{x})^2 \sum_{i=1}^{n}(y_i - \bar{y})^2}} \tag{2.5}$$

式中，n 为样本数，$n = 1，2，3，\cdots$；x、y 为两个变量（或栅格图层）。

3. 气候干燥度指数的选取

干燥度指数（aridity index，AI），在此特指气候干燥度，是表征一个地区干湿程度的指标，一般以某个地区水分收支与热量平衡的比值来表示。自 1900 年以来，中外学者陆续提出了 20 多种干燥度（或湿润指数）的计算方法，这些计算方法的原理各异，各有优缺点。最简单的方法就是利用温度与降水这两个气候因子来计算干燥度，此类方法主要有 De Martonne 干燥度计算方法。De Martonne（Botzan，1998）提出了一种简单的干燥度计算方法：

$$I_{dm} = P/(T+10) \tag{2.6}$$

式中，I_{dm} 为 De Martonne 干燥度；P 为累积降水量（mm）；T 为平均气温（℃）。由于是以降水量为分子，因此，干燥度值 I_{dm} 越大，代表气候越湿润，I_{dm} 越小，代表气候越干旱。干燥度值小于 10：表明气候严重干旱，河流断流，农作物需要强制人工灌溉；干燥度值为 10~30：表明气候中等干旱，河流暂时性有水，流量中等，植被类型为草原；干燥度大于 30：表明气候湿润，河流常年有水，不断流，并且水量充足，植被类型为森林。

I_{dm} 因其计算简单，指标明确，数据易得，与植被和水分的对应性较强，且指标体系的生态学意义明确，比较适合在大尺度的研究中应用，特别是对农业生产有较好的指导作用，所以经常被用于气候区划上。在国内的实际应用中，I_{dm} 在我国的西北地区有较好的利用价值（闫军和尤莉，2006）。

4. 气候周期性变化规律的研究方法

锡林郭勒盟东西跨度大，自然地理条件的区域差异导致锡林郭勒盟由东向西跨越 3 个地带性植被类型（草甸草原、典型草原、荒漠草原）和一个隐域性沙地植被类型（沙地草原）（张连义等，2008）。为了分析不同生态地理区气候变化的异同点，参照内蒙古自治区资源系列地图——草场类型图（李博等，1991）中对内蒙古自治区生态分区的结果，并综合考虑气象站点的具体分布情况等，将锡林郭勒盟及其附近的站点归为：荒漠草原区、典型草原区、草甸草原区和农牧交错区 4 类（单独划分出农牧交错区是为了分析人类活动强烈影响区域的气候变化特点）。

以锡林郭勒盟各生态地理区为单元，对其气候的周期性研究采用小波分析（wavelet analysis）方法，分析各生态地理区主要气象要素——降水、气温和干燥度的周期性变化规律及各区之间的异同点。

小波分析是一种信号的时间—尺度（频率）分析方法，是莫利特（Morlet）于 20 世纪 80 年代提出来的，它是傅里叶分析、样条理论、数值分析等多个学科相互交叉的结果，具有多分辨率分析的特点，在时频两域都具有表征信号局部特征的能力，是分析非平稳信号的有力工具（许月卿等，2004），其被越来越广泛地应用到语音信号处理、图像分析、地震信号分析、数据压缩等领域。此外，小波分析还具有数学意义上严格的突变点诊断能力，所以被广泛应用于天气气候的多尺度统计分析（Clemen，1998）。

小波分析的定义如下。

设 $g(t)$ 为满足下列条件的任意函数，则：

$$\int_R g(t)\,\mathrm{d}t = 0 \tag{2.7}$$

$$\int_R \frac{|G(\omega)|^2}{\omega}\mathrm{d}\omega < \infty \tag{2.8}$$

式中，$G(\omega)$ 为 $g(t)$ 的频谱。信号 $f(t)$ 的离散小波变换为

$$W_f(t,\alpha) = |\alpha|^{-\frac{1}{2}}\sum_{i=1}^{N} f(i)g\left(\frac{i-t}{a}\right) \tag{2.9}$$

式中，$W_f(t,\alpha)$ 为小波变换系数；t 为时间参数，称为平移因子，反映了时间上相对于 t 的平移；α 为尺度因子，与周期和频率有关；$g\left(\dfrac{i-t}{a}\right)$ 为母小波函数。取莫利特（Morlet）小波作母小波函数，其表达式为：

$$g(t) = \mathrm{e}^{\frac{-t^2}{2}}\mathrm{e}^{i\omega t} \tag{2.10}$$

由式（2.9）可见，小波波幅（t，α）随着参数 t 和 α 变化，通过小波变换，将一维要素变换成了以 t 和 α 为坐标的二维波幅 W_f（t，α）的图形。在波幅 w 的图形中，等值线的闭合中心对应于气象要素变化中心（正值表示气候指标升高，负值表示气候指标降低），小波系数的零点对应于气象要素突变点。通过对二维 w 图像的分析得到降水、气温和干燥度随时间坐标、周期坐标而变化的局部变化特征（谢庄等，2000）。分析采用 Matlab 2012 中的小波工具箱。

2.3　锡林郭勒草原气候变化规律

以锡林郭勒盟及其周边气象观测站点 1960 年以来的气象数据（12 个）和1978 年以来的空间气象数据（45 个）为基础，分析锡林郭勒盟降水量、气温和干燥度等气象要素的年际变化规律及年内（季节、生长季）变化规律、变化趋势及周期性变化规律。

2.3.1　降水量的变化规律分析

1. 年降水量的空间分布规律

锡林郭勒盟多年平均降水量空间上呈带状分布，自东向西递减（图 2-2、图 2-3）。锡林郭勒盟西部地区年降水量最少，多年平均只有 145mm，锡林郭勒盟东北部的年降水量最高，达 428mm。多年平均年降水量小于 200mm 的地区主要分布在锡林郭勒盟西部的草原化荒漠与荒漠草原地区，占锡林郭勒盟总面积的18.31%；多年平均年降水量在 200～300mm 的面积最大，分布在锡林郭勒盟中部的广大地区，占锡林郭勒盟总面积的 46.21%；多年平均年降水量在 300～400mm 的地区主要分布在锡林郭勒盟的中东部及东南角以农牧交错区为主的地区，占锡林郭勒盟总面积的 34.32%；多年平均年降水量大于 400mm 的区域仅分布在锡林郭勒盟东北角。

锡林郭勒盟季节降水量的空间分布规律存在显著差异，其中，夏季降水量最多且从东向西的带状分布规律最为明显，其空间分布格局与年降水量的空间分布格局比较一致，对年降水量的分布格局起决定作用；相比而言，尽管春季与秋季的降水量也表现出从东向西的带状分布，但这两个季节降水量较少；与上述三个季节相比，冬季降水量极少，带状空间分布格局不明显。

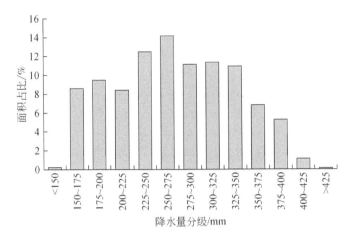

图 2-2　锡林郭勒盟 40 年平均年降水量分级面积统计

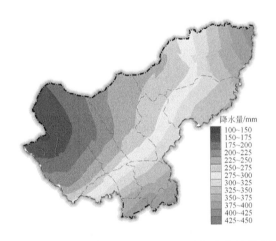

图 2-3　锡林郭勒盟 1978～2019 年平均年降水量分布图

2. 降水量年际及年内变化规律分析

1）年际变化规律分析

由表 2-2 的数据分析可见，锡林郭勒盟 4 个生态地理区 60 年间（1960～2019 年）平均降水量存在显著差异，从高到低依次为"草甸草原区—农牧交错区—典型草原区—荒漠草原区"，分别为 363.36mm、349.30mm、264.17mm 和176.13mm。数据分析表明，1960～2019 年，除了荒漠草原区 20 世纪 70 年代降水量最多以外，其他区均以 20 世纪 90 年代降水最为丰沛；各个地区均以 2000 年以后年平均降水量最低，其中，以典型草原区的差别最为突出，21 世纪初期的年平均降水量仅为 20 世纪 90 年代的 71.53%。

表 2-2　各分区年降水量的年代变化

年代	年代平均年降水量/mm				年代差值	年代变化幅度/mm			
	荒漠草原区	典型草原区	草甸草原区	农牧交错区		荒漠草原区	典型草原区	草甸草原区	农牧交错区
1960s①	178.84	255.03	360.44	351.28	1970s～1960s	15.49	23.58	11.86	-0.48
1970s	194.33	278.61	372.30	350.80	1980s～1970s	-33.52	-24.88	-4.25	-25.12
1980s	160.81	253.73	368.05	325.68	1990s～1980s	24.68	51.63	51.67	55.00
1990s	185.49	305.36	419.71	380.68	2000s～1990s	-24.75	-86.94	-108.89	-63.87
2000s	160.74	218.43	310.82	316.81	2010s～2000s	15.84	55.45	38.02	53.75
2010s	176.58	273.88	348.84	370.57	2010s～1960s	-2.26	18.84	-11.59	19.28
平均值	176.13	264.17	363.36	349.3	平均值②	19.42	43.55	37.71	36.25

注：①为了计算方便将 0～9 定为一个年代，如 1960～1969 年为 20 世纪 60 年代，记为 1960s，余同。②平均值的计算取的是各年代变化幅度绝对值的平均值。后同

　　锡林郭勒盟 4 个生态地理区年降水量的年代变化幅度也存在较大的差异，典型草原区年平均降水量的年代变化幅度最大，其次是草甸草原区，再次为农牧交错区，而荒漠草原区年降水量的年代变化幅度最小。

　　从总体的变化趋势来看，除了农牧交错区 20 世纪 70 年代年降水量比 60 年代略有下降、20 世纪 80 年代年降水量比 70 年代略有增加以外，其他生态地理区的平均年降水量均随年代呈现"升高—下降—升高—下降—升高"的趋势。除了荒漠草原区以外，其他生态地理区年降水量变化的幅度均以 21 世纪 00 年代与 20 世纪 90 年代相差最大，总体上来看，锡林郭勒盟 21 世纪初期年降水量变化最为剧烈。

　　对锡林郭勒盟 4 个生态地理区内气象站点年降水量平均值的 5 年移动平均线分析可见（图 2-4），4 个区的年降水量的年际变化总体上呈现阶段性波动变化的特点。4 个生态地理区年降水量最低的是荒漠草原区，其次是典型草原区，而农牧交错区和草甸草原区的降水量大致相当。总体来看，荒漠草原区的降水量呈下降的趋势，从 20 世纪 60 年代末到 80 年代初和 90 年代两个时段的降水量相对较多，而 1982～1992 年降水量较少；进入 21 世纪降水量波动加大，2001 年、2005 年降水量大幅度减少，进入 21 世纪 10 年代该地降水量略有增加。

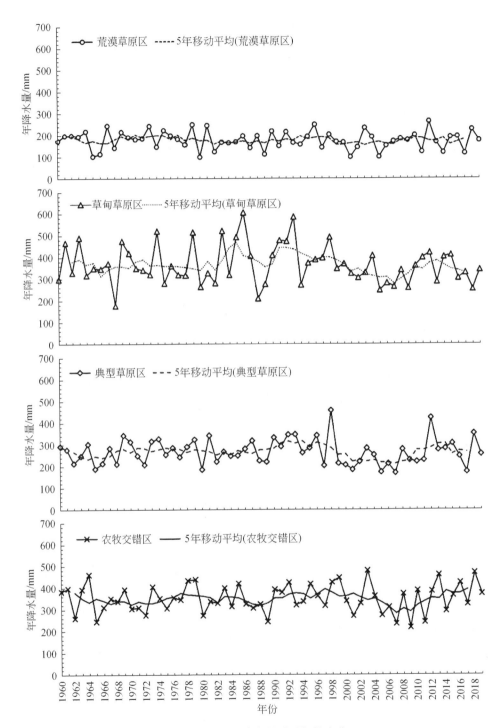

图2-4　各区年降水量随时间的变化

典型草原区在 60 年间降水量变化可以分为两个阶段：阶段 1——1960～1998 年，在该阶段内该区降水量波动较平稳，且降水量变化趋势呈上升状态；阶段 2——1999～2019 年，降水量变化波动剧烈，旱年出现较多。1970～1980 年和 1990～1998 年两个时段的降水量较多，而 1982～1990 年降水量较少，进入 1999 年以后降水量又出现显著的下降，在 1999～2002 年、2005～2007 年出现降水量较少的年份，2010 年后该区年累积降水波动更加明显，干湿年交替出现。

草甸草原区 1985～2000 年时段的降水量较多，其他时段的年降水量均较少，尤其是进入 2001 年以后，降水量呈现特别显著的下降态势；农牧交错区年在 1960～2000 年降水量波动变化，其中 1976～1980 年、1992～1999 年降水量较多，进入 21 世纪 00 年代该地区降水量明显减少，10 年代后该地区降水量增加。

2）年内变化规律分析

在四季分明的北方地区，生长季的气候状况对植被覆盖状况的影响极为显著。4 个生态地理区的年降水量与生长季降水量显著相关，相关系数较高，荒漠草原区、典型草原区、草甸草原区和农牧交错区依次为：0.944、0.966、0.976、0.948，均通过显著性相关检验（显著性水平 $\alpha<0.01$），说明在 4 个草原生态地理区范围内，生长季降水量对年降水量的贡献特别大（表 2-3）。这为草原群落的良好发育提供了有利条件。

表 2-3　年降水量与季节降水量的相关性分析表

生态地理区	春季	夏季	秋季	冬季
荒漠草原区	0.288 *	0.895 *	0.283 *	0.109 *
典型草原区	0.385 *	0.930 *	0.091 *	-0.009 *
草甸草原区	0.280 *	0.908 *	0.110 *	0.138 *
农牧交错区	0.543 *	0.845 *	0.382 *	-0.148 *

注：样本数 $N=47$，显著性水平 $\alpha<0.05$，＊代表显著相关

从表 2-3 的数据分析可知，4 个生态地理区的年降水量和 4 个季节降水量的相关性各不相同，4 个生态地理区的年降水量与各自夏季降水量的相关性最为显著，相关系数为 0.845～0.930，且通过显著性相关检验（显著性水平 $\alpha<0.05$）；其次是春季降水量，相关系数为 0.280～0.543，除了草甸草原区以外，均通过显著性相关检验（显著性水平 $\alpha<0.05$）。因此，年降水量的多寡，主要取决于夏季降水量的多少，除草甸草原区以外，春季降水量对年降水量也有一定的决定作用。4 个区冬季降水量与年降水量之间均无显著的相关性；除了农牧交错区以外，其他区秋季降水量与年降水量无明显相关性。

3. 降水量的年代变化规律分析

根据编制的各年代平均降水量空间分布图及图形代数统计结果（图 2-5、图 2-6），20 世纪 80 年代、90 年代与 21 世纪 00 年代、10 年代，年均降水量的空间分布格局表现出良好的地带性变化，其中，年均降水量小于 200mm、200 ~ 300mm、300 ~ 400mm 的区域占据锡林郭勒盟的主体区域，并呈带状自西向东依次增加，20 世纪 80 年代各分级所占的面积比例分布为 23.81%、46.57% 和 27.18%，至 20 世纪 90 年代，降水量在锡林郭勒盟范围内表现出增加的趋势，少于 300mm 降水量的区域由 20 世纪 80 年代的 70.37% 减少到 47.02%，而大于 300mm 的区域则由 20 世纪 80 年代的 29.63% 增加到 90 年代的 52.98%。进入 21 世纪后，锡林郭勒盟的年均降水量显著减少，300 ~ 400mm 的降水量区域已经难以形成连续的区带，在东北角和东南角占据较少的区域，仅占锡林郭勒盟总面积的 11.97%，与 20 世纪 90 年代相比，面积比例减少了 31.29%，而且，在锡林郭勒盟范围内大于 400mm 的区域已经消失不见。而 21 世纪 10 年代锡林郭勒盟的年均降水量又呈现增加的趋势，小于 300mm 的区域面积占比由 21 世纪 00 年代的 88.03% 减少到 57.81%；而大于 300mm 的区域由 11.97% 增加到了 42.19%。综上所述，20 世纪 80 年代、90 年代到 21 世纪 00 年代、10 年代锡林郭勒盟的年均降水量呈现先增加再减少后增加的波动。

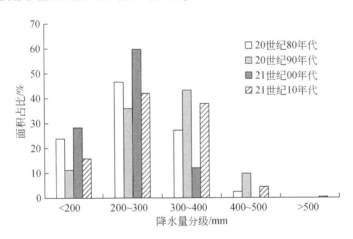

图 2-5 锡林郭勒盟年均降水量年代分级面积统计

4. 降水序列的距平变化特征分析

通过对降水量距平 5 年移动平均值的对比分析，4 个生态地理区的年降水量

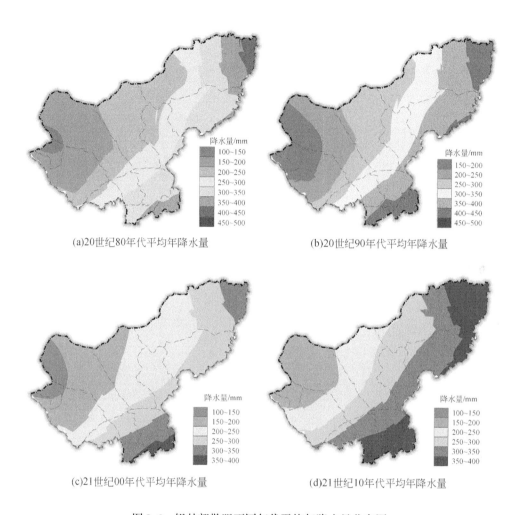

(a)20世纪80年代平均年降水量

(b)20世纪90年代平均年降水量

(c)21世纪00年代平均年降水量

(d)21世纪10年代平均年降水量

图 2-6　锡林郭勒盟不同年代平均年降水量分布图

变化特征不尽相同（图 2-7）。荒漠草原区、典型草原区和草甸草原区降水量的变化特征比较相似，基本上是偏干旱期和偏湿润期交替出现：分析表明，荒漠草原区多年的年降水量呈现波动变化，偏湿润期主要集中在 1960～1964 年、1968～1979 年、1994～1999 年、2011～2014 年，偏干旱期主要集中在 1965～1967 年、1980～1993 年和 2000～2010 年；而典型草原区 1960～2000 年的大部分时段内降水量高于多年平均值，仅在 1965～1969 年、1984～1987 年、2000～2009 年降水量偏少，1970～1983 年、1988～1999 年、2010～2014 年，降水量均高于多年平均值；草甸草原区在 1983～1999 年属于降水丰沛期，其余时间段降水量偏少或略高于距平；农牧交错区的情况与以上三个区有较大区别，降水量年际波动较大，在 1967～1976 年、2005～2012 年降水量偏少。

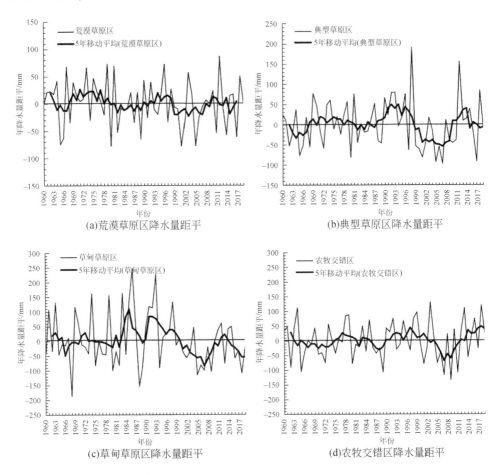

(a)荒漠草原区降水量距平　　　　　　(b)典型草原区降水量距平

(c)草甸草原区降水量距平　　　　　　(d)农牧交错区降水量距平

图 2-7　锡林郭勒盟不同生态地理区降水量距平

5. 降水量的周期变化规律分析

由各生态地理区年降水量的小波分析图分析可见（图 2-8），随着时间的推移，锡林郭勒盟 4 个区年降水量均呈现明显的周期变化。在年际尺度上，25～30 年时间尺度上有较明显的周期信号，形成 10 年左右的振荡周期，但降水中心有向上平移的特点，表明年降水量的振荡周期（干湿周期）有变长的趋势。

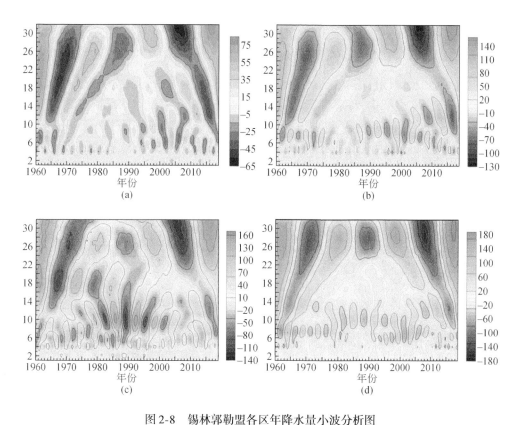

图 2-8　锡林郭勒盟各区年降水量小波分析图

（a）荒漠草原区；（b）典型草原区；（c）草甸草原区；（d）农牧交错区。图中数据单位为 1mm

　　4 个区的正负相间的振荡中心强度有差异：荒漠草原区为 75、典型草原区和草甸草原区为 150，农牧交错区为 180。4 个区的降水丰缺均交替出现，且对应年份基本一致。4 个区的多雨年份峰值均出现在 1964～1966 年、1975～1982 年、1993～2000 年、2014～2019 年，少雨年份出现在 1967～1974 年、1983～1992 年、2001～2013 年。

　　在 25～30 年时间周期的尺度上，各区的小波系数零点分别出现在 1963 年、1974 年、1983 年、1992 年及 2002 年附近。以此为界，4 个区均经历了 3 个显著的交替变化时期：1963～1974 年的偏干燥期、1975～1983 年的偏湿润期、1984～1992 年的偏干燥期、1993～2001 年的偏湿润期、2002～2014 年的偏干燥期、2015 年以后的偏湿润期（在 2018 年左右达到该周期湿润的最高点）。

　　由以上结论分析，4 个区的年降水量具有准 25～32 年的年际变化周期，根据周期变化的特点可以推断，2020 年以后的 10 年左右时间，4 个区均将继续维持在湿润的气候，但年降水量则存在减少的趋势。

6. 年降水量变化趋势的空间分布规律

从锡林郭勒盟 40 年（1980～2019 年）年降水量的降雨趋势图上可以看出（图2-9，表2-4），锡林郭勒盟降水量呈增加趋势的地区主要分布在该盟的西南地区以及东北地区的边缘；中部、东南部以及东部地区降水量都呈现减少的趋势。年降水量的年均增长率变化较为剧烈的区域分布在东乌珠穆沁旗和西乌珠穆沁旗的东南部（值为-1.63）；年降水量的年均增长率最低的区域呈"7"字条带状分布在锡林郭勒盟的中部，横跨苏尼特左旗、阿巴嘎旗、锡林浩特市、正蓝旗以及多伦县，此外在东乌珠穆沁旗中部呈"一"条带状横跨其中部；年变率为-0.63～0 的区域面积占锡林郭勒盟总面积的 64.69%，年变率为 0～1 的区域占锡林郭勒盟总面积的 35.31%。由此可见，40 年间锡林郭勒盟总体降水量变化呈减少趋势。

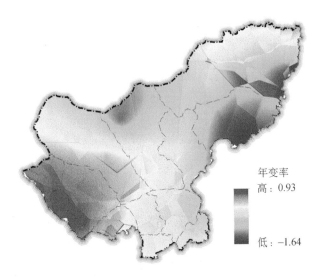

年变率
高：0.93

低：-1.64

图 2-9　锡林郭勒盟 40 年年降水量变化趋势分布图

表 2-4　锡林郭勒盟年降水量变化趋势分级面积统计

序号	变化斜率分级	面积/km²	比例/%
1	-1.6～-1.4	386.25	0.19
2	-1.4～-1.2	3 264.69	1.62
3	-1.2～-1.0	7 135.00	3.54

续表

序号	变化斜率分级	面积/km²	比例/%
4	−1.0 ~ −0.8	13 972.50	6.92
5	−0.8 ~ −0.6	19 298.06	9.56
6	−0.6 ~ −0.4	30 830.00	15.28
7	−0.4 ~ −0.2	28 771.25	14.26
8	−0.2 ~ 0.0	26 870.25	13.32
9	0.0 ~ 0.2	24 492.44	12.14
10	0.2 ~ 0.4	17 210.88	8.53
11	0.4 ~ 0.6	16 063.88	7.96
12	0.6 ~ 0.8	11 793.50	5.84
13	0.8 ~ 1.0	1 714.06	0.85

锡林郭勒盟年降水量标准差变化幅度为48~96，其空间分布有较大的区域差异，表现出自西向东递增的规律。年降水量波动变化较大的区域集中在锡林郭勒盟的东部，锡林郭勒盟东北角年降水量的波动变化尤为剧烈，而锡林郭勒盟西部的苏尼特左旗、苏尼特右旗及二连浩特市等地区年降水量的波动变化较小。

1980~2019年，锡林郭勒盟年降水量的变化幅度空间分布总体为自西向东逐渐增加；降水量变化幅度最低的区域分布在锡林郭勒盟西部和南部，呈条带状分布，降水量变化幅度为180~231mm；中部的大部分地区年降水量变化幅度为266~308mm；降雨变化幅度最高的区域分布在锡林郭勒盟东部的东乌珠穆沁旗的东部和西乌珠穆沁旗，变化幅度为355~437mm。

与年降水量变化趋势对比分析，在锡林郭勒盟东部，降水量变幅最高的区域变化趋势绝对值也是最高且为负数，说明该地区40年来降水量急剧减少；在锡林郭勒盟西部，降水量变幅最低的区域变化趋势相对较低且为正，说明该地区40年来降水量在缓慢增加。

2.3.2 气温的变化规律分析

1. 年平均气温的空间分布规律

从图2-10的分析可见，锡林郭勒盟多年平均气温在空间上呈带状分布，自西南向东北递减（分级统计见表2-5）。锡林郭勒盟西南部年平均气温最高达

5.56℃，锡林郭勒盟东北部的年平均气温最低达－0.43℃。年平均气温为1～4℃的区域占据锡林郭勒盟中部的广大地区，占总面积的78.57%；年平均气温为4～5℃的区域占锡林郭勒盟总面积的11.21%；年平均气温高于5℃的区域面积较小，仅占锡林郭勒盟总面积的5.38%，主要分布在锡林郭勒盟西南部的边缘地区。

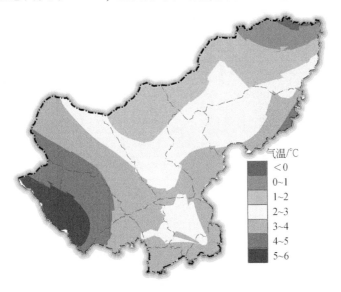

气温/℃
<0
0～1
1～2
2～3
3～4
4～5
5～6

图2-10　锡林郭勒盟1978～2019年年平均气温分布图

表2-5　锡林郭勒盟40年平均气温分级面积统计

序号	年平均气温分级/℃	面积/km²	比例/%
1	<0	1 094.31	0.54
2	0～1	8 670.19	4.30
3	1～2	36 746.69	18.21
4	2～3	61 242.69	30.35
5	3～4	60 559.50	30.01
6	4～5	22 629.63	11.21
7	>5	10 859.81	5.38

除夏季以外的其他三个季节，锡林郭勒盟平均气温的空间分布格局都与年平均气温的空间分布格局保持了良好的对应关系。夏季平均气温分布格局在锡林郭勒盟西南部农牧交错区的多伦县、正蓝旗附近，出现与东乌珠穆沁旗东部相同的低温区，其他地区夏季平均气温的空间格局与年平均气温相似。

2. 气温的年际及年内变化规律分析

1）年际变化规律分析

从图2-11可以看出，锡林郭勒盟4个生态地理区年平均气温由低到高依次为典型草原区<农牧交错区<荒漠草原区<草甸草原区。4个生态地理区内年平均气温的年际变化比较一致，均呈波动上升的趋势。在整个研究时段内，1968～1976年为4个生态地理区年平均气温的低值区，构成年平均气温的低谷，1985～1990年年平均气温也相对较低，1977～1984年、1999～2004年年平均气温相对较高，1991年以后，4个区年平均气温均在波动中呈现明显的上升趋势。

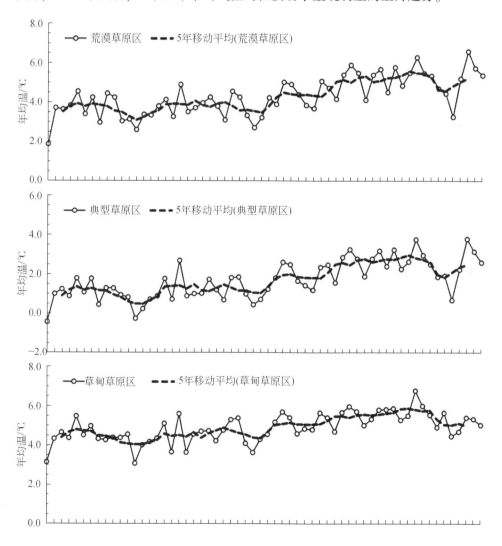

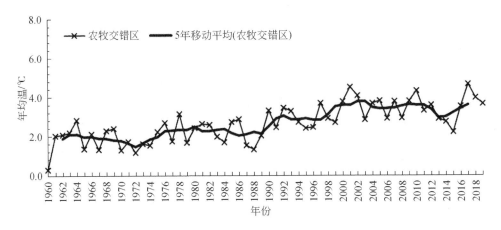

图 2-11　各区年平均气温随时间的变化

从表 2-6 数据分析可见，60 年内，锡林郭勒盟 4 个生态地理区年平均气温存在显著差异，从低到高依次为典型草原区<农牧交错区<荒漠草原区<草甸草原区，分别为 1.70℃、2.67℃、4.28℃和 4.88℃。

表 2-6　各区年平均气温的年代变化统计

年代	年代平均气温/℃				年代差值	变化幅度/℃			
	荒漠草原区	典型草原区	草甸草原区	农牧交错区		荒漠草原区	典型草原区	草甸草原区	农牧交错区
1960s[①]	3.66	1.02	4.43	1.89	1970s ～ 1960s	-0.18	-0.10	-0.19	-0.01
1970s	3.49	0.92	4.24	1.89	1980s ～ 1970s	0.18	0.21	0.32	0.30
1980s	3.66	1.13	4.56	2.19	1990s ～ 1980s	0.71	0.74	0.51	0.76
1990s	4.38	1.87	5.07	2.94	2000s ～ 1990s	0.87	0.85	0.51	0.67
2000s	5.25	2.72	5.58	3.62	2010s ～ 2000s	-0.02	-0.18	-0.22	-0.13
2010s	5.22	2.54	5.37	3.49	2010s ～ 1960s	1.56	1.51	0.93	1.60
平均值	4.28	1.70	4.88	2.67	平均值[②]	0.59	0.60	0.45	0.58

20 世纪 60 年代，荒漠草原区年平均气温为 3.66℃，20 世纪 70 年代年平均气温降低到 3.49℃，20 世纪 80 年代年平均气温和 20 世纪 60 年代相当，20 世纪 90 年代以后年平均气温急剧升高，年平均气温高达 4.38℃，进入 21 世纪以后，年平均气温更是升高到 5.25℃、5.22℃，比 20 世纪 60 年代升高了 1.59℃。其他

几个生态地理区基本上具有与荒漠草原区相似的变化规律，其中，从 20 世纪 60 年代到 21 世纪初，典型草原区年平均气温升高了 1.70℃，草甸草原升高了 1.15℃，而农牧交错区的年平均气温升高了 1.73℃。

锡林郭勒盟 4 个生态地理区年平均气温年代变化幅度也存在较大的差异，农牧交错区年平均气温的年代变化幅度最大，其次是荒漠草原区，再次为典型草原区，而草甸草原区年平均气温的年代变化幅度最小。从总体的变化趋势来看，1960~2019 年，除了部分年代年平均气温略微降低外，各生态地理区的年平均气温均呈现逐年升高的趋势。在 4 个区内，20 世纪 60~70 年代与 21 世纪 00~10 年代年平均气温呈降低趋势，其他年代均呈现升温的情况。从 20 世纪 90 年代开始到 21 世纪 00 年代，20 年间气温升幅最高（各区平均增幅 0.7℃）；21 世纪 10 年代，气温持续增加的趋势逐渐降低。

2）年内变化规律分析

以 5~9 月平均气温为基础，分析锡林郭勒盟 4 个区生长季平均气温的年际变化规律。

从图 2-12 可以看出，锡林郭勒盟 4 个生态地理区生长季平均气温由低到高依次为农牧交错区＜典型草原区＜草甸草原区＜荒漠草原区（各区分级统计见表 2-7）。4 个生态地理区生长季平均气温的年际变化呈现波动特点：1965~1975 年生长季平均气温呈下降趋势，1980 年以后平均气温呈缓慢上升趋势，1997~2000 年以后气温升高趋势显著，2001 年以后气温维持在较高水平波动，总体较 20 世纪 60~90 年代生长季平均温度高。

20 世纪 60 年代，典型草原区生长季平均气温为 15.80℃；20 世纪 70 年代生长季平均气温略有升高，为 15.83℃；20 世纪 80 年代生长季平均气温升高到 16.10℃；20 世纪 90 年代生长季平均气温升高到 16.32℃；进入 21 世纪 10 年

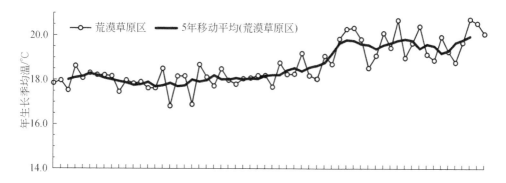

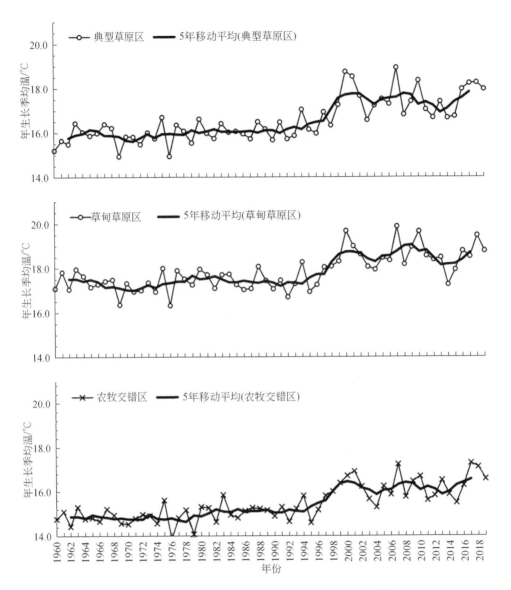

图 2-12　锡林郭勒盟生长季平均气温随时间的变化分析

代以后生长季平均气温迅速升高，达 17.51℃，比 20 世纪 90 年代升高了 1.19℃，比 20 世纪 60 年代升高了 1.71℃。其他 3 个生态地理区生长季平均气温变化规律与典型草原区相似，其中荒漠草原区 21 世纪 10 年代生长季平均气温比 20 世纪 60 年代升高了 1.70℃，草甸草原区升高了 1.26℃，农牧交错区升高了 1.47℃。

表 2-7　各区生长季平均气温的年代变化统计

年代	生长季平均温度/℃				年代差值	变化幅度/℃			
	荒漠草原区	典型草原区	草甸草原区	农牧交错区		荒漠草原区	典型草原区	草甸草原区	农牧交错区
1960s	18.04	15.80	17.31	14.84	1970s～1960s	-0.29	0.03	-0.07	-0.13
1970s	17.75	15.83	17.24	14.72	1980s～1970s	0.38	0.27	0.25	0.43
1980s	18.13	16.10	17.49	15.15	1990s～1980s	0.47	0.22	0.03	0.22
1990s	18.59	16.32	17.52	15.37	2000s～1990s	1.09	1.33	1.17	0.85
2000s	19.69	17.65	18.70	16.22	2010s～2000s	0.05	-0.14	-0.13	0.09
2010s	19.74	17.51	18.57	16.31	2010s～1960s	1.70	1.71	1.26	1.47
平均值	18.66	16.54	17.81	15.44	平均值	0.66	0.62	0.49	0.53

　　锡林郭勒盟 4 个生态地理区生长季平均气温年代变化幅度也存在较大的差异，荒漠草原区生长季平均气温的年代变化幅度最大，其次是典型草原区、农牧交错区和草甸草原区。从总体的变化趋势来看，4 个生态地理区生长季平均气温的变化幅度均以 20 世纪 70 年代为最小，生长季平均气温的变化幅度均以 21 世纪初升温最快，说明锡林郭勒地区 21 世纪初生长季升温最为剧烈。

　　3）季节变化规律分析

　　从表 2-8 的数据分析可知，4 个生态地理区的年平均气温和 4 个季节平均气温的相关性各不相同，荒漠草原区和农牧交错区的年平均气温与冬季平均气温的相关性最为显著，相关系数分别为 0.729 和 0.739，且通过显著性相关检验（显著性水平 $\alpha < 0.01$），说明在以上两个生态地理区，冬季平均气温的变化对年平均气温变化的贡献最大；典型草原区和草甸草原区的年平均气温与春季平均气温的相关性最为显著，相关系数分别为 0.693 和 0.682，且通过显著性相关检验（显著性水平 $\alpha < 0.01$），说明在以上两个生态地理区，春季平均气温的变化对年平均气温变化的贡献最大；除了农牧交错区以外，其他生态地理区的年平均气温与夏季平均气温的相关性最差，说明夏季平均气温的变化对年平均气温变化的贡献最小。

表 2-8　年平均气温与季节平均气温的相关性分析表

生态地理区	春季	夏季	秋季	冬季
荒漠草原区	0.635	0.481	0.668	0.729
典型草原区	0.693	0.430	0.609	0.582

生态地理区	春季	夏季	秋季	冬季
草甸草原区	0.682	0.489	0.583	0.596
农牧交错区	0.503	0.676	0.661	0.739

3. 年平均气温的年代变化规律分析

根据各年代平均气温空间分布图及分级统计数据的分析可见（图2-13、图2-14），锡林郭勒盟的平均气温在不同年代发生了极为显著的变化。20世纪80年代，在锡林郭勒盟范围内，平均气温在1~2℃和2~3℃的地区所占面积最大，分别为26.33%和34.46%，而在20世纪90年代，面积最大的区域对应的气温区间则分别为2~3℃和3~4℃，所占比例分别为28.79%和31.62%，该时期内平均气温在1~2℃的区域所占比例只有20.32%。进入21世纪以后，锡林郭勒盟的气温表现出上升的趋势，21世纪00年代多数地区的气温变化在3~4℃和大于4℃，两者各占锡林郭勒盟总面积的34.34%和27.83%，而平均气温低于2℃的区域总计不到锡林郭勒盟总面积的8.84%；21世纪10年代与00年代相比变化不大，大部分区域集中在>3℃分段，占锡林郭勒盟总面积的88.14%。上述分析表明，自1981年以来，锡林郭勒盟气温一直处于上升状态，进入21世纪以后，气温上升趋势进一步增强，大于4℃区域由西南向东北方向显著扩张，3~4℃的气温区间由原来面积相对较小的区片分布扩张为在西侧与东侧相互连通的大面积分布。

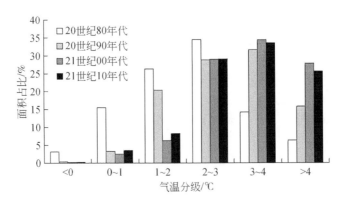

图2-13 锡林郭勒盟年平均气温年代分级面积统计

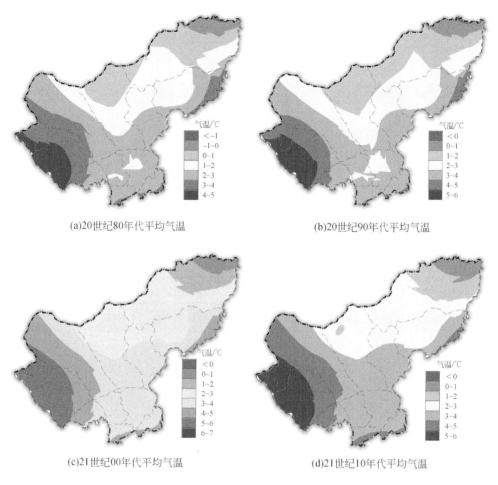

(a)20世纪80年代平均气温

(b)20世纪90年代平均气温

(c)21世纪00年代平均气温

(d)21世纪10年代平均气温

图 2-14　锡林郭勒盟各年代年平均气温分布图

4. 气温序列的距平变化特征分析

　　锡林郭勒盟 4 个生态地理区年平均气温的多年平均值分别为：荒漠草原区
4.28℃、典型草原区 1.70℃、草甸草原区 4.88℃、农牧交错区 2.67℃。通过对
平均气温距平 5 年移动平均值的对比分析可见（图 2-15），自 1960 年以来，锡林
郭勒盟的 4 个区基本上经历了三个时期：1960～1970 年的偏暖期、1971～1988
年的偏冷期和 1988 年以后的偏暖期，且自 1988 年以后，4 个区气温均呈现波动
中明显上升的趋势。

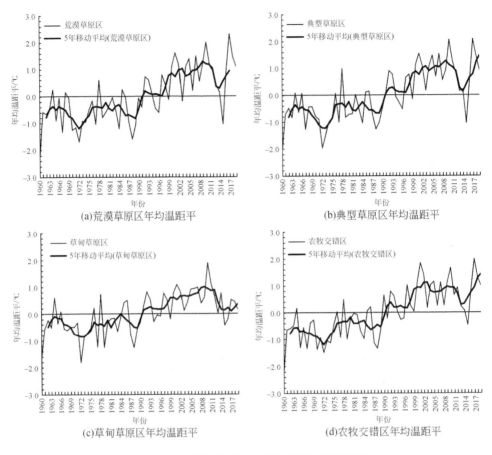

图2-15　锡林郭勒盟各生态地理区年均温距平

5. 气温的周期变化规律分析

由各生态地理区年平均气温的小波分析图（图2-16）分析可见，1960～2019年，随时间推移4个区年平均气温均呈现明显的周期变化。在年际尺度上，25～32年时间尺度上有较明显的周期信号，形成正负相间的振荡中心。4个区年平均气温均呈现冷暖交替出现的特点，小波系数零点分别出现在1969年、1978年、1987年、1995年、2004年、2014年附近，以此为界4个区均经历了3个时期显著的交替变化：偏暖年份出现在1960～1968年、1974～1984年、1996～2003年、2016～2019年，偏冷年份出现在1969～1973年、1985～1995年、2004～2015年。与降水中心平移的特点相同，1990年后各闭合中心的位置均比第一个闭合中心略有上移，表明年平均气温的振荡周期有变长的趋势。

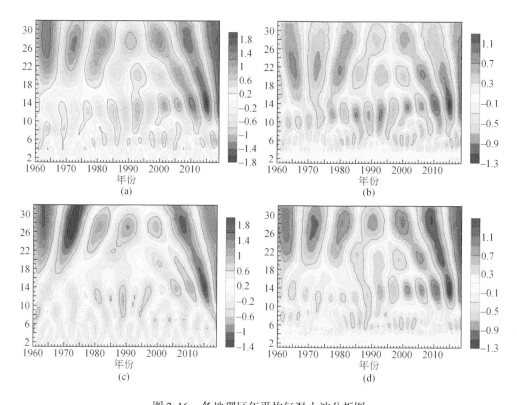

图 2-16　各地理区年平均气温小波分析图

（a）荒漠草原区；（b）典型草原区；（c）草甸草原区；（d）农牧交错区。图中数据单位为 1℃

由以上结论分析，4 个区的年平均气温具有准 25 ~ 32 年的年际变化周期，根据周期变化的特点可以推断，2019 年以后的 10 年左右时间，4 个区气温仍将处于较高水平，但存在着降低的趋势（较同期最高温度有所下降，但仍处于高值期）。

6. 年平均气温变化趋势的空间分布规律

从年平均气温 40 年的气温变化趋势图上（图 2-17）可以看出，锡林郭勒盟整个地区的年平均气温均呈现升高的趋势（分级统计见表 2-9）。年平均气温的变化趋势自西向东递减，年平均气温的年均增长率变化较高的区域分布在苏尼特左旗西部以及阿巴嘎旗中部，最高值为 0.067；年变率为 0.04 ~ 0.06 的区域占锡林郭勒盟总面积的 72.46%；年均增长率较小的区域集中分布在锡林郭勒盟的东部及南部沿边界的狭长地带，年变率小于 0.04 的区域仅占锡林郭勒盟总面积的 25.05%。

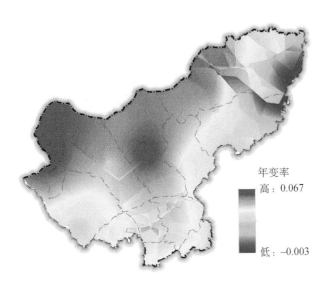

图 2-17　锡林郭勒盟 40 年年平均气温变化趋势分布图

表 2-9　锡林郭勒盟年平均气温变化趋势分级面积统计

序号	变化斜率分级	面积/km²	比例/%
1	-0.003 ~ 0	35.56	0.02
2	0 ~ 0.02	9 351.38	4.63
3	0.02 ~ 0.04	41 203.56	20.42
4	0.04 ~ 0.06	146 222.75	72.46
5	0.06 ~ 0.08	4 989.56	2.47

　　锡林郭勒盟年平均气温标准差的分布区域差异较小，变化幅度仅为 0.68 ~ 1.10，表现出自西向东递减的规律；年平均气温波动变化较大的区域集中在锡林郭勒盟西部的二连浩特市、苏尼特左旗的西北部以及阿巴嘎旗的中部，而锡林郭勒盟南部、东部以及东北部年平均气温的波动变化较小。平均气温从西南向东北的递变体现了温度的纬度地带性规律，而温度波动变化所表现出的空间格局则是从东向西呈带状递变，这种变化规律与降水量的空间格局相近。

　　1980 ~ 2019 年，锡林郭勒盟年平均气温的变化幅度总体空间分布呈现自西向东逐渐减少；年平均气温变化幅度最高的地区分布在苏尼特左旗、阿巴嘎旗中部，最高值为 4.24；年平均气温变化幅度最低的区域分布在东乌珠穆沁旗的东北部，最低值为 2.76；与年平均气温变化趋势分布图对比分析，1980 ~ 2019 年，在二连浩特市、苏尼特左旗以及阿巴嘎旗中部地区气温变化趋势高且变化幅度大，说明该区域 40 年来年平均气温逐渐升高；而在东乌珠穆沁旗东部、西乌珠穆沁旗东部气温变化趋势较小且为负值，而气温变化幅度值较低，表明该区域 40 年间年平均气温缓慢降低；锡林浩特市、正蓝旗和多伦县的东部边缘地区气温变化趋势较低，而气温变化幅度也为低值，表明该区域年均气温缓慢升高。

2.3.3　干燥度的变化规律分析

1. 年平均干燥度的空间分布规律

从图 2-18 可见，锡林郭勒盟多年平均干燥度值呈条带状自西向东递增，干燥程度自西向东递减（分级统计见表 2-10）。锡林郭勒盟最干燥的区域集中在西部地区，最小干燥度值为 9.94，主要分布在二连浩特地区附近，干燥度小于 10 的区域面积占锡林郭勒盟总面积的 0.02%；锡林郭勒盟较湿润的区域集中分布在东乌珠穆沁旗的东北部，最大干燥度值为 43.80，干燥度值大于 30 的区域总面积为 15 246.44km²，占锡林郭勒盟总面积的 7.56%。干燥度为 10 ~ 30 的区域面积最大，达到 186 517.38km²，占锡林郭勒盟总面积的 92.44%。

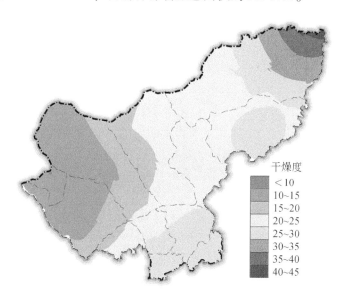

干燥度
< 10
10~15
15~20
20~25
25~30
30~35
35~40
40~45

图 2-18　锡林郭勒盟 1980 ~ 2019 年平均干燥度空间分布图
值越小越干燥

表 2-10 锡林郭勒盟 40 年平均干燥度分级面积统计

序号	年干燥度分级	面积/km²	比例/%
1	<10	39.00	0.02
2	10~15	40 688.63	20.16
3	15~20	28 663.81	14.20
4	20~25	73 803.63	36.57
5	25~30	43 361.31	21.49
6	30~35	9 760.56	4.84
7	35~40	4 679.69	2.32
8	40~45	806.19	0.40

2. 年干燥度的年代变化规律分析

以 1980~2019 年平均干燥度数据为基础，分别利用各年代年平均干燥度分级数据，分析每个年代干燥度各分级区间所占的面积及其位置变化情况，以此来分析锡林郭勒盟干燥度年代变化的空间位移，以深入探讨锡林郭勒盟气候变化的空间进程及其对植被覆盖状况的影响。

通过对各年代年平均干燥度进行空间分级统计（图 2-19），结果表明，20 世纪 80 年代到 90 年代、20 世纪 90 年代到 21 世纪 00 年代，锡林郭勒盟整体呈现中等干旱化趋势；21 世纪 00 年代到 10 年代干燥度降低。20 世纪 80 年代、90 年代中等干旱区域（10~30）面积所占比例分别为 89.41%、82.23%；而 21 世纪 00 年代、10 年代中等干旱区域（10~30）面积所占比例分别为 93.82%、91.03%，且气候湿润地区（>30）面积由 10.59%、17.77% 减少到了 1.18%、8.97%。并且在 21 世纪 00 年代出现了严重干旱（<10）的区域。而在空间上的变化主要表现在干旱由锡林郭勒盟中部向西部、东部、南部扩散。

为了更好地对比分析不同年代气候干燥度的变化历程，为揭示气候变化与植被覆盖状况之间的相互关系奠定基础，对干燥度指数 I_{dm} 进行了分级提取。结合 20 世纪 80 年代《内蒙古植被》与 80 年代后期草地遥感国家"六五"攻关项目对内蒙古草原区生态地理地带的划分成果，按干燥度的高低及其与草原地带的空间对应关系，将锡林郭勒盟划分为严重干旱区、干性干旱区、中性干旱区、湿性干旱区和干性湿润区 5 个气候生态地理区。

尽管从锡林郭勒盟 40 年的平均水平来看，干燥度为 20~25 的中性干旱区与 10~15 的干性干旱区分布最为广泛，分别占锡林郭勒盟总面积的 36.57% 和 20.16%，但在不同年代各级干燥度指数所占的面积比例发生了规律性变化，可

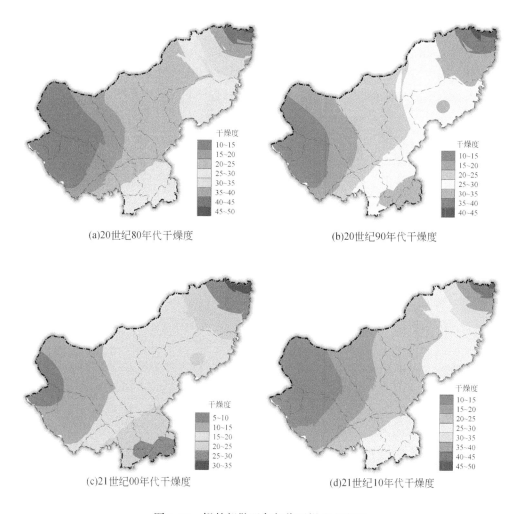

(a)20世纪80年代干燥度　　　　　　　(b)20世纪90年代干燥度

(c)21世纪00年代干燥度　　　　　　　(d)21世纪10年代干燥度

图2-19　锡林郭勒盟各年代干燥度分布图

干燥度值越大，表示气候越湿润，值越小，代表气候越干旱

以看出锡林郭勒盟气候变化的发展历程（图2-20）。

（1）干燥度指数小于10——严重干旱区：在20世纪80年代、90年代以及21世纪10年代，锡林郭勒盟不存在严重干旱区；在21世纪00年代出现严重干旱区的分布，分布面积达到10 084.31km²，占锡林郭勒盟面积的5.00%；主要分布在二连浩特市与苏尼特左旗的西北部地区。

（2）干燥度指数为10～20——干性干旱区：20世纪80年代与90年代，该干旱区类型在锡林郭勒盟的面积相近，分别占锡林郭勒盟总面积的30%左右；

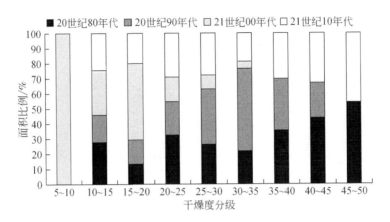

图 2-20　锡林郭勒盟年干燥度 I_{dm} 年代分级面积统计

进入 21 世纪 00 年代以后，该干燥度区间所占的面积猛增到 $1.3876 \times 10^5 km^2$，占锡林郭勒盟总面积的 68.76%，是 20 世纪 80 年代、90 年代的 2 倍多；在这个时期，干性干旱区已经占据了锡林郭勒盟的主体区域，导致中性干旱区与湿性干旱区在空间分布上难以形成连续的条带，只是呈零星的区片状分布；而 21 世纪 10 年代干性干旱区面积又减少到 37.05%，主要分布在锡林郭勒盟的西部地区。

（3）干燥度指数为 20 ~ 25——中性干旱区：该干旱区类型是锡林郭勒盟在 20 世纪 80 年代主要的气候类型区，占锡林郭勒盟总面积的 34.32%，在空间上占据锡林郭勒盟的中北部地区；而在 20 世纪 90 年代面积向西减少到 23.45%；在 21 世纪 00 年代达到最低，为锡林郭勒盟总面积的 17.33%，主要分布在锡林郭勒盟的东北部和南部；21 世纪 10 年代面积又恢复到 30.90%，主要分布地区在锡林郭勒盟的中北部。

（4）干燥度指数为 25 ~ 30——湿性干旱区：该区间是锡林郭勒盟较为湿润的气候类型区，在 20 世纪 80 年代、90 年代该区域面积所占比例分别为 21.77% 和 30.41%，主要分布在锡林郭勒盟的东北部和南部；而到了 21 世纪 00 年代，该区间的面积急剧缩小，仅为锡林郭勒盟总面积的 7.73%；21 世纪 10 年代时又恢复到锡林郭勒盟总面积的 23.08%。

（5）干燥度指数大于 30——干性湿润区：该区域是锡林郭勒盟气候偏湿地区，主要分布在锡林郭勒盟的东北部地区，在 20 世纪 90 年代时在多伦县附近也有分布。在各个年代所占面积分别为 $2.137 \times 10^4 km^2$、$3.586 \times 10^4 km^2$、2.38×10^3 km^2 以及 $1.810 \times 10^4 km^2$。

从干燥度的年代变化历程来看，20 世纪 80 年代、90 年代以及 21 世纪 10 年代是锡林郭勒盟气候相对湿润时期，锡林郭勒盟范围内不存在干燥度指数小于

10 的严重干旱区；20 世纪 80 年代占主导地位的气候区为中性干旱区，占锡林郭勒盟总面积的 34.32%，同时湿性干旱区占锡林郭勒盟总面积的 21.77%，干性湿润区面积所占比例为 10.59%；进入 20 世纪 90 年代，干性干旱区与中性干旱区面积略有减少，湿性干旱区增加到 30.41%，干性湿润区增加到 17.77%；21 世纪 10 年代干性干旱区和中性干旱区占据大部分地区，面积所占比例分别为 37.05% 和 30.90%，但湿性干旱区同样有 23.08% 的分布面积，以及 8.97% 的干性湿润区域；21 世纪 00 年代是明显的干旱年代，出现了严重干旱区，面积为 $1.008 \times 10^4 km^2$，分布在二连浩特市附近，湿性干旱区和干性湿润区面积骤减，所占比例分别为 7.73% 和 1.18%，大部分地区为干性干旱区，面积为 1.3876×10^5 km^2，达到了锡林郭勒盟总面积的 68.76%。

综上所述，锡林郭勒盟不同年代间干燥度出现不同的变化，20 世纪 80 年代到 20 世纪 90 年代整体表现出变湿润的趋势，而 20 世纪 90 年代到 21 世纪 00 年代则呈现变干旱的现象，到了 21 世纪 10 年代，锡林郭勒盟的干燥度又展现出相对湿润的表征；可以看出 40 年间，干燥度整体呈现起伏的周期波动。

3. 干燥度的周期变化规律分析

由各生态地理区年干燥度的小波分析图可见，不同的草原类型区干燥度周期变化不同（图 2-21）：4 区干燥度的变化呈两个阶段，大致以 20 世纪 90 年代中后期为界（1997 年），1960～1997 年干燥度周期在 18～22 年尺度上周期振荡；而 1997 年后这两个区域的振荡周期中心点有上移和增长的趋势，形成准 25～32 年尺度的周期振荡，中心点的变化表明这些地区干燥程度增加。

根据 1995 年后 4 个区的年干燥度具有准 25～32 年的年际变化周期的特点可以推断，总体上，2019 年以后的 10 年左右时间，整个锡林郭勒盟年干燥度保持较低水平，即未来 10 年左右的时间，4 个区气候将有逐渐变干燥的可能性。

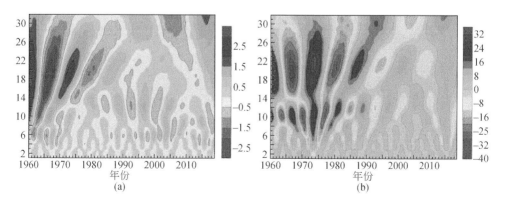

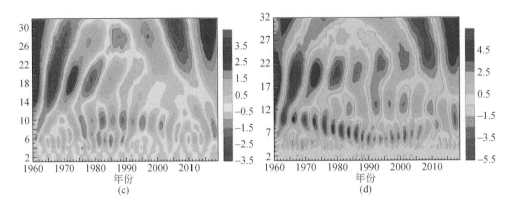

图 2-21　锡林郭勒盟各地理区年干燥度小波分析图

（a）荒漠草原区；（b）典型草原区；（c）草甸草原区；（d）农牧交错区

4. 年干燥度变化趋势的空间分布规律

1980～2019 年，锡林郭勒盟年干燥度变化总体趋势为西南高而东北低（图 2-22，表 2-11），趋势范围为−0.23～0.04；年干燥度趋势值高的区域分布于二连浩特市、苏尼特右旗以及苏尼特左旗的西南部，但最高值仅为 0.04；年干燥度变化趋势值低的区域主要分布在阿巴嘎旗北部、西乌珠穆沁旗中南部以及东乌珠穆

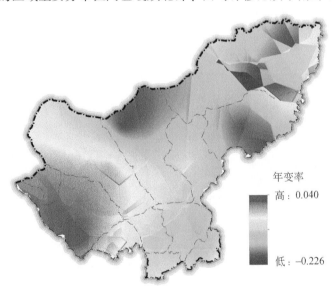

年变率

高：0.040

低：−0.226

图 2-22　锡林郭勒盟 40 年年干燥度变化趋势分布图

沁旗中部，最低值为-0.23；由此可见，锡林郭勒盟整体年干燥度呈下降趋势，即40年间锡林郭勒盟表现出干旱程度上升的趋势。

表 2-11 锡林郭勒盟年干燥度变化趋势分级面积统计

序号	变化斜率分级	面积/km²	比例%
1	-0.23 ~ -0.20	660.31	0.33
2	-0.20 ~ -0.10	99 820.88	49.46
3	-0.10 ~ 0	84 474.31	41.86
4	0 ~ 0.10	16 847.31	8.35

对锡林郭勒盟年干燥度趋势进行分级发现，-0.2 ~ -0.1 与-0.1 ~ 0 范围的面积比例最高，面积分别为 99 820.88km² 和 84 474.31km²，占锡林郭勒盟面积的 49.46% 和 41.86%，-0.2 ~ -0.1 区间主要分布在锡林郭勒盟中部偏上的阿巴嘎旗北部、锡林浩特市北部、西乌珠穆沁旗和东乌珠穆沁旗中南部以及正蓝旗、多伦县等地区；而-0.1 ~ 0 区间主要分布在锡林郭勒盟中部偏下的锡林浩特市西南部、阿巴嘎旗的南部、苏尼特左旗、镶黄旗太仆寺旗等地区。这些地区都表现出干燥度下降的趋势，干旱程度在升高。年干燥度趋势为正值的区域仅在苏尼特右旗和二连浩特市西部、南部区域分布，且趋势值仅为0 ~ 0.1，表明该区域干旱程度缓慢降低。

锡林郭勒盟年干燥度标准差的分布有较大的区域差异，变化幅度为 3.49 ~ 9.87，表现出自西南向东北递增的规律。年干燥度波动较大的区域集中在锡林郭勒盟的东部，代表大部分的年干燥度和多年平均值之间差异较大，东乌珠穆沁旗东部地区年干燥度的波动变化尤为剧烈；而锡林郭勒盟西部的二连浩特市、苏尼特右旗、苏尼特左旗年干燥度的标准差较小，即年干燥度较接近多年平均值，波动较小。

1980 ~ 2019 年干燥度变幅整体自锡林郭勒盟西南向东北由低到高分布，在西南的镶黄旗、苏尼特旗、二连浩特市以及苏尼特左旗的西部变幅较低，最低值为 14.47；在东乌珠穆沁旗的东北部以及西乌珠穆沁旗中部变幅较高，最高值为 41.29。

结合 40 年间干燥度趋势分布图发现，趋势较小的-1 ~ 0 和 0 ~ 0.1 区域干燥度变幅也较小，都分布在锡林郭勒盟的西部，说明该区域干旱程度变化缓慢；而趋势值相对较大的区域干燥度变幅也较高且趋势为负值，说明这些地区干旱程度变化较大，变得更干旱。

2.4 锡林郭勒盟植被覆盖时空变化规律

2.4.1 植被 NDVI 的空间分布规律

1981～2019 年，锡林郭勒盟平均植被覆盖状况总体上呈现自西向东逐渐递增的空间分布规律。由图 2-23 及表 2-12 的统计数据分析可见，锡林郭勒盟西部平均 NDVI 较差，NDVI 最低值只有 0.14，NDVI 值小于 0.4 的区域共占锡林郭勒盟总面积的 40.52%，该区域所分布的植被类型主要是荒漠草原与草原化荒漠；锡林郭勒盟东部的植被平均 NDVI 较好（最高值达到 0.87），NDVI 值大于 0.6 的区域主要分布在沿东部边界的狭长地带，共占锡林郭勒盟总面积的 16.76%，这部分地区在植被类型上属于草甸草原与大兴安岭山地余脉的林地与灌丛植被，一些地区则属于典型草原向草甸草原的过渡区域。NDVI 值为 0.4～0.6 区间所占的面积较大，为 86 209.38km²，共占锡林郭勒盟总面积的 42.72%，该区域是锡林郭勒盟主体植被类型——典型草原的分布区域，但受降水量、土壤与地貌等因素的影响，该区域内部的植被 NDVI 状况也存在着明显的空间差异。由于土壤基质的特殊性，浑善达克沙地构成了一个完整的沙地自然单元，但沙地上的植被 NDVI 也表现出明显的从东向西的带状递变规律。

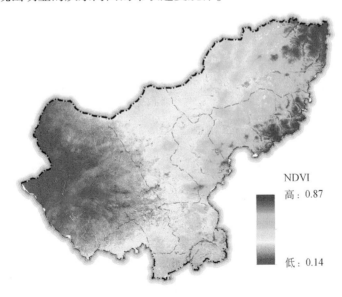

图 2-23 锡林郭勒盟 1978～2019 年平均 NDVI 状况分布图

表 2-12 锡林郭勒盟 40 年平均 NDVI 分级面积统计

序号	分类	面积/km²	比例/%
1	0.14~0.2	3 829.56	1.90
2	0.2~0.4	77 937.31	38.62
3	0.4~0.6	86 209.38	42.72
4	0.6~0.8	32 574.63	16.14
5	0.8~1	1 251.94	0.62

2.4.2 植被 NDVI 的变化趋势分析

从多年 NDVI 变化趋势图 (图 2-24) 上可以看出, 其变化趋势在空间分布上存在区域差异 (分级见表 2-13), 1981~2019 年, 锡林郭勒盟整体 NDVI 呈现下降趋势, 在全盟都有分布, 但在西部、中部以及东北部偏下地区呈块状分布; 同样地, 锡林郭勒盟整体 NDVI 呈现上升趋势的地区在全盟都有零散分布, 但在南部的太仆寺旗、多伦县、正蓝旗以及东部的东乌珠穆沁旗的东北部和西乌珠穆沁旗的东部呈块状分布; NDVI 年均增长率呈现正增长的区域仅占总面积的

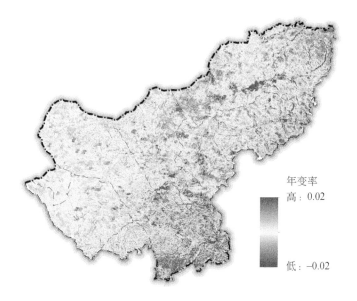

年变率
高：0.02

低：−0.02

图 2-24 锡林郭勒盟 1981~2019 年植被 NDVI 状况变化趋势图

14.45%，呈点状零散分布在锡林郭勒盟的西部及偏南地区；NDVI 年增长率小于 -0.01 的区域主要零散分布在锡林郭勒盟的中部、南部及东部地区，年增长率在 -0.01~0 的区间分布最广泛，占锡林郭勒盟总面积的 84.75%，在全盟广泛分布，较集中在锡林郭勒盟西部。

表 2-13　锡林郭勒盟 NDVI 变化趋势分级面积统计

序号	分类	面积/km²	比例/%
1	-0.02~-0.01	1 424.69	0.71
2	-0.01~0.00	171 030.00	84.75
3	0.00~0.02	29 348.00	14.54

锡林郭勒盟植被 NDVI 的年际波动幅度变化为 0.02~0.35，但空间差异性较小。NDVI 标准差较低的区域在锡林郭勒盟西部、东部以及东北部零散块状分布，年际波动变化不大，主要包括二连浩特市、苏尼特左旗、苏尼特右旗以及东乌珠穆沁旗东北部和西乌珠穆沁旗东部；NDVI 标准差较高的区域多集中在锡林郭勒盟的中部及偏北地区，集中在东乌珠穆沁旗中部，该区域植被 NDVI 的年际波动变化较大；其余地区 NDVI 的波动变化中等偏低，标准差值为 0.05~0.15。

1981~2019 年，NDVI 略有好转的区域仅有 14.54%，且趋势斜率值最大仅为 0.02，变好趋势不明显。同样，变化趋势为负值的区域虽然占据了锡林郭勒盟面积的 85.46%，但最小值也仅为 -0.02，变化趋势同样不明显。说明，锡林郭勒盟 39 年植被覆盖度总体呈现 V 形变化，即由变差到恢复状态，近 20 年该地区植被 NDVI 虽然明显提高，但仍未恢复到 20 世纪 80 年代的水平。

1981~2019 年锡林郭勒盟 NDVI 的变化幅度空间分布情况（表 2-14），锡林郭勒盟的西部以及东北部的大部分地区 NDVI 变化幅度较低，变幅范围为小于 0.4，占据锡林郭勒盟面积的 65.16%；中部及中部偏东北地区 NDVI 变化幅度相对较高，变化幅度为 0.4~0.6，面积所占比例为 29.48%；NDVI 变化幅度高（0.6~1.0）的区域在全盟无规律零散分布，面积所占比例为 5.36%；结合锡林郭勒盟植被 NDVI 变化趋势图分析发现，锡林郭勒盟植被 NDVI 整体呈现小幅度变差的变化，其中在中部及中部偏上地区变差相对较明显。

表 2-14　锡林郭勒盟植被覆盖 NDVI 变化幅度分级面积统计

序号	分类	面积/km²	比例/%
1	<0.2	8 344.31	4.13
2	0.2~0.4	123 154.69	61.03

续表

序号	分类	面积/km²	比例/%
3	0.4~0.6	59 498.38	29.48
4	0.6~0.8	8 347.06	4.14
5	>0.8	2 458.38	1.22

2.4.3 植被覆盖的年代变化规律分析

为了探讨锡林郭勒盟植被覆盖的变化历程，计算锡林郭勒盟 1981~2019 年各个年代的植被覆盖度指数 F_v，计算公式为：

$$F_v = \frac{NDVI-NDVI_{soil}}{NDVI_{veg}-NDVI_{soil} \times 100\%}$$ (2.11)

式中，$NDVI_{soil}$ 为土壤部分的 NDVI 值；$NDVI_{veg}$ 为植被部分的 NDVI 值。

根据水利部颁布的《土壤侵蚀分类分级标准》（SL190—2007）中的植被覆盖度分级标准，将植被覆盖度划分为 5 个等级：低植被覆盖度（<0.3）、中低植被覆盖度（0.30~0.45）、中等植被覆盖度（0.45~0.6）、中高植被覆盖度（0.60~0.75）、高植被覆盖度（≥0.75）（图 2-25，表 2-15）。

植被覆盖度指数小于 0.3——低植被覆盖度：在 20 世纪 80 年代和 90 年代，该区域主要分布在锡林郭勒盟西部的苏尼特左旗、二连浩特市以及苏尼特右旗。由表 2-15 可以看出，低植被覆盖度区在 20 世纪 80 年代的面积为 40 208.125km²，占锡林郭勒盟总面积的 19.92%。进入 20 世纪 90 年代以后，该区域的植被状况

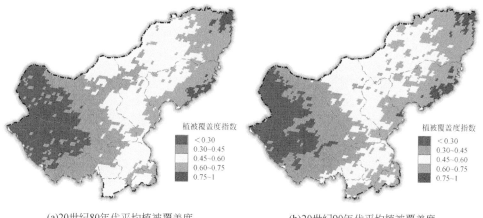

(a)20世纪80年代平均植被覆盖度　　　　　　　(b)20世纪90年代平均植被覆盖度

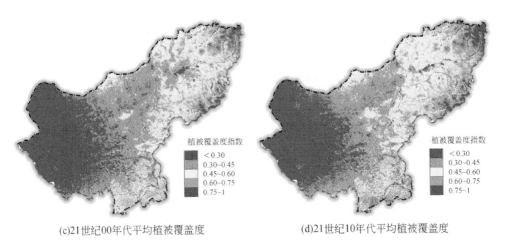

(c)21世纪00年代平均植被覆盖度   (d)21世纪10年代平均植被覆盖度

图 2-25　锡林郭勒盟不同年代平均植被覆盖度分布图

有所好转，面积减少到 31 760.25km²，占锡林郭勒盟总面积的 15.74%。到 21 世纪 00 年代以及 10 年代，受气候变化等的影响，该区域的面积开始由西部向中部扩张，分布范围已显著东移，除中低植被覆盖区外，苏尼特左旗与苏尼特右旗已经完全为低植被覆盖区所占据，在 21 世纪 00 年代达到 67 050.69km²，占锡林郭勒盟总面积的 33.23%；而在 21 世纪 10 年代面积虽有所减少，但占锡林郭勒盟总面积的比例也达到了 29.72%。

表 2-15　锡林郭勒盟植被覆盖 NDVI 年代分级面积统计

分级	20 世纪 80 年代		20 世纪 90 年代		21 世纪 00 年代		21 世纪 10 年代	
	面积/km²	比例/%	面积/km²	比例/%	面积/km²	比例/%	面积/km²	比例/%
<0.30	40 208.13	19.92	31 760.25	15.74	67 050.69	33.23	59 968.88	29.72
0.30~0.45	48 622.70	24.09	46 513.69	23.05	61 441.13	30.45	52 142.25	25.84
0.45~0.60	71 524.38	35.44	68 969.25	34.18	51 456.25	25.50	55 848.75	27.67
0.60~0.75	36 544.25	18.11	48 321.63	23.94	16 943.38	8.40	25 230.81	12.50
≥0.75	4 903.38	2.43	6 238.00	3.09	4 911.38	2.43	8 612.13	4.27

植被覆盖度指数为 0.3~0.45——中低植被覆盖度：20 世纪 80 年代到 90 年代，本区主要分布在苏尼特左旗的中东部、苏尼特右旗的东南部、镶黄旗与正镶白旗的北部，及阿巴嘎旗西部和中部的部分地区，属于克氏针茅群落分布区，是

典型草原区中气候偏干旱条件下发育的植被类型；该区域面积也没有发生明显的变化，占锡林郭勒盟总面积的 23%～24%。进入 21 世纪后，该区域分布范围向锡林郭勒盟东北部整体移动，21 世纪 00 年代面积增加到 61 441.13km²，占锡林郭勒盟总面积的 30.45%；21 世纪 10 年代虽面积回落到锡林郭勒盟总面积的 25.84%，但 20 世纪 80 年代、90 年代分布范围已经移动到阿巴嘎旗全旗、东乌珠穆沁旗和锡林浩特市西部，以及锡林郭勒盟南部的镶黄旗、正镶白旗、正蓝旗部分地区。

植被覆盖度指数为 0.45～0.6——中等植被覆盖度：在 20 世纪 80 年代、90 年代，本区的面积分别 71 524.38km² 和 68 969.25km²，占锡林郭勒盟总面积的 35.44% 与 34.18%，是两个年代分布最广的区域，主要集中在东乌珠穆沁旗中部和西部、西乌珠穆沁旗西部、锡林浩特市北部和西部、阿巴嘎旗北部和东部、正蓝旗和正镶白旗以及镶黄旗的南部；在 21 世纪 00 年代和 10 年代，面积分别为 51 456.25km² 和 55 848.75km²，面积所占比例约为 25%～27%。21 世纪 00 年代、10 年代与 20 世纪 80 年代、90 年代相比较而言，该区面积有所减少，但分布范围分别向锡林郭勒盟的东部、南部扩展，减少的面积大部分转化为了低植被覆盖区。

植被覆盖度指数 0.6～0.75——中高植被覆盖度：20 世纪 80 年代、90 年代该区域主要在锡林郭勒盟的东北部、东部呈条块状分布以及在南部的多伦县周边呈斑块状分布，面积所占比例分别为 2.43%、3.09%；进入 21 世纪 00 年代、10 年代后，该区面积分别缩减为 8.40% 和 12.50%，且呈零散斑块状分布在东乌珠穆沁旗东北部、西乌珠穆沁旗东部以及太仆寺旗多伦县的南部。

植被覆盖度指数大于等于 0.75——高植被覆盖度：本区是锡林郭勒盟植被覆盖状况最好的地区，面积所占比例不足 5%，且 39 年来分布范围变化不大，主要集中在东乌珠穆沁旗东北部、西乌珠穆沁旗东部等区域。

从上面的分析可以看出，从 20 世纪 80 年代初至今，锡林郭勒盟的植被覆盖状况发生了极其显著的变化。锡林郭勒盟低植被覆盖区、中低植被覆盖区范围呈东移趋势，且面积所占比例呈增加的趋势；而中等植被覆盖区面积在 20 世纪 80 年代、90 年代到 21 世纪 00 年代、10 年代虽有所下降，但分布范围分别向锡林郭勒盟的东部、南部扩展，减少的面积大部分转化为低植被覆盖区；且中高植被覆盖区和高植被覆盖度区面积在一定程度上有所减少。这表明在 39 年间，锡林郭勒盟，尤其是西部地区低植被覆盖的现状不仅未能得到有效改善且范围有所更加；中部地区的中低植被覆盖度面积向东北部扩张的趋势得到遏制，整个区域内部的植被覆盖状况恢复明显，但草地退化问题依旧严峻。

2.5 锡林郭勒草原植被覆盖变化的驱动力分析

2.5.1 气候变化对植被覆盖变化的影响分析

1. 植被覆盖状况与降水量的相关性

从图 2-26 可以看出,除了南部及东南部沿边界的少数地区以外,锡林郭勒盟绝大部分地区的年 NDVI 与年降水量呈现不同程度的正相关,结合表 2-16 分析,降水量与 NDVI 呈负相关的面积为 3359.56km²,仅占锡林郭勒盟总面积的1.66%;相关系数 0~0.4 的区域主要分布在南部、东部及东北部,在西部、中部零星分布,占锡林郭勒盟总面积的29.90%;相关系数 0.4~0.6 的区域几乎在全盟范围都有分布,在锡林郭勒盟中部、东部及西部较为集中,占锡林郭勒盟总面积的52.06%;而相关系数 0.6~0.8 的区域主要集中在西部的苏尼特左旗、阿巴嘎旗,占锡林郭勒盟总面积的16.36%。综合来说,降水量与 NDVI 整体呈正相关性,面积最广的相关系数范围为 0.6~0.8,几乎分布于全盟。

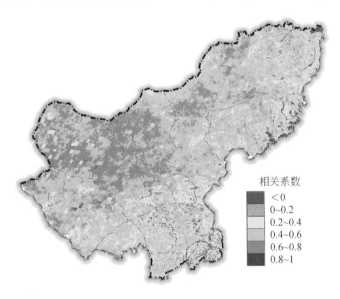

相关系数
- <0
- 0~0.2
- 0.2~0.4
- 0.4~0.6
- 0.6~0.8
- 0.8~1

图 2-26 锡林郭勒盟年 NDVI 与年降水量的相关关系

表 2-16   锡林郭勒盟年降水量与年 NDVI 的相关系数分级面积统计

序号	相关系数分级	面积/km²	比例/%
1	<0	3 359.56	1.66
2	0～0.2	9 562.00	4.74
3	0.2～0.4	50 774.25	25.16
4	0.4～0.6	105 064.88	52.06
5	0.6～0.8	33 017.19	16.36
6	>0.8	24.88	0.01

2. 植被覆盖状况与平均气温的相关性

从图 2-27 可以看出，除了东北部以及南部部分地区以外，锡林郭勒盟绝大部分地区的年 NDVI 与年平均气温呈现不同程度的负相关，相关系数为-0.4～0。结合表 2-17 分析，年 NDVI 与年平均气温呈正相关的面积为 13 449.00km²，仅占锡林郭勒盟总面积的 6.66%；相关系数<-0.4 的区域几乎在全盟范围都有分布，在锡林郭勒盟西部、东部及北部较为集中，占锡林郭勒盟总面积的 26.83%；相关系数-0.4～-0.3 的地区主要分布在锡林郭勒盟的西北部、中部以及东北部地区，占锡林郭勒盟总面积的 26.10%；而相关系数-0.3～-0.2 的区域主要分布在

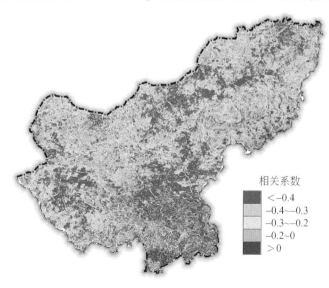

图 2-27   锡林郭勒盟年 NDVI 与年平均气温的相关关系

锡林郭勒盟的东北部和西部地区，占锡林郭勒盟总面积的 21.53%。相关系数 -0.2 ~ 0 的地区主要分布在锡林郭勒盟的西部、北部和东北部地区，占锡林郭勒盟总面积的 18.87%。综合来说，年 NDVI 与年平均气温整体呈负相关性，且呈现出以 <-0.4 的地区为中心，距离由近及远，负相关系数增大的分布状态。

表 2-17   锡林郭勒盟年平均气温与年 NDVI 的相关系数分级面积统计

序号	相关系数分级	面积/km^2	比例/%
1	<-0.4	54 139.50	26.83
2	-0.4 ~ -0.3	52 672.75	26.10
3	-0.3 ~ -0.2	43 455.94	21.53
4	-0.2 ~ 0	38 085.56	18.87
5	>0	13 449.00	6.66

3. 植被覆盖状况与干燥度的相关性

从图 2-28 可以看出，除了南部和东北部极少部分地区的年 NDVI 与年干燥度呈现负相关以外，锡林郭勒盟大部分地区的年 NDVI 与年干燥度呈现不同程度的正相关。由表 2-18 可得，相关系数 -0.3 ~ 0 的地区零星分布在锡林郭勒盟的东北部和东南部地区，仅占锡林郭勒盟总面积的 2.19%。相关系数 0 ~ 0.3 的地区主要分布在锡林郭勒盟的东北部和东南部地区，在西部地区零星分布，占锡林郭勒盟总面积的 10.84%；相关系数 0.3 ~ 0.6 的地区分布较广，面积较大，除锡林郭勒盟的西北部地区外，几乎都有分布，占锡林郭勒盟总面积的 67.00%；相关系数 0.6 ~ 0.9 的地区主要分布在锡林郭勒盟的西北部、北部地区，占锡林郭勒盟总面积的 19.96%。综合来说，年 NDVI 与年干燥度整体上呈正相关关系，且相关系数主要以 0.3 ~ 0.6 为主，相关性较高，干燥度值越高植被生长状况越好。

表 2-18   锡林郭勒盟年干燥度与年 NDVI 的相关系数分级面积统计

序号	相关系数分级	面积/km^2	比例/%
1	<-0.3	447.38	0.22
2	-0.3 ~ 0	3 983.81	1.97
3	0 ~ 0.3	21 876.38	10.84
4	0.3 ~ 0.6	135 217.25	67.00
5	0.6 ~ 0.9	40 277.94	19.96

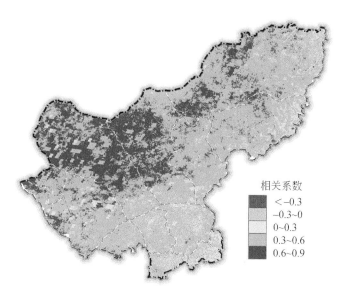

相关系数

< −0.3
−0.3~0
0~0.3
0.3~0.6
0.6~0.9

图 2-28 锡林郭勒盟年 NDVI 与年干燥度的相关关系

2.5.2 放牧压力对植被覆盖变化的影响

1. 锡林郭勒盟历年羊单位变化

锡林郭勒盟历年牲畜变化（大、小牲畜折算成羊单位可以参考中国农业行业标准《NY/T635—2015 天然草地合理载畜量的计算》）呈两个变化阶段（图 2-29）：1986~1999 年，该地区牲畜数量增加较快，从期初的 1132.9 万只到 1999 年达到最高峰（1681.0 万只，增加了 548.1 万只），随后到 2000 年牲畜突然减少；2001~2018 年该区牲畜变化较平稳，牲畜数量维持在较低的水平波动。

如图 2-30 所示，除二连浩特市和太仆寺旗外，锡林郭勒盟其余旗县不同年代牲畜数据基本呈现出从 20 世纪 80 年代开始到 90 年代增加，20 世纪 90 年代到 21 世纪 00 年代减少，21 世纪 00 年代到 10 年代牲畜数量下降（或持平，或略微增加）的变化趋势。总体来说，20 世纪 90 年代是锡林郭勒盟牲畜数量最多的年代，21 世纪 00 年代、10 年代的牲畜数量低于 20 世纪 80 年代的数牲畜量。东乌珠穆沁旗、西乌珠穆沁旗、阿巴嘎旗、苏尼特左旗等旗县牲畜数量排在全盟前几位，多伦县、镶黄旗、二连浩特市等旗县牲畜数量相对较少。

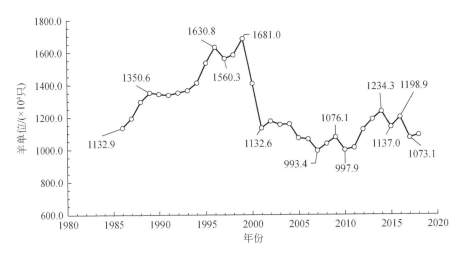

图 2-29　锡林郭勒盟 1986～2018 年牲畜变化

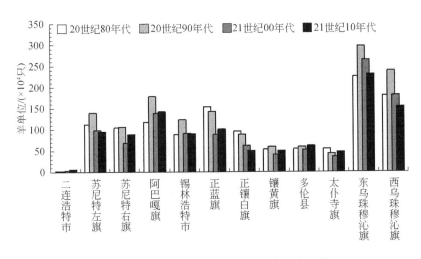

图 2-30　锡林郭勒盟各旗县不同年代牲畜变化

2. 牲畜密度的空间分布及变化分析

采用基于 NDVI 权重的统计数据空间化（或称为聚合数据）的方法将锡林郭勒盟牲畜饲养数据空间化，获得该区域的牲畜密度图层，方法如下：NDVI 表征着植被生产力，其值大小与各旗县饲养的牲畜总数有关，即某单位的 NDVI 供养着某单位的牲畜。计算公式如下：

$$dSU_i = SU_{i,aggr}/NDVI_{i,sum} \qquad (2.12)$$
$$SU_{i,spati} = dSU_i \times NDVI_{i,max} \qquad (2.13)$$

式中，$SU_{i,aggr}$ 为第 i 年各乡镇牲畜总数图层（由牲畜数量的统计数据与旗县界线图层连接得到）；$NDVI_{i,sum}$ 为第 i 年 NDVI 乡镇区域累加和值图层，由 $NDVI_{i,max}$（第 i 年 NDVI 最大值图层）以旗县行政界线为区域统计（Zonal Statistics）得到；dSU_i 是单位 NDVI 下的羊单位数量（类似于密度）；$SU_{i,spati}$ 为第 i 年各旗县牲畜饲养空间化图层。

从图 2-31 可见，锡林郭勒盟多年平均牲畜密度的空间分布呈条带状自西北向东南递增（分级见表 2-19），牲畜密度 30～50 标准羊单位/km² 和 50～70 标准

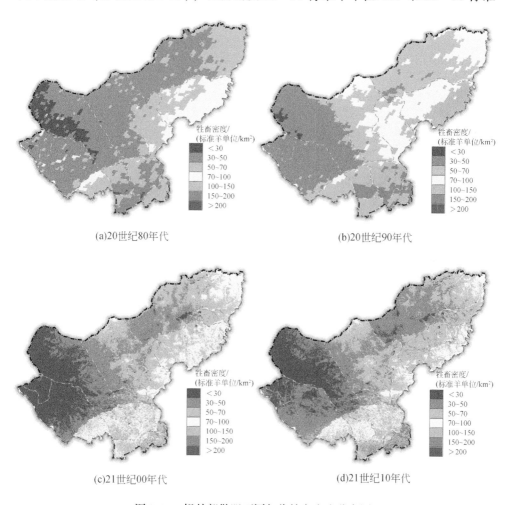

(a)20世纪80年代

(b)20世纪90年代

(c)21世纪00年代

(d)21世纪10年代

图 2-31　锡林郭勒盟不同年代牲畜密度分布图

羊单位/km² 两个分级区间的面积较大，各年代分别占锡林郭勒盟总面积的 70.01%、56.40%、55.47% 与 63.03%，牲畜密度小于 30 标准羊单位/km² 的区域集中在二连浩特市、苏尼特右旗西北部和苏尼特左旗的北部地区，而牲畜密度大于 100 标准羊单位/km² 的区域集中在东南部的农牧交错区及西乌珠穆沁旗的西南部。

表 2-19　锡林郭勒盟牲畜密度分级统计

分级 / (标准羊单位/km²)	20 世纪 80 年代		20 世纪 90 年代		21 世纪 00 年代		21 世纪 10 年代	
	面积 /km²	比例 /%	面积 /km²	比例 /%	面积 /km²	比例 /%	面积 /km²	比例 /%
<30	12 276	6.10	1 240	0.62	37 294	18.57	33 168	16.44
30~50	98 244	48.83	57 415	28.54	56 228	28.00	68 305	33.85
50~70	42 608	21.18	56 043	27.86	55 179	27.47	58 882	29.18
70~100	20 975	10.43	45 339	22.54	37 627	18.74	26 115	12.94
100~150	15 902	7.90	33 672	16.74	13 173	6.56	11 003	5.45
150~200	10 759	5.35	7 473	3.71	1 243	0.62	3 542	1.76
>200	418	0.21	0	0.00	93	0.05	776	0.38

根据编制的各年代平均牲畜密度空间分布图及图形统计结果，20 世纪 90 年代与 80 年代相比，牲畜密度 50~150 标准羊单位/km² 的各区间面积均出现上升趋势，而牲畜密度 <30 标准羊单位/km²、30~50 标准羊单位/km²、150~200 标准羊单位/km² 和 >200 标准羊单位/km² 的区间面积占总面积的比例各下降了 5.48%、20.29%、1.64% 和 0.21%，总体上看来，锡林郭勒盟大部分地区牲畜密度增加；进入 21 世纪以后，牲畜密度发生了极为显著的变化，呈现明显下降的趋势，与 20 世纪 90 年代相比，21 世纪 00 年代和 10 年代 <30 标准羊单位/km² 的区间面积占总面积的比例也分别上升了 17.95% 和 15.82%。

锡林郭勒盟牲畜密度的年代变化受气候等自然条件和各种人为因素的共同影响。根据前文对气候的分析，从气候综合指标——干燥度来看，20 世纪 80 年代、90 年代属于锡林郭勒盟气候条件比较好的时期，21 世纪 00 年代初则是气候相对恶劣的时期，高温少雨，气候旱化，草地产草量受气候等因素的影响发生相应的波动，牲畜总头数也会随之进行相应的调整。当然，牲畜头数同时受宏观政策等人为因素的影响：1982~1989 年，内蒙古牧区实行了草畜双承包，把草牧场所有权划归嘎查（村级单位）所有；1990~1995 年，草牧场承包到户、联户、浩特（自然村）；1996~1998 年，内蒙古牧区落实了草牧场所有权、使用权和承包责任制，把草牧场使用权彻底承包到户；1999~2002 年，为草牧场"双权一制"

落实工作完善阶段；到2005年内蒙古牧区"双权一制"工作基本完成。20世纪80年代初期，在牲畜私有化以后，市场开始进入到牧民的生产活动中，1990年以后，畜产品的市场价格增长很快，刺激了牧民增加牲畜的积极性，在市场和牲畜私有化的双重作用下，牲畜头数迅速增加。2000年以后，在气候急剧旱化的自然条件下，随着草牧场"双权一制"政策的不断完善和"围封转移"等草原政策的实施，内蒙古的草原逐渐由粗放经营向集约经营转化。而到了21世纪10年代中后期，锡林郭勒盟开始推行"减羊增牛"的政策，推广优质的肉羊和肉牛品种，同时结合舍饲和人工草地等措施，进一步降低草场的载畜量，进一步提高牧民的收入水平。

2.5.3 植被覆盖、气候与牲畜密度的回归分析

为了分析植被覆盖与气候、牲畜密度之间的关系，以NDVI为因变量（以NDVI代表），牲畜密度（SHEEP）与干燥度指数（I_{dm}）为自变量，建立多元回归方程：$NDVI = b_0 + b_1 SHEEP + b_2 I_{dm}$，回归系数的计算在R4.03中完成。

分析表明（表2-20），在20世纪80年代和90年代，以及1981~2019年这4个时期，锡林郭勒草原区的植被覆盖状况与干燥度和牲畜密度表现为复线性相关关系。其中，NDVI与干燥度（该值越大越好）呈正相关关系。这种结果与前面所做的植被覆盖状况沿从干旱到湿润的空间梯度上依次提高的整体变化规律相吻合；从20世纪80年代到21世纪10年代，干燥度与NDVI的关系紧密程度发生变化，它们分别为0.904、0.896、0.734、0.854，表明自20世纪80年代以来，锡林郭勒草原植被覆盖状况的不断恶化有气候旱化的影响，但相关关系的结果在20世纪90年代后逐渐降低（其中21世纪00年代最低），则表明除了气候的影响外，其他因素——放牧、政策等的影响在逐渐增加。也就是说，从整体上看，自20世纪80年代以来，锡林郭勒草原植被覆盖状况的不断恶化既有气候旱化的影响，也有过度放牧等因素导致草原退化的影响。

表 2-20　锡林郭勒盟植被覆盖与气候、牲畜密度回归分析

回归系数	估计值	标准误	t 值	p 值	决定系数（R^2）
截距	0.109	0.004	25.938	<0.01	
SHEEP1980s	0.060	0.012	4.793	<0.01	0.8105
I_{dm}1980s	0.904	0.011	82.326	<0.01	

续表

回归系数	估计值	标准误	t 值	p 值	决定系数 (R^2)
截距	0.067	0.004	15.140	<0.01	
SHEEP1990s	0.146	0.014	10.110	<0.01	0.8356
$I_{dm}1990s$	0.896	0.012	73.850	<0.01	
截距	0.038	0.005	8.010	<0.01	
SHEEP2000s	0.702	0.027	25.750	<0.01	0.7461
$I_{dm}2000s$	0.734	0.026	28.020	<0.01	
截距	0.008	0.005	1.552	<0.01	
SHEEP2010s	0.420	0.022	19.243	<0.01	0.7661
$I_{dm}2010s$	0.854	0.016	54.368	<0.01	

而 NDVI 与牲畜密度呈正相关关系（各年代两者相关性分别为 0.060、0.146、0.702、0.420），这种结果与关于草原放牧效应的研究结论不符。这是由于时间分析尺度造成的，NDVI、牲畜密度均为年代的均值，在 10 年时间尺度上总体表现为植被越好饲养的牲畜越多。例如，牲畜由干旱区域向较湿润地区的异地转移导致在干旱地区的草地上牲畜密度降低，植被覆盖状况得到一定程度的恢复，而在气候较为湿润、草地状况较好的区域，牲畜密度提高，而 10 年的分析尺度则是这些状况的聚合，所以导致两者呈正相关关系。从 20 世纪 80 年代到 21 世纪 10 年代的两者关系变化来看，21 世纪 00 年代放牧对植被的影响大于其他年代，且在 21 世纪 10 年代放牧对植被的影响在逐渐降低；21 世纪 00 年代，两者的相关性最大，则预示着高的放牧压力。锡林郭勒草原区 2000 年以后出现的这种情况说明，21 世纪以来，在气候条件相对湿润、植被覆盖状况较好的草原区域承受着比以往更高的放牧压力，牲畜对牧草的消耗明显高于这些区域草原的生物生产能力，从而使草原面临着发生加速退化的危险，这一点必须引起草原环境保护部门与草原管理部门的充分重视。

2.6 锡林郭勒草原气候与植被覆盖变化的总体规律

（1）利用小波分析、统计分析等方法，对 1960 年以来锡林郭勒盟的气象要素站点数据和 1981 年以来的空间气象数据进行分析，阐明全球气候变化在锡林郭勒盟的具体表现。

气候的周期性分析：利用小波分析的原理及方法，对锡林郭勒盟三个生态地理区和一个农牧交错区的气候进行周期分析，研究的结果表明：1960～2019 年，在年际尺度上，锡林郭勒盟 4 个区的年降水量、年平均气温和年干燥度均存在明显的 25～32 年周期信号，形成正负相间的振荡中心。

气象要素的年与季节相关性：分析表明，锡林郭勒盟 4 个区的年降水量与各自夏季降水量的相关性最为显著，年降水量的多寡，主要取决于夏季降水量的多少；其次，除草甸草原区以外，春季降水量对年降水量也有一定的决定作用；四个区的年平均气温和季节平均气温的相关性各不相同，荒漠草原区和农牧交错区冬季平均气温的变化对年平均气温变化的贡献最大；典型草原区和草甸草原区春季平均气温对年平均气温的贡献最大。

气候的年代变化规律：锡林郭勒盟 20 世纪 80 年代与 90 年代年降水量的空间分布格局表现出良好的地带性变化，20 世纪 90 年代锡林郭勒盟范围内年降水量表现出增加的趋势，21 世纪以来，锡林郭勒盟大部分地区的降水量呈现明显的下降趋势；自 20 世纪 80 年代以来，锡林郭勒盟的年平均气温一直处于上升状态，21 世纪以来，气温上升趋势进一步增强；锡林郭勒盟不同年代间干燥度出现不同的变化，20 世纪 80 年代到 20 世纪 90 年代整体表现出湿润的趋势，而 20 世纪 90 年代到 21 世纪 00 年代则呈现变干旱的现象，到了 21 世纪 10 年代，锡林郭勒盟的干燥程度又展现出相对湿润的表征，干燥度整体呈现起伏的周期波动，但呈现向干燥变化的趋势。

气候的时空变化规律：1981～2019 年，锡林郭勒盟绝大部分地区年降水量呈现减少的趋势，年均增长率在空间分布上呈现条带状，呈增加趋势的地区分布在该盟的西南地区以及东北地区的边缘，中部、东南部以及东部地区降水量都呈现减少的趋势；锡林郭勒盟整个地区的年平均气温均呈现升高的趋势，年平均气温的年变率自西向东递减，分布在锡林郭勒盟的东部及南部沿边界的狭长地带；锡林郭勒盟整体上表现出干旱程度上升的趋势，其中，东北地区干燥程度增强最为明显，相对而言，气候旱化程度较低的区域位于锡林郭勒盟的西部地区。

（2）利用 1981～2019 年锡林郭勒盟地区的系列 NDVI，通过图层叠加、图形代数等手段，分析了锡林郭勒盟植被覆盖的空间分布特点、波动变化规律及变化趋势的空间状况，具体结论有如下几个。

植被覆盖状况及变化趋势：锡林郭勒盟植被覆盖状况的变化趋势在空间分布上存在区域差异，1981～2019 年，锡林郭勒盟整体植被覆盖状况呈先下降后恢复的趋势，在西部、中部以及东北部偏下地区呈块状分布；植被覆盖状况呈上升趋势的地区则零星分布在全盟南部、东部、东北部等区域。

从 20 世纪 80 年代初至今，锡林郭勒草原的植被覆盖状况发生了极其显著的变化。锡林郭勒盟低植被覆盖区、中低植被覆盖区范围呈东移趋势；而中等植被覆盖区面积在 20 世纪 80 年代、90 年代到 21 世纪 00 年代、10 年代有所下降，向锡林郭勒盟的东部、南部扩展，转化为低植被覆盖区；中高植被覆盖度区和高植被覆盖度区面积在一定程度上有所减少。这表明在 39 年间，锡林郭勒盟，尤其是西部地区低植被覆盖的现状不仅未能得到有效改善且范围有所更加；中部地区的中低植被覆盖度面积有向东北部扩张的趋势，得到很好地遏制，但部分地区草地退化问题依旧严峻。

（3）基于 NDVI 数据将 1986～2018 年各旗县的牲畜头数进行空间插值处理，得到相对比较合理的牲畜头数栅格数据，用来研究放牧压力对植被覆盖状况的影响，得到如下结论。

总体来说，20 世纪 90 年代是锡林郭勒盟牲畜数量最多的年代，21 世纪 00 年代、10 年代的牲畜数量低于 20 世纪 80 年代的数牲畜量；以 2000 年为界，锡林郭勒盟历年牲畜变化呈两个变化阶段：1986～2000 年，该地区牲畜数量增加较快，从期初的 1132.9 万只到 1999 年达到最高峰（1681.0 万只），随后 2001～2018 年该区牲畜变化较平稳，牲畜数量维持在较低的水平波动。

锡林郭勒盟多年平均牲畜密度的空间分布呈条带状自西北向东南递增，牲畜密度 30～50 标准羊单位/km² 和 50～70 标准羊单位/km² 两个分级区间的面积较大；从各年代来看，20 世纪 90 年代与 80 年代相比，牲畜密度 50～150 标准羊单位/km² 的各区间面积均出现上升趋势，进入 21 世纪以后，牲畜密度发生了极为显著的变化，呈现明显下降的趋势。

（4）通过像元水平上植被覆盖状况（NDVI）与气象要素的相关系数的计算，分析植被覆盖变化的气候驱动机制，结论如下。

研究区植被覆盖主要是受降水量因素限制，降水量越多和干燥度值越高，植被覆盖状况越好。而在南部及东部边缘地区出现小面积的负相关关系，表明这些地区降水量不再是其限制因子。

NDVI 与均温基本呈负相关关系，均温越高则植被覆盖状态越差，表明均温在研究区大部分地区不是限制因子；而在南部部分地区及东部边缘地区相关系数为正值，表明这些地区均温是其限制因子。

（5）以干燥度和牲畜密度为自变量，NDVI 为因变量，通过对两个自变量的多元回归分析，得到每个年代锡林郭勒盟植被覆盖状况与干燥度、牲畜密度的回归方程，分析表明：自 20 世纪 80 年代以来，锡林郭勒盟植被覆盖状况的不断恶化有气候旱化的影响，但相关关系的结果在 20 世纪 90 年代后逐渐降低（其中 21 世纪 00 年代最低），则表明除了气候的影响外，其他因素的影响在逐渐增加。21 世纪 00 年代放牧对植被的影响大于其他的年代，且在 21 世纪 10 年代放牧对植被的影响在逐渐降低，气候影响因素逐渐加强。这可能与当地生态恢复工程及草畜平衡政策（Shi et al., 2019；Dong et al., 2007）抑制了人类活动有关，导致气候影响因素变强。特别是 2000 年以后实施"草原沙化治理""退耕还林还草""生态移民""京津风沙源头治理"等生态恢复工程（Hu et al., 2013），促进当地植被恢复（Shi et al., 2019）。

第3章 锡林郭勒草原植被 NDVI 变化归因及多情景预测

3.1 研究现状与科学问题

草地生态系统覆盖了地球陆地面积的 30%~40%，承载约 20% 的全球土壤碳库（Subramanian et al., 2020），具有巨大的碳汇潜力（Xin et al., 2020），对全球气碳循环及区域经济产生重大影响（Wang et al., 2019b；Yu et al., 2019）。近几十年来，由于气候变化和人为活动的影响，草原退化已经成为制约干旱和半干旱区发展的主要问题，由此引发一系列的环境和社会经济问题（Gu et al., 2018；He et al., 2015）。对草原植被动态监测及其驱动力分析一直是全球化研究的重要课题（Du et al., 2020；Pan et al., 2018）。其中，归一化植被指数（NDVI）是监测陆地植被群落的最佳指示因子（Ali et al., 2018；Rhif et al., 2020；Burrell et al., 2017；Munkhnasan et al., 2018；Alfredo, 2016），已被广泛应用于植被生产力估测（Wu et al., 2020；Cao et al., 2020）、旱情监测（He et al., 2018；Gong et al., 2017）、荒漠化监测（Li et al., 2021）和生态环境监测（Xie et al., 2020）等方面。因此，NDVI 可以有效评估草原气候变化和人类活动的相对影响，对草原的恢复和保护，以及构建中国北方生态安全屏障具有重要的科学和实践意义。

锡林郭勒草原是典型的干旱、半干旱区，生态功能脆弱，农牧业生产不稳定。近年来，不同学者基于长时间序列数据源对锡林郭勒草原生态系统变化及其驱动机制进行研究，观点主要有两类：一是温度、降水量等气候变化所导致，如 Zhang 等（2006）采用 CASA 模型研究发现，1999~2001 年锡林郭勒典型草原净初级生产力（NPP）呈下降趋势，牧草产量与降水量的变化趋势一致；Zhao 等（2012）耦合线性趋势分析（linear trend analysis, LTA）和变化向量分析（change vector analysis, CVA）检测锡林郭勒草原植被变化，发现 1998~2007 年草原植被退化与降水减少显著相关，但与温度相关性不显著。二是草地退化与人口增长、放牧等导致土地覆盖变化的人类活动有关。例如，Li 等（2012）利用 RESTREND 模型来区分锡林郭勒草原气候因素和人类活动对植被变化的影响，发现畜牧业（人为因素）是导致植被退化的主要原因。而 Sun 等（2017）利用多元回归和偏回归分析表明，2001～2012 年锡林郭勒草原退化受城市扩张和道路建设的影响，气候变化的影响较小。Batunacun 等（2018）发现人类活动是导致锡林郭勒草原土地退化的主要因素且呈阶段变化，1985～1999 年该区草地退化与牲畜密度和人口数量有很强的正相关性，而 2000 年后城镇化、采矿等则成为土地退化的主要驱动因素。然而，这些研究多采用相关分析、回归分析和趋势分析等方法，虽然研究了植被变化趋势与驱动因素的动态相关性，但不足之处在于他们假设驱动力和植被生产力在整个时间序列中存在显著的线性关系。事实上，植被生长对驱动因子的复杂响应过程之间可能并不存在严格的线性关系，存在空间异质性。例如，Hein 等（2011）通过回归分析发现萨赫勒地区 NPP 年际变化与降水量呈非线性关系，且在不同年平均降水量的站点间这种关系存在差异。Shi 等（2019）研究发现该地区 2000～2015 年 NDVI 整体缓慢增加，在植被 NDVI 显著增加区域，人类活动是主导驱动因素，在植被 NDVI 显著减少区域，气候是首要驱动因素，且以降水量的影响为主。地理探测器模型（geographical detector model，GDM）是 Wang 和 Xu（2017）提出的基于统计学原理的空间方差分析来探测空间异质性的一种方法。GDM 可以在无线性假设的情况下量化单个驱动因子的相对重要性及其驱动因子之间的交互作用（Wang et al.，2020；Wang and Xu，2017）。

近 20 年来，中国北方主要沙尘源区的平均降水量增加了 20%（IPCC 第五次评估报告）。中国西北地区近年来气温偏高、降水量增加，降水量和温度的变化会影响水资源和养分的分布，进而影响植物的光合作用、土壤呼吸、生长状况，甚至植物的分布（Nunes et al.，2011）。在这种背景下，不同阶段导致草原退化的驱动因子的驱动强度和方向可能会发生变化和转变。自然因素还是人类活动主导该地区的草地植被变化，植被 NDVI 在不同情景下未来的变化趋势仍鲜有研究。

植被作为地表覆盖的一种类型，其动态变化实质上也是土地利用/覆盖变化，预测草原 NDVI 的未来变化趋势，对于草原保护与恢复具有重要意义。CA-马尔可夫模型结合了马尔可夫（Markov）模型定量预测的优点，以及元胞自动机（CA）模型模拟复杂系统空间演化过程的能力，在时空变化的定量预测和模拟方面具有显著优势（Zhao et al.，2018）。例如，Wang 等（2018b）使用 CA-Markov 模型准确模拟了 2015 年渭河流域的 NDVI 分布。

为此，以内蒙古锡林郭勒草原为研究区，研究目标为：①分析 2000～2020 年锡林郭勒草原植被 NDVI 的时空变化趋势；②识别导致该地区植被变化的主要驱动因子，分析各因子间的交互作用，确定各因子驱动植被生长的最适宜范围或类型；③采用多情景分析的方式，预测锡林郭勒植被 NDVI 可能的变化情况。以期为该地区的植被恢复和管理、未来生态环境建设及自然资源可持续利用提供科学依据。

3.2 材料与方法

3.2.1 研究样地

锡林郭勒草原位于内蒙古自治区的中部，地处东经 111°09′~119°58′、北纬 41°35′~46°46′，总面积 2.06×10^{5}km^2。属中温带干旱、半干旱大陆性季风气候，其生态系统极其脆弱。年平均温度为 2.2℃，年总降水量约为 280mm。海拔为 760~1925m，地形以高平原为主，地势南高北低，东部、南部多低山丘陵，盆地错落其间，西部、北部地形平坦。该地区的土壤从东南到西北由黑钙土向浅色和深色栗钙土过渡（Hao et al.，2014）。锡林郭勒地带性植被为草原，包括典型草原、草甸草原和荒漠草原（Hao et al.，2014），草地利用方式以放牧、割草为主（Batunacun et al.，2019）。畜牧业是锡林郭勒长期以来的主导产业，但自 2008 年以来，矿业已成为主导产业，畜牧业成为第二大收入来源（Yang et al.，2011）。

3.2.2 数据来源与处理

本研究中所使用的数据主要包括 NDVI、气候、地形、土壤类型、植被类型和人类活动数据（表3-1）。

表 3-1　本研究使用的数据

数据类型	数据内容	代码	时间序列/年	来源	处理方法
遥感数据	MODIS NDVI	NDVI	2000~2020	https：//ladsweb. modaps. eosdis. nasa. gov/search	在 ArcGIS 10.3 中进行批量拼接、投影转换和格式转换，在 ENVI 5.3 中使用 Hants 滤波进行过滤，在 ArcGIS 10.3 中使用最大值合成法（MVC）合成

数据类型	数据内容	代码	时间序列/年	来源	处理方法
气候数据	温度/℃	TEM	2000～2020	http：//data. cma. cn/	逐日气象数据，通过 SQL 语言查询获得年均温度，在 ArcGIS 10.3 中采用克里金空间插值法进行空间插值
	降水量/mm	PRE	2000～2020	http：//data. cma. cn/	逐日气象数据，通过 SQL 语言查询获得年均降水，在 ArcGIS 10.3 中采用克里金空间插值法进行空间插值
	风速/（m/s）	WIND	2000～2020	http：//data. cma. cn/	逐日气象数据，通过 SQL 语言查询获得年均风速，在 ArcGIS 10.3 中采用克里金空间插值法进行空间插值
地形数据	高程/m	ELEV	2020	https：//ladsweb. modaps. eosdis. nasa. gov/search	在 ArcGIS 10.3 中进行剪接、剪切和重采样
	坡向/（°）	ASP	2020	——	利用 ArcGIS 10.3 中的坡向工具提取高程数据
	坡度/（°）	SLP	2020	——	利用 ArcGIS 10.3 中的坡度工具提取高程数据
土壤数据	土壤类型	SOL	2000	http：//www. geodata. cn	在 ArcGIS 10.3 中进行剪接、剪切和重采样
植被数据	植被类型	VEG	1987	《内蒙古自治区植被类型地图》	在 ArcGIS 10.3 中进行剪接、剪切和重采样
人类活动数据	土地利用类型	LAND	2020	http：//www. resdc. cn/	在 ArcGIS 10.3 中进行剪接、剪切和重采样
	人口密度/（人/km²）	POP	2000～2021	《内蒙古统计年鉴》《锡林郭勒盟统计年鉴》	在 ArcGIS 10.3 中连接属性
	人均 GDP/（元/人）	GDP	2000～2021		在 ArcGIS 10.3 中连接属性
	牲畜数量	LIV	2000～2021		在 ArcGIS 10.3 中连接属性（牲畜统一为羊单位）

3.2.3　研究方法

本研究使用 MODIS 250m NDVI 数据，构建2000～2020 年连续 NDVI 数据集。具体的研究方法和结构框架如图 3-1 所示。首先，采用 Theil-Sen 中值趋势分析（Theil-Sen median trend analysis，以下简称 T-S 趋势分析）和 M-K 检验（Mann-Kendall test）分析锡林郭勒盟植被时空变化特征；其次，利用地理探测器识别影响锡林郭勒植被 NDVI 变化的人为和自然驱动因子；最后，利用 CA-马尔可夫模型对锡林郭勒植被 NDVI 变化进行多情景预测。

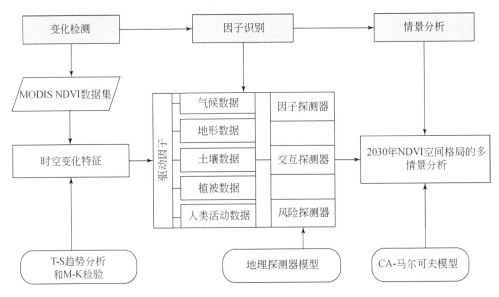

图 3-1　用于锡林郭勒盟 NDVI 分析的方法和结构框架

3.2.4　T-S 趋势分析和 M-K 检验

T-S 趋势分析和 M-K 检验能够很好地结合，用以判断长时间序列数据的变化趋势，并已成功应用于植被长时间序列分析中（Sun et al.，2021；Meng et al.，2020）。T-S 趋势分析是一种非参数统计方法，能够有效地避免异常值或测量误差，不受异常值的干扰，适用于存在异常值的时间序列的趋势分析（Wu et al.，2015），计算公式如下：

$$S_{NDVI} = \text{median}\left(\frac{x_j - x_i}{j - i}\right), 1 \leq i \leq j \leq n \tag{3.1}$$

式中，x_i 和 x_j 分别为时间序列 i 年和 j 年的值；n 为时间序列数据的长度（本例为 21 年）；median 为时间序列的中位数。S_{NDVI} 反映 NDVI 时间序列的变化趋势；当 $S_{NDVI} > 0$ 时，NDVI 呈上升趋势，当 $S_{NDVI} < 0$ 时，NDVI 呈下降趋势。M-K 检验（非参数检验方法）用于检验序列的变化趋势和突变出现时间（Mann，1945；Kendall，1975）。

参照 Yang 等（2019）、Jiang 等（2015）等的分级标准，根据 S_{NDVI} 的实际情况进行分级，将 $S_{NDVI} \geqslant 0.0005$ 的区域划分为改善区域，$-0.0005 < S_{NDVI} < 0.0005$ 的区域划分为恒定不变区域，$S_{NDVI} < -0.0005$ 的区域划分为退化区域。选取 M-K 检验显著性水平（$\alpha = 0.05$），结果划分为显著变化（$|Z| > 1.64$）和不显著变化（$|Z| \leqslant 1.64$）。

3.2.5　地理探测器模型

地理探测器模型（GDM）由 Wang 等（2020a）开发（http：//www.geodetector.cn），是通过探测因素的空间分层异质性来揭示其背后驱动力的一种统计学方法（Liu et al.，2020；Chen et al.，2020）。该模型包括因子探测器、交互探测器、风险探测器和生态探测器，本研究应用了前三种探测器。

（1）因子探测器（factor detector）：用于探测因变量（指 NDVI）的空间分异性，通过比较 q 值，分析各驱动因子对植被 NDVI 空间分布的影响程度：

$$q = 1 - \frac{\sum_{h=1}^{L} N_h \sigma_h^2}{N\sigma^2} = 1 - \frac{\text{SSW}}{\text{SST}}, h = 1, 2, \cdots, L \tag{3.2}$$

$$\text{SSW} = \sum_{h=1}^{L} N_h \sigma_h^2 \tag{3.3}$$

$$\text{SST} = N\sigma^2 \tag{3.4}$$

式中，L 为因变量 Y 或因子 X 的分类数目；N_h 和 N 分别为 h 类和全区的单元数；σ_h^2 和 σ^2 分别为 h 类和全区的 Y 的方差；SSW 和 SST 分别为组内平方和（within sum of square）和总平方和（total sum of square）；q 为因子 X 对植被变化 Y 空间分异性的解释程度，取值范围为 $0 \sim 1$，q 值越高，说明驱动因子对植被变化的影响越大（Zheng et al.，2021）。在本研究中，q 值表明了 NDVI 变化与其驱动因子之间空间分布的一致性。

（2）交互探测器（interaction detector）：用于识别每两个因子（自变量）之间的交互作用，评估人类活动和自然因子的共同作用（增强或减弱）或独立作用对 NDVI 空间分布的解释力，判定方法见表 3-2。

表 3-2 各因素的交互关系

描述	交互关系
$q(X1 \cap X2) < \text{Min}(q(X1), q(X2))$	非线性减弱
$\text{Min}(q(X1), q(X2)) < q(X1 \cap X2) < \text{Max}(q(X1), q(X2))$	单因子非线性减弱
$q(X1 \cap X2) > \text{Max}(q(X1), q(X2))$	双因子增强
$q(X1 \cap X2) = q(X1) + q(X2)$	独立
$q(X1 \cap X2) > q(X1) + q(X2)$	非线性增强

注：$X1$ 和 $X2$ 代表植被退化的驱动因子，"$\cap$" 代表 $X1$ 和 $X2$ 之间的相互作用

（3）风险探测器（risk detector）：用于识别驱动因子对植被 NDVI 的适宜和不适宜范围（类型）。通过 t 检验来判定一个因子的不同分区中植被 NDVI 的平均值是否存在显著差异（Wang and Wu，2019）。本研究在 95% 的置信水平上进行 t 检验。

（4）空间尺度和离散化方法的确定：不同的空间尺度（栅格大小）可能对地理探测器模型结果产生一定影响。本研究选取气温、降水量、风速、高程、坡向、坡度、土壤类型、植被类型、土地利用类型、人口密度、人均 GDP、牲畜数量 12 个驱动因子，以大多数驱动因子的 q 值最高为标准确定最佳空间尺度（Fu et al.，2018）。经过尺度对比，发现 7000m 是作为空间分层异质性分析的最佳空间尺度。

由于 q 值随离散化方法的变化而变化，本研究采用自然断点法（NB）、分位数法（QU）和几何断点法（GI）进行测试。应用地理探测器中的因子探测器，将连续型变量（降水、温度、风速、高程、坡度、人口密度、人均 GDP、牲畜数量）的类数设置为 5 类。以往研究表明，在地理探测器的数据处理中，可以使用多种方法将数值变量划分为类型变量，而选择最优分区方法的标准是探测结果的 q 值（Wang et al.，2020a；Song et al.，2020；Cao et al.，2013）。当 q 值较高时，确定最佳离散方法，本研究选取各个因子 q 值最高的分类方法作为最优离散化方法，并代入地理探测器进行后续的驱动力分析。

3.2.6 NDVI 变化模拟模型

1. CA-马尔可夫模型

CA-马尔可夫模型有效综合了 CA（cellular automat）模型和马尔可夫模型（Markov model）操作的优点。CA 通常包括单元、状态、邻近范围、转换规则这四个基本要素（Wang et al.，2018），其表达式如下：

$$S^{t+1} = f_N S^t \qquad (3.5)$$

式中，S 为离散元胞状态的有限集；f 为定义从时间 t 到时间 $t+1$ 的元胞转变的传递函数；N 为元胞的邻域。

马尔可夫模型是具有无后效性和稳定性的一种特殊随机运动过程，是一种基于事件现状的预测模型，用于预测未来可能发生的变化（Wang et al.，2018b）。根据 Wang 等的研究，利用状态转移矩阵来模拟 NDVI 未来状态的动态变化（Wang et al.，2018b；Culik et al.，1990；Aguejdad，2021），公式如下：

$$\boldsymbol{P} = \begin{bmatrix} P_{ij} \end{bmatrix} = \begin{bmatrix} P_{11} & P_{12} & \cdots & P_{1m} \\ P_{21} & P_{22} & \cdots & P_{2m} \\ \cdots & \cdots & \cdots & \cdots \\ P_{m1} & P_{m2} & \cdots & P_{mm} \end{bmatrix}, 0 \leqslant P_{ij} \leqslant 1, \sum P_i = 1 \qquad (3.6)$$

式中，$\boldsymbol{P}$ 为状态转移矩阵；P_{ij} 为一个周期内第 i 级到第 j 级的转移概率。参考 Wang 等（2018b）的研究，S_o 为给定像素在初始时刻的 NDVI 分布，与 P^n 相乘得到周期传递概率矩阵，则 n 个循环后的 NDVI 分布为

$$S_n = S_o P^n \qquad (3.7)$$

本研究采用 GeoSOS-FLUS 软件（http：//www.geosimulation.cn）实现 CA-马尔可夫模型，该软件基于神经网络的适宜性概率计算模块，能较快地获得各类土地分布的适宜性概率。

2. NDVI 数据分级

由于 CA-马尔可夫模型中的输入数据需使用空间和状态均离散的栅格数据，因此，根据 Wang 等（2018b）的分级标准，将其分为 5 个级别：低度植被覆盖区（NDVI≤0.3）、较低植被覆盖区（0.3<NDVI≤0.4）、中度植被覆盖区（0.4<NDVI≤0.5）、较高植被覆盖区（0.5<NDVI≤0.6）、高度植被覆盖区（NDVI>0.6），分别赋值 1~5。

3. 模型建立与多情景设定

以 2010 年和 2015 年的 NDVI 空间分布图作为基础数据，基于地理探测器的分析结果筛选出驱动因子，利用 GeoSOS-FLUS 软件计算得到 NDVI 转移矩阵和适宜性图谱，作为转换规则，采用 CA-马尔可夫模型模拟 2020 年研究区的 NDVI 分布，并与真实值作 Kappa 精度分析，以检验模型在植被变化动态预测中的可靠性。利用建立的 CA-马尔可夫模型，通过调控主导驱动因子范围值的大小，将 2030 年作为目标年，设定 7 种发展情景（表3-3）。

表 3-3　不同情况下的参数设置

情景	名称	代码	参数和规划政策策略
惯性发展情景	惯性发展	BAU	利用筛选出的 7 种驱动因子，模型参数设置不变，对驱动因子不做处理，遵循植被 NDVI 的惯性发展规律
气候变化情景	风速提高	WIN+	调整风速值，将风速的值总体提升 25%，其余因子不做处理
	风速降低	WIN−	调整风速值，将风速的值总体降低 25%，其余因子不做处理
	降水量增加	PRE+	调整降水值，将降水的值总体提升 25%，其余因子不做处理
	降水量降低	PRE−	调整降水值，将降水的值总体降低 25%。其余因子不做处理
经济优先情景	放牧数量增多	PD+	调整牲畜数量，将牲畜数量的值总体提升 50%，其余因子不做处理
生态保护情景	放牧数量减少	PD−	调整牲畜数量，将牲畜数量的值总体降低 50%，其余因子不做处理

3.3　锡林郭勒植被 NDVI 变化归因及预测

3.3.1　锡林郭勒植被 NDVI 的时空动态变化

锡林郭勒年均 NDVI 值为 0.25 ~ 0.35，总体呈增加趋势（图 3-2）。最小值出现在 2001 年，最大值出现在 2016 年、2017 年、2020 年。从年际变化来看，

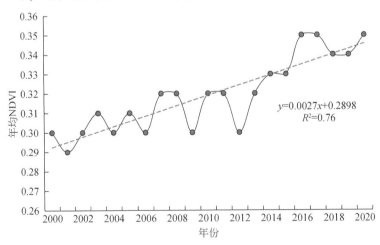

$y = 0.0027x + 0.2898$
$R^2 = 0.76$

图 3-2　2000 ~ 2020 年锡林郭勒 NDVI 年际变化

2000 年之后锡林郭勒 NDVI 总体上呈现逐步增长的趋势,其中 2007～2013 年和 2015～2018 年这两个时间段植被覆盖区域的 NDVI 波动较大。

3.3.2 空间变化特征分析

NDVI 的变化趋势在空间分布上呈异质性。2000～2020 年锡林郭勒植被覆盖改善的区域(84.48%)大于植被覆盖退化(7.42%)的区域,其余的 8.10% 为恒定不变区域(表 3-4)。植被明显改善的区域主要分布在锡林郭勒的东南部和东北部,以及中部的部分区域;植被严重退化的区域零散分布在锡林郭勒的东部、北部以及中部,主要位于西乌珠穆沁旗和东乌珠穆沁旗境内(图 3-3)。

表 3-4 NDVI 变化趋势统计

S_{NDVI}	Z_{value}	NDVI 趋势	面积比例/%
$S<-0.0005$	$Z<-1.64$	显著退化	0.70
$S<-0.0005$	$-1.64<Z<1.64$	轻微退化	6.72
$-0.0005\sim0.0005$	$-1.64<Z<1.64$	稳定	8.10
$S\geqslant0.0005$	$-1.64<Z<1.64$	轻微改善	57.74
$S\geqslant0.0005$	$Z\geqslant1.64$	显著改善	26.74

3.3.3 草原退化驱动力分析

1. 单个驱动因子对植被变化的影响

利用因子探测器揭示各自然因子和人类活动因子对响应变量 NDVI 的驱动作用。q 值越高,则说明该因子对 NDVI 的贡献越强。2000～2020 年,单个因子对 NDVI 的影响顺序为:风速>降水>土壤类型>牲畜数量>温度>人口密度>人均 GDP>植被类型>坡度>土地利用类型>DEM>坡向(图 3-4)。其中,风速($q=0.6236$)与降水($q=0.6190$)对 NDVI 的影响超过 60%,是影响锡林郭勒盟植被状态的主导因素。此外,牲畜数量的 q 值为 0.4490,解释锡林郭勒盟 NDVI 变化 40% 以上,说明放牧对锡林郭勒盟的植被分布影响较大。

2. 驱动因子间交互作用对植被变化的影响

应用交互探测器评估不同驱动因子的交互作用对植被 NDVI 变化的影响程度

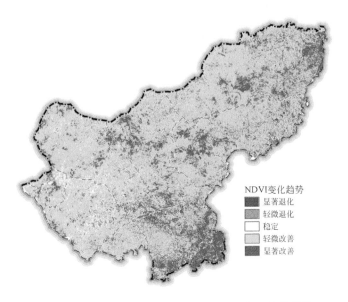

图 3-3　2000～2020 年锡林郭勒盟 NDVI 年际变化趋势

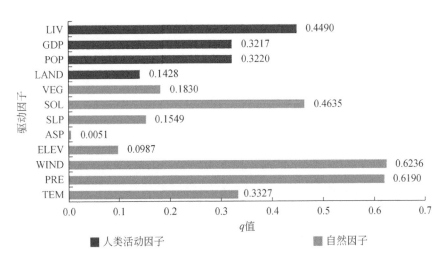

图 3-4　2000～2020 年锡林郭勒盟植被覆盖度影响因素的 q 值

TEM=温度，PRE=降水，WIND=风速，ELEV=高程，ASP=坡向，SLP=坡度，SOL=土壤类型，
VEG=植被类型，LAND=土地利用类型，POP=人口密度，GDP=人均国内生产总值，LIV=牲畜数量

（图 3-5）。不同因子的交互作用 q 值均大于单因子 q 值，呈现出相互增强或非线性增强。在自然因子中，年均降水量和年平均风速的交互作用最强（q=

0.7456）；其次，年均降水量和年均温度交互作用对 NDVI 空间分布的解释力（$q=0.7192$）也超过 0.7；且风速、温度、降水及土壤类型等因子间的交互作用显著（$\alpha=0.05$，q 值均在 0.5 以上）。人类活动因子与其他因子的交互作用 q 值均呈上升趋势，其中年均降水量与牲畜数量的交互作用最强（$q=0.7182$）。在本研究中，双因子交互作用后显示非线性增强的均是坡度与其他因子的交互作用，表明坡度因子作为影响植被生长的间接驱动因子，是通过影响其他因子而对 NDVI 状态产生影响。

	TEM	PRE	WIND	ELEV	ASP	SLP	SOL	VEG	LAND	POP	GDP	LIV
TEM	0.3327											
PRE	0.7192	0.6190										
WIND	0.6955	0.7456	0.6236									
ELEV	0.4284	0.6651	0.7112	0.0987								
ASP	**0.3469**	**0.6285**	**0.6343**	**0.1131**	0.0051							
SLP	0.4776	0.6529	0.6696	0.2682	**0.1691**	0.1549						
SOL	0.5781	0.7063	0.7144	0.5320	**0.4859**	0.5047	0.4635					
VEG	0.5063	0.6597	0.6775	0.2655	**0.2029**	0.2823	0.5350	0.1830				
LAND	0.4832	0.6699	0.6844	0.2289	**0.1590**	0.2424	0.5375	0.2631	0.1428			
POP	0.6069	0.6754	0.6893	0.3949	**0.3342**	0.4222	0.6301	0.4232	0.4188	0.3220		
GDP	0.6562	0.7133	0.6800	0.5603	**0.3348**	0.4106	0.5966	0.4587	0.4380	0.6098	0.3217	
LIV	0.6323	0.7182	0.6414	0.5644	**0.4654**	0.5165	0.6628	0.5300	0.5287	0.6103	0.5671	0.4490

图 3-5　各驱动因子的交互作用探测结果

黑体字体是非线性增强的，其余的是相互增强的（通过 $\alpha=0.05$ 水平的检验）

3. 自然因素与人类活动对 NDVI 影响的适宜性分析

利用风险探测器可以检测各驱动因子驱动植被 NDVI 增加（或减少）的适宜范围或类型，且不同分区（纵坐标）的 NDVI 均值越大，该因子范围对植被生长越有利。检测结果显示（图 3-6，表 3-5），降水（最适范围 303.89 ~ 393.36mm）、高程（最适范围 1256 ~ 1695m）、坡度（最适范围 8.22° ~ 16.18°）、人口密度（最适范围 3.6 ~ 13.9 人/km²）与 NDVI 呈正相关关系；NDVI 与温度（最适范围 2.74 ~ 3.33℃）、风速（最适范围 2.48 ~ 2.84m/s）表现出明显的负相关关系。最适宜植被生长的植被类型、土壤类型以及土地利用类型分别为落叶阔叶林、灰色森林土以及林地。

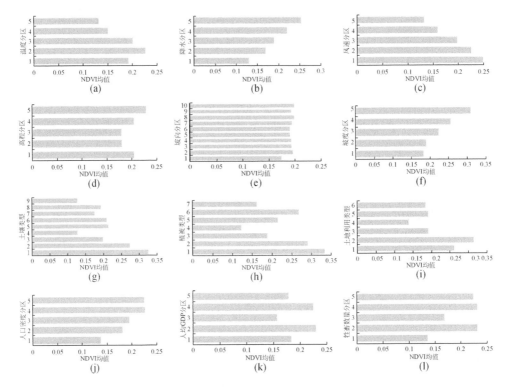

图 3-6　NDVI 空间分布的驱动因子风险探测

表 3-5　各驱动因子的适宜范围/类型（95％置信水平）

因子	指标	适宜范围/类型	NDVI 平均值
TEM	温度/℃	2.74～3.33	0.226 2
PRE	降水/mm	303.89～393.36	0.254 0
WIND	风速/（m/s）	2.48～2.84	0.248 7
ELEV	高程/m	1 256～1 695	0.228 4
ASP	坡向/（°）	北	0.199 4
SLP	坡度/（°）	8.22～16.18	0.309 3
SOL	土壤类型	灰色森林土	0.325 3
VEG	植被类型	森林	0.332 1
LAND	土地利用类型	林地	0.312 7
POP	人口密度/（人/km²）	3.6～13.9	0.226 2
GDP	人均 GDP/（元/人）	47 431～74 442	0.228 8
LIV	牲畜数量/头	1 486 331～2 570 527	0.230 9

3.3.4 基于 CA-马尔可夫模型的 NDVI 时空变化模拟及预测

基于 2010 年和 2015 年平均 NDVI 分布，利用 GeoSOS-FLUS 软件生成 NDVI 转移矩阵和转移概率。筛选出对植被 NDVI 变化解释力超过 0.3 的驱动因子（温度、降水、风速、土壤类型、人口密度、人均 GDP、牲畜数量）作为预测 NDVI 变化的驱动因子输入模型中，得到 NDVI 转化适宜性概率图谱，并模拟得到 2020 年 NDVI 空间分布。通过比较 2020 年实际与模拟的平均 NDVI 空间分布，得到 Kappa 系数为 0.70，FoM 系数为 0.15，模拟精度较好（Wang et al.，2018b）。

模拟至 2030 年，各情景下不同等级的锡林郭勒植被 NDVI 相互转换，但不同情景下 NDVI 的转换趋势不一致（图 3-7、图 3-8）。

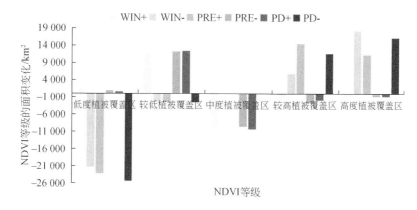

图 3-7　2030 年锡林郭勒盟多情景模拟各等级 NDVI 分布面积

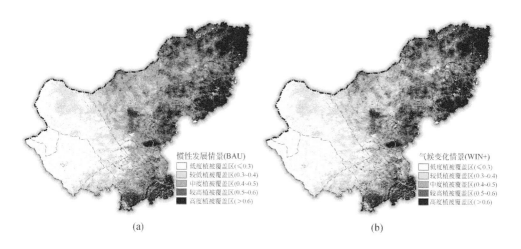

(a)　　　　　　　　　　　　　　　　　(b)

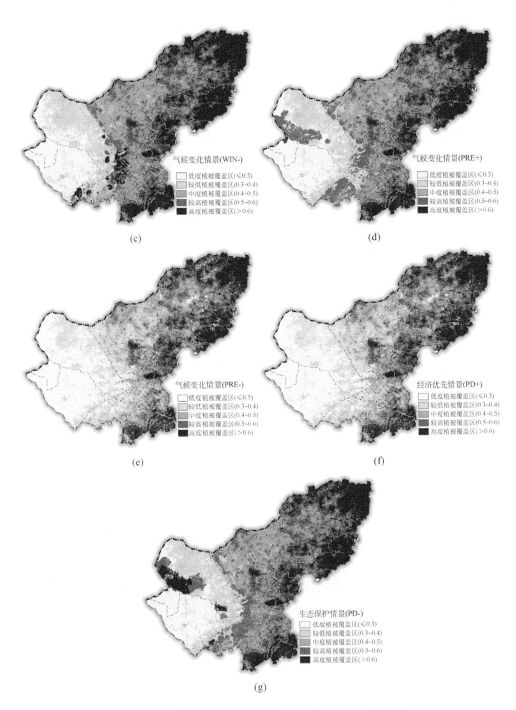

图 3-8   不同情景下锡林郭勒盟 2030 年 NDVI 变化模拟

在风速降低情景〔WIN−，图 3-8（c）〕、降水量增加情景〔PRE+，图 3-8（d）〕、生态保护情景〔PD−，图 3-8（g）〕下 NDVI 的转换路径为低度植被覆盖—较低植被覆盖—较高植被覆盖—高度植被覆盖。相比于惯性发展情景〔BAU，图 3-8（a）〕，在上述情景中高度植被覆盖面积分别增加了 18 195km^2、11 206km^2、16 174km^2，植被 NDVI 整体呈上升趋势（植被恢复），位于锡林郭勒盟的东北部（西乌珠穆沁旗、东乌珠穆沁旗）和东南部（多伦县、太仆寺旗）。

在风速提高情景〔WIN+，图 3-8（b）〕、降水量降低情景〔PRE−，图 3-8（e）〕、经济优先情景〔PD+，图 3-8（f）〕下，NDVI 的转换路径为高度植被覆盖—较高植被覆盖—中度植被覆盖度—较低植被覆盖—低度植被覆盖。相比于惯性发展情景〔BAU，图 3-8（a）〕，在这些情景中，高度植被覆盖面积分别减少了 1000km^2、854km^2、783km^2，较高植被覆盖面积分别减少了 1895km^2、2630km^2、1938km^2，植被 NDVI 整体呈下降趋势（植被退化）。说明在不利于植被生长的气候条件下，植被覆盖度恢复明显降低。

3.4 植被覆盖主导驱动因子及其实践指导价值

本研究揭示了 2000～2020 年锡林郭勒植被 NDVI 的时空分布特征及其自然和人类活动驱动因子，以及驱动因子之间的交互作用对植被 NDVI 变化的影响，并通过 CA-Markov 模型模拟了多情景下主导驱动因子对 NDVI 空间分布的影响。得到以下结论。

锡林郭勒草原植被表现为：一方面整体变好，另一方面局部地区草地仍处于退化状态中。在时间尺度上，2000～2020 年锡林郭勒植被 NDVI 总体上呈现逐步增长的趋势；在空间尺度上，植被 NDVI 呈现 "东北高西南低" 的分布格局。

自然因子是影响锡林郭勒草原植被生长的主导因子，但人类活动的影响也不容忽视，驱动因子间的交互作用比单个因子对植被变化的影响更为显著。协调人类活动与自然环境的关系，对植被恢复和生态保护具有重要意义。

2030 年各情景的 NDVI 值将普遍提高。与惯性发展情景相比，风速降低、降水增多、牲畜数量降低等情景下植被整体恢复；风速提高、降水降低、牲畜数量增大等情景下植被整体恢复、局部退化。综上所述，在锡林郭勒地区，气候变化对植被覆盖度的影响比人类活动更为显著。

3.4.1 NDVI 动态变化

T-S 趋势分析发现，2000 年以来锡林郭勒草原的植被呈总体恢复、局部退化

的状态，且植被变化表现出明显的空间异质性，这与 Batunacun 等（2018）、Shi
等（2019）的研究结果一致。植被 NDVI 变化趋势呈现"东北高西南低"的分布
格局，植被覆盖度显著增加的区域主要是锡林郭勒的东北部（东乌珠穆沁旗）、
中部（锡林浩特市、阿巴嘎旗）和东南部（多伦县、太仆寺旗、正蓝旗）。

尽管锡林郭勒草原在过去 21 年得到了一定程度的恢复，但仍有部分地区的
草地出现了严重的退化。这些区域位于西乌珠穆沁旗和东乌珠穆沁旗境内，零星
分布在锡林浩特市和苏尼特左旗。这些地区草地退化与当地土地利用改变，特别
是采矿业的发展（Hu et al.，2013）有关。例如，露天矿（煤矿、采石场）在开
采过程中大量剥离废弃物而形成众多的排土场，占压草地、破坏植被，造成周边
草地生态与环境质量下降（Dai et al.，2014）。且与矿业相关的工业基础设施迅
速发展，进一步加剧草地破碎化，最终导致草地退化（Qian et al.，2014）。

3.4.2 驱动因子的作用

因子探测器结果表明，风速和降水是影响该地区植被变化的主要自然因子，
温度影响不大。降水与植被 NDVI 呈正相关（Zhao et al.，2012），降水是植被生
长的主要限制因子（Liu et al.，2019），决定着植被的分布空间和生长状态。风
速与植被生长呈现出显著的负相关性，即风速越大越不利于植被生长。风速增加
导致土壤蒸散量变大，土壤含水量下降产生水分胁迫，不利于草地净初级生产力
的积累，影响草地 NDVI（Gardiner et al.，2016）；过大的风速吹走土壤、损伤植
物幼苗等，导致土地生产力下降和严重的生态问题（Wang et al.，2016；Zou
et al.，2018）。而地形因子、植被类型等对植被变化的影响较小（q 值均小于
0.2）。

人类活动也影响了 NDVI 的空间分布状态。草地退化与牲畜数量有很强的正
相关关系（Xie and Sha，2012；Hao et al.，2014），且经残差趋势分析
（RESTREND）表明，畜牧业是 1981～2006 年锡林郭勒地区植被变化的主要驱动
因素（Li et al.，2012）。本研究也得到相同的结果，即牲畜数量（q=0.4490）和
人口密度（q=0.3220）是影响植被变化的主要人类活动因子。但风险探测结果
显示 NDVI 与人口密度呈正相关，当地大范围的植被恢复（NDVI 增加）可能与
生态恢复工程及草畜平衡政策有关（Shi et al.，2019；Dong et al.，2007）。特别
是 2000 年以后实施"草原沙化治理""退耕还林还草""生态移民""京津风沙
源头治理"等生态恢复工程（Hu et al.，2013），促进当地植被恢复（Shi et al.，
2019）。此外，2002 年，锡林郭勒盟实施全区禁牧、休牧、草畜平衡工作（Shi
et al.，2019；Dong et al.，2007），禁止在严重退化的草地放牧，对中度退化草地

实施休牧政策，对轻度退化草地实行轮牧制；激励牧民摒弃传统的游牧放牧方式，鼓励建设现代化的集约饲养模式（Akram et al.，2008）。禁牧及草畜平衡政策是促使区域植被 NDVI 增加的主要因素。上述政策和工程的实施，有效地减少了植被 NDVI 变化过程中人类活动所产生的压力，使得导致草地退化的驱动因素逐渐由放牧等人为因子转变为以气候变化等自然因素为主导。

交互探测结果表明驱动因素双因子叠加作用增加对植被 NDVI 空间分布的解释能力（图 3-5），且气候因子间、气候因子与其他因子的交互作用提高了对植被 NDVI 空间分布的解释力。

如年均风速和年均降水量单独解释 NDVI 的 q 值均不超过 0.65（图 3-4），而年均降水量和年均风速之间的交互作用最强（$q=0.7456$），其次是年均降水量和年均温（$q=0.7192$），然后是年均降水量和牲畜数量度（$q=0.7182$）；且自然因子与气候因子交互作用，增加对 NDVI 变化的解释。例如，土壤类型单独作用下对植被生长的影响不大（$q=0.4635$），但土壤类型与风速、降水的交互作用对植被生长影响较大（q 值均超过 0.7），土壤类型对植被生长和雨水再利用有重要影响作用（Piao et al.，2006；Otgonbayar et al.，2017）；此外，在相关的生态保护政策控制下，人类活动因素在减弱，从而凸显出气候因子影响在加强。例如，牲畜数量对植被 NDVI 分布解释力较弱（$q=0.4490$），而年均降水量与牲畜数量的交互作用对植被 NDVI 分布影响较大（$q=0.7182$）。

3.4.3 政策启示

虽然锡林郭勒草原向恢复方向发展，但其生态环境脆弱，该地区植被状态仍受到气候变化和人类活动胁迫的威胁。多情景模拟结果为制定统筹区域社会经济发展与生态治理的草地恢复政策提供借鉴和数据支撑作业。例如，风速降低情景（WIN−）、降水量增加情景（PRE+）、牲畜数量降低情景（PD−），该地区植被整体恢复；而风速提高情景（WIN+）、降水量降低情景（PRE−）、牲畜数量增加情景（PD+），导致该地区植被大幅度退化。

草地资源是一种可再生资源，在合理的经营管理下，它可以不断更新繁衍并为人类可持续利用；反之，则引起退化甚至消亡。因此，在未来的生态管理中，政府应遵循"以水定草，以草定畜"的原则，科学布局草业和畜牧业。根据研究区水资源的具体情况，判断草地承载能力，把解决家畜超载问题作为遏制草原退化的首要措施。同时，把发展畜牧业产业化作为农牧业产业化突破口，大力实施人工种草推进畜牧产业化，促进草畜平衡发展。

在草地畜牧业生产实践中，根据多年降水量和风速变化范围，综合评价载畜量，划定草地承载力范围，根据当地草地生产力的高低来弹性地实施禁牧、轮牧、休牧等利用制度；持续开展草原改良计划，积极推广和实施灌溉、施肥、鼠虫害治理等改良手段；根据草地的退化级别，合理划定禁牧区、非禁牧区，不得随意将禁牧区转变为非禁牧区，并对禁牧区的牧民家庭给予合理的补贴。

3.4.4　研究的局限性

本研究也存在一定的局限性。本研究利用 MODIS NDVI 数据集分析锡林郭勒 2000～2020 年植被的分布和变化。该数据集空间分辨率较粗糙，在部分地区数据质量可能不理想，会放大部分区域的研究结果。例如，在植被覆盖密集的区域，数据质量尚可，而在植被覆盖稀疏的区域，NDVI 受土壤的影响较大；此外，因受到 1 年生植物随降水量快速波动的影响，以 NDVI 作为植被状态的指标，可能会对低植被覆盖区的植被状态恢复产生错误的估计（Tao et al., 2020）。因此，未来可以考虑引入植被净初级生产力（NPP）和增强型植被指数（EVI）对其进行完善。

驱动因子的选取未考虑地下水、土壤含水量和政策因素的影响，未来可以考虑引入更多的气候遥感数据（如地下水动态变化、土壤水分、蒸散、干旱指数等）和政策因子，以便更深入分析植被 NDVI 空间分布的驱动因素。

CA-马尔可夫模型可以预测锡林郭勒草原植被变化情况，但因数据、模型、驱动因子等多种因素的相互作用，预测结果存在一定的误差。因模型转换规则的限制，需要将连续性的 NDVI 分为 5 个等级，导致输入模型数据的精度损失，影响精度结果；NDVI 的变化受气候变化、人类活动、城市扩张和一系列不确定因素的影响，加剧了 NDVI 变化的复杂性，也削弱了该模型对 NDVI 变化的可预测性。后续的研究可以将 RNN 模型融入马尔可夫转换规则中，设计连续性的转换模型，消除分级对 NDVI 的影响。

第4章 锡林郭勒市景观尺度上草原退化机制

4.1 研究现状与科学问题

4.1.1 研究现状与研究意义

草地是重要的可再生资源，是拥有重要的经济作用及生态学意义的生态系统。草地占据了全球陆地面积的 45%~50%（Busby 和王明玖，1988），世界各大洲都拥有大面积草地，我国草地面积 392.8 万 km²，约占国土面积的 41%（苏大学，1994），2010 年我国天然草地面积为 280 万~393 万 km²，占国土面积的 29%~41%（沈海花等，2016）。我国第一次草地普查显示，我国各类草地面积约 4×10⁸hm²，占国土面积的 41.7%，位于世界第二，仅次于澳大利亚（廖国藩和贾幼陵，1996；吴征镒，1980；姜恕，1988）。草地资源不仅是维持畜牧业发展的基础，而且是防风固沙、防止水土流失及维护生物多样性等功能的重要组成部分。由于我国 80% 的草地分布于干旱半干旱区，其特殊的气候条件导致生态系统相对脆弱，尤其在极端天气年份。例如，草地覆盖度下降，导致沙尘暴天气频发，所经之地天空泛黄，影响居民正常出行、生活及身心健康；沙尘暴经过裸露土地，带动其表层细土随风移动，较大颗粒沙掩埋周围植被，使裸土面积增加，沙化加重。自然灾害给依赖草地的生产者带来了巨大损失，制约了地区经济发展。北方草地是沙漠与京津冀地区的重要防护带，其生态功能的下降将威胁全国生态安全。因此，草地在维护国家生态安全方面扮演着重要且不可代替的角色。

草地并没有明确统一的定义，在植物生态学或植物地理学中草地一般指草本植物占优势的植物群落（Busby 和王明玖，1988），其中包括了草原、草甸、草本沼泽、草本冻原、草丛等天然植被，及除去农作物之外草本植物占优势的栽培群落。农学里，草地主要指畜牧业的资源，不仅包括以草本为主的植被群落，还包括灌木和稀疏树木等可供放牧的植被（任继周等，1980；苏大学，1994；贾慎修，2002）。本研究提及的草地并没有严格地按照以上两种分类方法；不论是哪一种定义，草地在整个生物圈的作用和地位都需持续关注。草地退化是荒漠化的主要表现形式之一，荒漠化是指土地物理因子与生物因子的改变所致的生产力、经济潜力、服务性能和健康状况的下降与丧失（李博，1990）。许多学者曾给出了草地退化的定义（黄文秀，1991；李绍良等，1997，全国土地退化防治学术讨论会，1990），其与荒漠化定义基本一致。退化驱动因素多种多样，不同学者得到的结论也不同，对于不同时间尺度上的主要退化驱动因素也存在较大差异。例如，姜恕（1988）、马梅等（2017）认为人为因素是草地退化的主导因素；而高韶勃等（2017）、Howard等（2012）、张雪峰（2016）、Bai等（2004）、马文红等（2010）、云文丽等（2008）、梁艳等（2014）在中国草原或北方草原不同时空尺度上的研究得到的结论均为降水是草地退化的主导因素。当然，认为气候与人为因素共同作用导致草地退化的论点也举不胜举。对北方草地而言，由于时间与空间的差异，区域性气候旱化和过度放牧孰为草原退化的主要原因，并没有得到统一的结论。要实现生态畜牧业的可持续发展，就必须适应气候变化条件下草地资源的格局变化，调控传统畜牧业等人为干扰的不利影响。本研究基于锡林浩特市1981~2017年不同景观类型草地对气候与人为因素的影响的响应规律进行研究，尝试将气候与人为影响分开，探究各气候条件及人为影响强度下的草地响应规律。

草地退化驱动因素一直是作为重要的社会、生态与经济问题进行研究，原因主要是草原退化带来的社会、经济及生态问题的严峻性。董孝斌和张新时（2005）对草地退化带来的严重问题进行了总结。

（1）草地普遍退化，生产力低下制约畜牧业的可持续发展；超载过牧是草地退化、生产力低下的重要原因（刘黎明等，2003；王堃等，2002）。

（2）草原抗灾能力减弱，自然灾害频发，损失巨大；雪灾、白灾、黑灾、暴风雪、大风灾、旱灾、蝗灾、鼠灾等灾害带来的直接经济损失与间接损失导致牧民收入甚至为负数（卢琦和吴波，2002；卢欣石和何琪，2000；彭珂珊，2003；张新时，2003；周禾等，1999）。

（3）草畜矛盾加剧，草原畜牧业经济增长乏力，影响我国粮食安全；长期超载过牧的后果将是草地载畜量下降，最终恶性循环必将导致牧业生产总值的下降（曹晔和王钟建，1999；陈仲新和张新时，2000；葛全胜等，2000；王云霞，2010；许志信，2000）。

（4）草地服务功能减退，生态代价巨大，威胁我国生态安全；草原是牧民赖以生存的基础，同时作为国家绿色生态屏障，是抵挡沙漠向内陆入侵的防护带，也是我国主要大江大河的发源地，生态服务功能的退化将是全国性生态安全问题。所以对草地退化驱动因素的研究将为更好地指导草地管理与利用提供理论基础。

现今，对草地退化原因的研究多基于大尺度遥感数据针对大的研究区域或小尺度的样地控制实验研究（马梅等，2017）。部分实验是在同一样地内进行多种控制实验，主要控制指标为水分与养分（宝音陶格涛等，2009；李林栖等，2017；刘丽等，2018；邵玉琴等，2011；王合云等，2016；张建丽等，2012），气候等不可控因素则受到样地地理位置的限制。不同物种拥有不同的生长策略，所以对植物物种生理机制的研究、对于植被恢复和物种种植的选择，甚至是群落物种结构干预等都需要相关研究。而目前关于不同景观类型草地对气候的响应的研究相对较少，同一区域内不同草原类型对气候的响应规律的研究更少，结合气候与放牧因素探究不同草原类型的响应规律研究应该得到更多的关注，特别是现在很多研究平台已经很成熟，但却只针对各自平台的特殊气候、植被类型展开研究。如果能将不同区域、不同气候带的研究统一进行数据融合、分析，将得到不一样、更有价值的结果。

4.1.2 研究内容及目标

以锡林郭勒草原区锡林浩特市（县级）的草原植被为研究对象，充分利用植被覆盖与植被生长状况对区域气候条件与生物生产力具有直观、敏感的生态指示作用的特点。本研究利用1981～2017年遥感数据，结合各主要气象要素的长期观测资料（始于20世纪50年代），基于"3S"技术，开展以下几个方面的研究工作。

1. 现实水热气候条件下草地资源分布格局及动态变化

气候是影响草地饲草生产能力的关键要素，同时植被对气候变化的响应具有滞后效应。在气候变化背景下，受地形、土壤、现实植被与土地利用等方面的影响，不同区域会形成新的水热组合格局，并最终对草地生产力和牧草生长高度等产生影响。气候变化的生态效应既可能导致草原亚地带发生整体位移，也可能造成局域差异。针对这种变化，以20世纪80年代作为草原原生状态保持良好的对照期，建立"气候—NDVI关系"模型，根据气候与植被生产力的对应关系，反演现实气候条件下草地资源生产力格局，构建草地生产力现实气候参照系，为实施"草畜平衡"、加强草地资源区域调控与管理，以及判定人为因素导致的草原退化等级奠定基础。

2. 区域草原退化状态及其空间分布规律

结合研究内容一的结果，将草原实际生产力与草地气候参照系进行对比分析，在相同或相近气候条件区域内，将草地状态划分为良好、较好、未退化、中轻度退化、重度退化。同时，此研究提出一种新的方法，将气候与人为贡献率进行区分，明确两种因素对草原退化的动态变化与空间分布的影响规律，同时对可控的人为因素影响展开分析与讨论。

3. 不同景观类型草地对气候与人为因素的响应规律

通过分析锡林浩特市范围内不同景观类型草地的多年变化规律，分析寻找不同景观类型草地对气候的响应规律。

不同景观草地植被对气候变化的响应及其与草地资源格局的相互关系研究。

不同景观类型区草地资源时空格局的变化规律研究。

不同景观类型区草地对人为影响因素的响应规律及差异研究。

在以上研究的基础上，针对草原利用与管理提出一些建议。

研究工作的技术路线如图 4-1 所示。

4.1.3　研究方法

1. 草地生产力资源格局的研究方法

本研究利用 1981 年以来的 NDVI 植被指数时间序列数据，依托"3S"技术，在 ArcGIS 10.3 软件支持下，采用最大值合成法，获得每个像元逐年 NDVI 最大值数据。采用气候水热匹配指数（I_{TMP}）（刘丽，2017），利用 20 世纪 80 年代草原少有退化时期的气候数据，构建研究区草原在未退化状态下不同景观类型草地的"气候—NDVI 关系"模型，并以此为基础，基于像元水平，反演现实气候条件下草地资源生产力的空间分布格局。

区域尺度上植被发育的水热匹配常数假说：通过对影响植被生长的两大气候要素气温与降水量搭配关系与植被覆盖度之间的关系进行研究，寻找最适合植物生长的水热搭配关系——水热匹配常数；同时找到全国水热匹配度最高的分布条带——生物气候水热分界线，匹配度由该条带向两侧依次降低，从而计算出全国水热匹配度分布图。

利用 2000～2011 年全国 194 个气象站点的降水量（mm）与 ≥10℃ 积温及 NDVI 最大值，利用 Google Earth 遥感影像，通过目视解译的方法选取我国热带雨林地区植被盖度最好的位点，最终确定 925 个位点并记录坐标，在 ArcGIS 10.3 中做出点图层，并利用该点图提取对应的 NDVI、降水量、≥10℃ 积温栅格图层值，对三个提取图层对比分析得到三者关系如下：

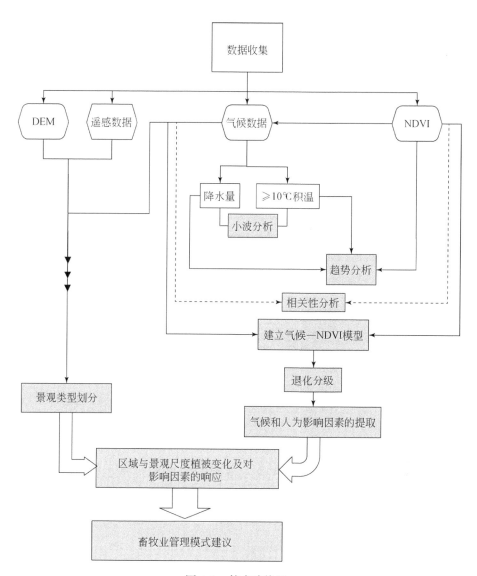

图 4-1　技术路线图

$$I_{\text{TMP}} = \begin{cases} \dfrac{T}{5.75 \times P}, & \text{当} \dfrac{T}{5.75 \times P} < 1 \text{（水多热少区）} \\[3mm] \dfrac{5.75 \times P}{T}, & \text{当} \dfrac{T}{5.75 \times P} > 1 \text{（热多水少区）} \end{cases} \tag{4.1}$$

式中，I_{TMP} 为水热匹配指数；T 为 ≥10℃年积温（℃）；P 为年降水量（mm）。

后期利用全国 824 个气象站点对该关系进行验证，结果显示，生物气候水热分界线与 NDVI 之间具有良好的对应关系。研究按照生物气候水热分界线将全国划分为热多水少区、水多热少区；本研究工作的研究区域分布在热多水少区，即水控区——温度充足，降水作为影响植被生长的主要考虑因素，所以本研究选用公式：

$$I_{TMP} = \frac{5.75 \times P}{T}, \text{当} \frac{T}{5.75 \times P} > 1 (\text{热多水少区}) \qquad (4.2)$$

当 $I_{TMP} = 1$ 时为理论水热匹配最佳值，即越接近于 1 说明水热匹配度越高。

2. 草原退化状态评价方法与空间分布的研究方法

利用 20 世纪 80 年代轻度草原退化时期的气候数据，通过插值方法，以及水热匹配指数与 NDVI 关系模型，以 80 年代 NDVI 和基于现实气候反演的 NDVI 之间的差距作为衡量标准，建立退化草原评价方法，明确退化草原的空间分布情况。

3. 景观类型划分

依据研究区 NDVI、地形地貌、海拔、气象数据等，确定研究区的景观类型（河湖沼泽湿地、河湖裸地、人工草地、水域、平原、丘陵）。鉴于研究区草地 NDVI 整体上表现出西北部明显低于东南部的实际情况，利用多年平均 NDVI = 0.45 的连线将研究区分为西部低覆盖区和东南部高覆盖区两大区。结合以上因素，将研究区划分为三大类 9 个景观类型，从而分析研究区尺度与景观尺度上 NDVI 对气候变化及人为因素的响应规律和时空差异。

4. 不同景观类型对气候和人为因素的响应规律的探索

根据研究范围内不同景观类型对应的 NDVI、降水、气温、人为因素等数据的变化趋势，并以对应的 NDVI 与气候之间建立回归关系，来揭示不同景观类型随时间变化的对影响因素的响应规律及差异性。

4.2 研究区概况与数据来源

4.2.1 研究区概况

1. 地理位置与行政区划

研究区为锡林浩特市（东经 115°13′ ~ 117°06′、北纬 43°02′ ~ 44°52′），市境

南北长 208km，东西长 143km，全市面积 14 902km²；地处内蒙古自治区锡林郭勒草原腹地；其东部为西乌珠穆沁旗，西部与阿巴嘎旗相邻，南部与正蓝旗毗邻，北部为东乌珠穆沁旗。全市辖 7 个街道、3 个苏木；2016 年，全市常住人口 26.52 万人。

2. 气候条件

锡林浩特市属中温带半干旱大陆性季风气候区，年平均气温 0 ~ 3℃，结冰期 5 个月，1 月气温最低，平均 -19℃，7 月气温最高，平均 21℃。平均降水量不足 300mm，范围为 121 ~ 511mm；降雨多集中在 7 月、8 月、9 月三个月内。11 月至翌年 3 月平均降雪总量 8 ~ 15mm。春季常有沙尘天气出现，年平均风速 4 ~ 5m/s，最大风速 28m/s，全年大风天数 50 ~ 80d，全年盛行西北风。

3. 地形地貌与植被

研究区海拔为 800 ~ 1450m，北低南高；地貌类型主要有熔岩台地、高平原丘陵、低缓丘陵地和沙丘沙漠地区；锡林河由北向南贯穿，全市多湖泊少河流，河流多为季节性存在；草原类型包括草甸草原、典型草原、沙丘沙地草原，以典型草原为主体；优势群落为大针茅（*Stipa grandis* P. A. Smirn.）草原群落，旱生丛生禾草为优势种，克氏针茅（*S. krylovii* Roshev）为亚优势种，以及其他多年生禾草。

4.2.2　数据来源与处理

1. 气象数据

从中国气象数据网（htpp：//data.cma.gov.cn）下载 1951 ~ 2017 年全国气象数据，从中截取所有时段的研究区数据；其中，站点数由 1951 年的 146 个增加到 2015 年的 840 个；包括逐日降水（mm）与逐日气温（℃）数据；利用 python 3.7 语句并结合 MySQL 8.0 数据库统计降水与气温的年、月数据；从而分别统计 1951 ~ 2017 年逐年 ≥10℃积温、逐年降水量、逐年逐月 ≥10℃积温、逐年逐月降水量、逐年季节降水量数据。再次批量转为 WGS 1984 UTM Zone 49N 投影，利用 ArcGIS 10.3 软件克里金插值得到分辨率为 2000m×2000m 的栅格图（与 NDVI 数据一致）。截取所需的研究区范围数据。

2. 遥感数据

NDVI 数据包括 MODIS13Q1 空间分辨率为 250m×250m 的 16d 数据（2000 ~

2017 年），GIMMS NDVI 空间分辨率为 2000m×2000m（1981 年 7 月至 2001 年 9 月）的数据。经过系统的误差纠正、辐射校正、大气校正以及几何校正及除云等处理，利用 ArcGIS 软件对其进行重采样，投影坐标系统一为 WGS 1984 UTM Zone 49N。截取研究区范围数据。以及 1km 全国土地利用图、DEM 高程数据，由中国科学院资源环境数据库提供。

由于 NDVI 数据来源不同，为延长研究时间序列，将两种数据重叠时间序列（2000 年 3 月至 2001 年 9 月）进行一致性检验，对月最大 NDVI 值进行相关性分析，分析过程中发现水域与湿地在相关性曲线中偏离严重，且由于这两部分面积极少，所以将这两部分去除后做两种数据相关性，两种数据月数据配准后发现数据出现错位现象，将 NOAA 数据提前一个月匹配度更好，于是选择 8 月 NOAA 数据与 7 月 MODIS 数据做相关性，实验证明这两套数据的匹配度更高，结果显示 $R^2 = 0.7497$，两种时间序列在 0.01 水平上极显著相关，方程为：$NDVI_{MODIS} = 0.0059 \times NDVI_{NOAA} \sim 0.6611$。其中 2000 年、2001 年数据选用 MODIS 数据。

4.2.3 数据处理

1. 小波变换

被誉为信号分析的"数学显微镜"的小波分析在时域和频域内具有良好的局部化特性（曹灿云，2018），该方法是傅里叶分析发展史上里程碑式的发展。其基本思想是用一簇小波函数系来表示或逼近某一信号或函数。小波函数是小波分析的关键，它是指具有振荡性、能够迅速衰减到零的一类函数（Chernick，2001；曹灿云，2018；王文圣等，2005），设函数 $f(t)$ 具有有限能量，$f(t) \in L^2(R)$，其连续小波变换定义为：

$$W_f(a,b) = |a|^{-1/2} \int_R f(t) \bar{\psi}\left(\frac{t-b}{a}\right) dt \tag{4.3}$$

式中，$W_f(a, b)$ 为小波变换系数；$f(t)$ 为一个信号或平方可积函数；a 为伸缩尺度；b 为平移参数；$\bar{\psi}\left(\frac{t-b}{a}\right)$ 为 $\psi\left(\frac{x-b}{a}\right)$ 的复共轭函数。观测到的时间序列数据大多是离散的，设函数 $f(k\Delta t)$（$k=1, 2, \cdots, N$；Δt 为取样间隔），则式（4.3）的离散小波变换形式为：

$$W_f(a,b) = |a|^{-1/2} \Delta t \sum_{k=1}^{N} f(k\Delta t) \bar{\psi}\left(\frac{k\Delta t - b}{a}\right) \tag{4.4}$$

由式（4.3）或式（4.4）可知小波分析的基本原理，即通过增加或减小伸缩尺度 a 来得到信号的低频或高频信息，然后分析信号的概貌或细节，实现对降水与≥10℃积温信号不同时间尺度和空间局部特征的分析。

2. 变化趋势分析

可以通过一元线性回归计算基于像元的植被与气候的多年变化趋势，分析计算公式（穆少杰等，2012）：

$$\theta_{slope} = \frac{n \times \sum\limits_{i=1}^{n} i \times C_i - \sum\limits_{i=1}^{n} i \sum\limits_{i=1}^{n} C_i}{n \times \sum\limits_{i=1}^{n} i^2 - \left(\sum\limits_{i=1}^{n} i\right)^2} \tag{4.5}$$

式中，θ_{slope} 为变化趋势的斜率；n 为监测的年数；C_i 为第 i 年的年最大值。年际变化的显著性可以通过年时间序列和植被覆盖度的相关关系获得。正值代表上升，负值代表下降。变化趋势的显著性检验采用 F 检验。统计量计算公式为：

$$F = U \times \frac{N-2}{Q} \tag{4.6}$$

式中，$U = \sum\limits_{i=1}^{n} (\hat{y}_i - \bar{y})^2$ 为误差平方和；$Q = \sum\limits_{i=1}^{n} (y_i - \hat{y}_i)^2$ 为回归平方和；y_i 为第 i 年覆盖度真实观测值；$\hat{y}_i$ 为覆盖度的 10 年平均值。根据检验结果将趋势变化分为 5 个等级：极显著减少（$\theta_{slope} < 0$，$P < 0.01$），显著减少（$\theta_{slope} < 0$，$0.01 < P < 0.05$），变化不显著（$P > 0.05$），显著增加（$\theta_{slope} > 0$，$0.01 < P < 0.05$），极显著增加（$\theta_{slope} > 0$，$P < 0.01$）。

3. 相关性分析

本研究中相关性分析主要利用气候与 NDVI 之间相关性分析，两种 NDVI 数据转换，以及 NDVI 与生物量模型构建，由研究中相关性分析来考虑单一因素对另一要素的影响，则称为偏相关（徐建华，2017），偏相关系数公式为：

$$r_{xy*z} = \frac{r_{xy} - r_{xz} r_{yz}}{\sqrt{(1-r_{xz}^2)(1-r_{yz}^2)}} \tag{4.7}$$

式中，r_{xy*z} 为变量 z 固定后变量 x 与变量 y 的偏相关系数；r_{xy} 为变量 x 与变量 y 的相关系数；r_{xz} 为变量 x 与变量 z 的相关系数；r_{yz} 为变量 y 与变量 z 的相关系数。

其中，x、y 和 z 之间的相关系数计算公式为：

$$r_{xy} = \frac{\sum\limits_{i=1}^{n} \sum\limits_{i=1}^{12} (x_{ij} - \bar{x})(y_{ij} - \bar{y})}{\sqrt{\sum\limits_{i=1}^{n} \sum\limits_{i=1}^{12} (x_{ij} - \bar{x})^2 \sum\limits_{i=1}^{n} \sum\limits_{i=1}^{12} (x_{ij} - \bar{y})^2}} \tag{4.8}$$

式中，r_{xy} 为 x 与 y 之间的相关系数；x_{ij}、y_{ij} 分别为第 i 年第 j 月的研究变量值；

$\bar{x}$、$\bar{y}$ 分别为变量在各时间尺度的均值。

4. 建立"气候—NDVI 关系"模型

现有草地退化计算方法是当下草原生产力和历史草原最高生产力的差值与最高草原生产力的比值；其中得到的退化影响因素同时包含气候与人为因素，且分母最大值各栅格数据来自不同年份，在气候条件与人为影响均不统一的情况下得到的退化分级结果无法区分两种因素的贡献情况；此方法得到的分析结果对实际应用缺少指导作用。

以 20 世纪 80 年代各年 NDVI 作为现实气候下 80 年代放牧压力下的植被最佳生长状态，与 80 年代的水热匹配指数 I_{TMP} 建立"气候—NDVI 关系"模型；将 2000 ~ 2017 年气象数据代入，得到各年的现实气候条件下的理论 NDVI；现实气候下 NDVI 相对于 80 年代的变化率即为研究区总体相对退化率，公式为：

$$研究区总体相对退化率(\%) = \frac{NDVI_{act} - NDVI_{80s}}{NDVI_{80s}} \qquad (4.9)$$

式中，$NDVI_{act}$ 为 2000 ~ 2017 各年实际 NDVI；$NDVI_{80s}$ 为 20 世纪 80 年代 NDVI 平均值。$NDVI_{80s}$ 既可以视为 80 年代实际气候下的 NDVI，也可以视为历史 NDVI 最大值。所以研究区总体相对退化率是针对 80 年代草原在实际气候条件下的退化状况。

气候影响相对退化率为实际气候条件下的理论 NDVI 针对 20 世纪 80 年代的退化状况，公式为：

$$气候影响相对退化率(\%) = \frac{NDVI_{agr} - NDVI_{80s}}{NDVI_{80s}} \qquad (4.10)$$

式中，$NDVI_{agr}$ 为 2000 ~ 2017 各年实际气候条件及 20 世纪 80 年代放牧压力下的理论 NDVI；$NDVI_{80s}$ 为 20 世纪 80 年代 NDVI 平均值。

如果不考虑以最大值（$NDVI_{80s}$）作为退化对照标准，而是以真实气候条件下的理论 NDVI 作为参照对象，则不存在气候因素影响，而真实值与理论值的差值即为人为因素影响，因此，人为因素导致的植被退化格局计算公式如下：

$$现实人为影响相对退化率(\%) = \frac{NDVI_{act} - NDVI_{agr}}{NDVI_{agr}} \qquad (4.11)$$

依据刘钟龄等（2002）划分的草原退化等级标准，结合研究区特点，将研究区退化状况分为未退化、中轻度退化、重度退化，以及生长状况变好的区域分别为较好区、良好区，见表 4-1。

表 4-1 锡林浩特市植被退化等级划分

退化等级	相对植被退化率/%	退化等级描述
良好区	45 ~ 100	植被覆盖度增加明显
较好区	15 ~ 45	植被覆盖度略有增加
未退化区	−15 ~ 15	无明显变化
中轻度退化区	−45 ~ −15	植被呈中轻度退化状态
重度退化区	−100 ~ −45	植被呈中重度、重度、严重退化状态

4.3 现实水热气候条件下草地资源分布格局

4.3.1 气候变化规律分析

对研究区 1952 ~ 2017 年降水量进行统计（图 4-2），20 世纪 80 年代以后降水量平均值明显小于 20 世纪 80 年代之前，2000 年以后降水量更低。在研究时段 1981 ~ 2017 年 37 年间，降水量最小值和最大值均出现在 21 世纪，分别在 2005 年与 2012 年；且在 2005 ~ 2011 年连续 7 年降水量低于多年平均值。极端气候明显增加。

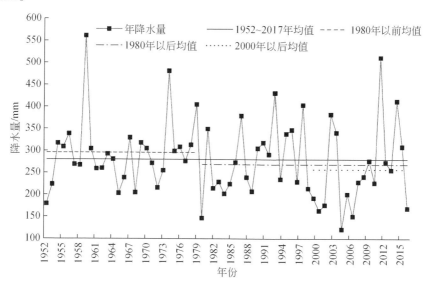

图 4-2 锡林浩特市 1952 ~ 2017 年降水量

图4-3 显示，进入 20 世纪 80 年代后研究区≥10℃积温维持较高值，进入 20 世纪 90 年代初期又开始迅速升高。只有 2003 年、2011 年与 20 世纪 80 年代前的较高值相近，其他值均高于 20 世纪 80 年代前的最高值。≥10℃积温年际均值显示，其呈阶梯式增加，21 世纪较 20 世纪 50 年代增加了超过 600℃。

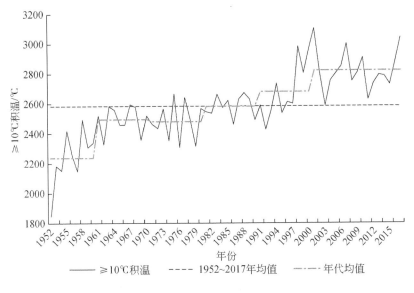

图 4-3　锡林浩特市 1952～2017 年≥10℃积温

1. 气候数据小波分析

对 1952～2016 年研究区降水量、≥10℃积温进行小波变换分析，从而寻找多年气候变化规律。以年降水量的小波系数实部等值线图为例，横坐标为时间（年），纵坐标为时间尺度。图4-4（a）中的等值曲线为负值时用虚线画出，表示降水量减少时期，等值曲线为正值时用实线画出，表示降水量增加时期，H 为降水量最高值中心，L 为降水量最低值中心；≥10℃积温等值线图与其原理一致。

由研究区降水量的小波系数实部等值线图［图4-4（a）］，1952～2016 年 65 年间存在三个时间尺度特征周期规律，在 1980～2016 年出现 2 次减增周期。其中，20～60 年尺度上出现了一次完整的增减交替振荡。12～60 年时间尺度上存在 4 次振荡，振荡幅度呈向外扩散的趋势，期间振荡周期逐渐加长，10～30 年，20～40 年，20～48 年，20～60 年；3～15 年时间尺度上存在 10 次振荡，振荡不平稳。

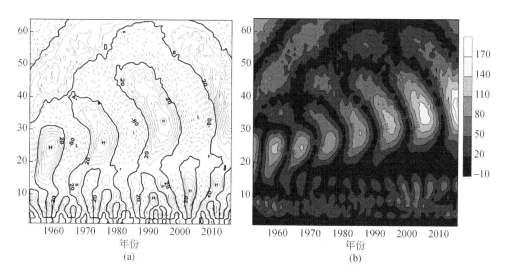

图 4-4　锡林浩特市降水量小波系数实部等值线图和模等值线图

　　研究区降水量的小波系数模等值线图［图 4-4（b）］，系数最高值范围出现在 25～45 年尺度上，说明在此时间尺度内周期性变化最强，即在 2000～2016年。其次出现在 20～30 年、25～40 年时间尺度上，周期性变化相对较弱，即分别在 1953～1970 年、1970～1989 年；其他尺度上则周期性变化不明显。

　　降水量小波方差见图 4-5，1952～2016 年存在 6 个较为明显的峰值，按照峰值大小依次为 35 年、28 年、57 年、8 年、13 年、4 年。说明其中最大峰值 35 年尺度左右的周期振荡最强，为降水量变化第一主周期，其次 28 年尺度为第二主周期，57 年、8 年、13 年、4 年依次为第三、第四、第五、第六主周期，即随着时间的推移，周期时间加长，周期性越来越强，越来越显著。

　　根据小波方差检验的结果分别绘制第一、第二主周期对应的小波系数图，从而分析不同时间尺度上降水量的枯-丰变换情况；第一主周期 35 年尺度上小波分析显示降水量在该尺度上的平均变化周期为 11 年，经历了 3 次枯-丰转换期［图4-6（a）］。第一主周期出现 1 个半周期，1981～1988 年降水量较少时期，1984年降水量开始有回升趋势。1988～2000 年降水量多，1994 年降水量开始减少。2000～2011 年降水量较少，2005 年降水量开始增多，2011～2016 年降水量较多时期。第二主周期：1981～1990 年降水量较少，1985 年降水量开始增加。1990～2000 年降水量多，1996 年开始减少。2000～2010 年降水量少，2004 年/2005 年降水量开始增加，2013～2014 年降水量多时期。

　　1952～2016 年≥10℃积温周期变化小波系数实部等值线图［图 4-7（a）］存

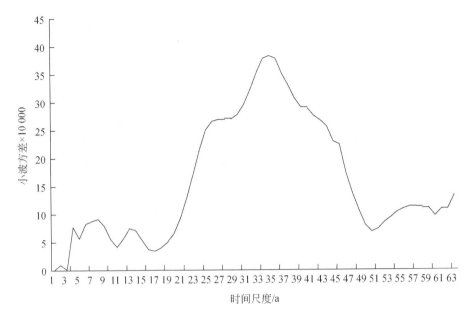

图 4-5　锡林浩特市降水量小波方差

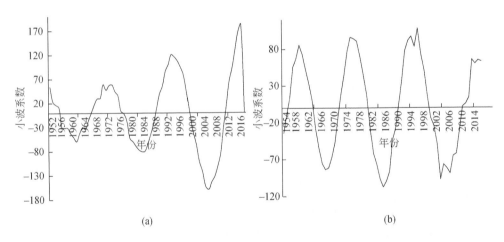

图 4-6　锡林浩特市降水量变化第一主周期与第二主周期

在 3 个时间尺度，分别是 33～65 年、15～40 年、2～15 年，2 个有规律振荡周期，其中 33～65 年存在 2 个振荡周期，15～40 年存在 4 个振荡周期，2～15 年不存在周期振荡。小波系数模等值线图显示振荡系数最大值出现在 45～60 年时间尺度 [图 4-7（b）]，说明该时间尺度周期性最强；其次为 58～65 年、40～45 年、23～40 年；其他时段周期性较弱。

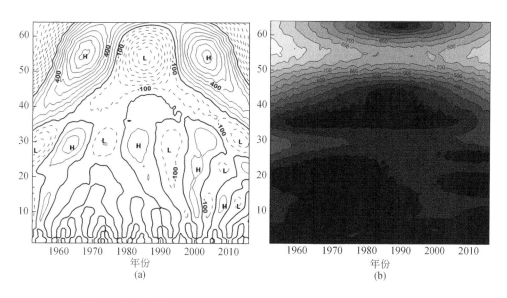

图4-7　锡林浩特市≥10℃积温小波系数实部等值线图与模等值线图

　　≥10℃积温两个主要周期见图4-8，第一主周期出现在55年，1981~1994年为温度较低时期，1986年温度开始升高；1995~2012年温度较高时期，2005年温度开始降低，2012~2016年温度较低时期。第二主周期出现在30年，1984~1988年温度较高时期，1985年温度开始降低。1989~1998年温度较低时期，1995年温度开始升高。1999~2008年温度较高时期，2004年温度开始降低，2010~2016年为温度较低时期，2015年温度跳跃式升高；2004~2015年周期性明显。

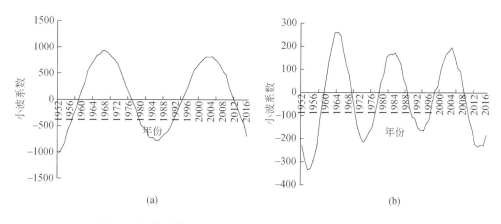

图4-8　锡林浩特市≥10℃积温变化第一主周期与第二主周期

2. 气候区域变化规律分析

从研究区降水量与温度等值线图（图4-9）可以看出，西北部降水量少温度高，东南部则降水量多温度高。1981～2017年降水变化率见图4-10，研究区整

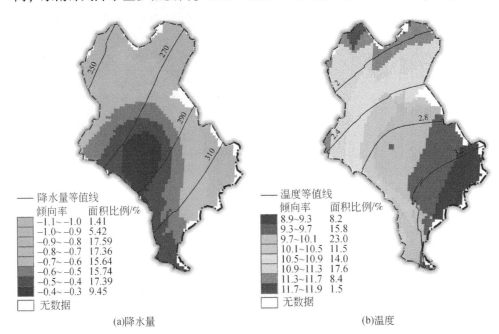

(a)降水量   (b)温度

图 4-9　锡林浩特市 1981～2017 年降水量等值线及变化倾向率与温度等值线及变化倾向率

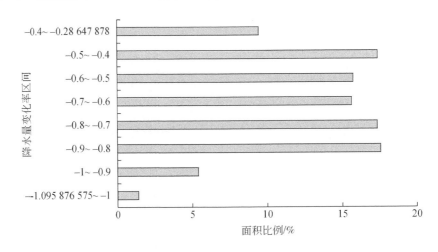

图 4-10　锡林浩特市降水量变化率面积比例

体降水量呈减少趋势，减少幅度由中南部向东部、北部依次增加，减幅主要为0.4～0.9mm/a（图4-10）。1981～2017年≥10℃积温整体呈增加趋势，变化斜率由东部向西北部依次增加，增幅主要为9.5～11℃/a（图4-11）。

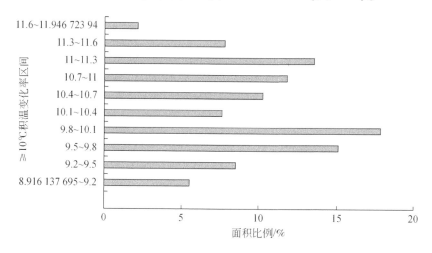

图4-11　锡林浩特市≥10℃积温变化率区域占比

3. 水热匹配度变化规律分析

研究区多年I_{TMP}等值线及倾向率见图4-12，I_{TMP}由东南部向西北部降低。1981～2017年I_{TMP}呈降低趋势，区域平均变化倾向率为-0.003。水热匹配指数变化曲线与降水量曲线走势极为相似。区域I_{TMP}变化倾向率（图4-13）与区域降水量变化倾向率分布图变化趋势极为相似，减幅均由中南部向东部、北部依次增加。结合前期I_{TMP}研究表明，该研究区处于水控区，植被生长主要受降水量约束。

4.3.2　植被覆盖度变化规律分析

图4-14（a）为1981～2017年锡林浩特市NDVI区域分布图。研究区大致分为两部分，以NDVI=0.45为分界线的西北部为NDVI较低区，东南部为NDVI较高区。全区域NDVI增减比例分别为44.85%、55.15%，减少比例略高于增加比例，而增加区域主要分布在东部地区、南部灰腾梁及周边区域。

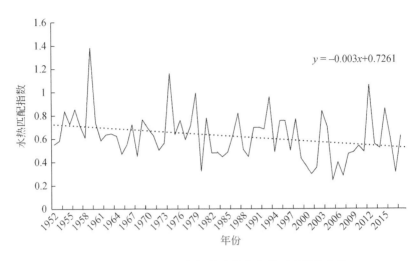

图 4-12 1952～2017 年锡林浩特市水热匹配指数变化

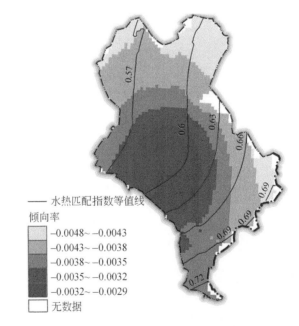

图 4-13 1981～2017 年锡林浩特市水热匹配度倾向率区域分布图

低覆盖区与高覆盖区 NDVI 的动态变化如图 4-15 所示，高覆盖区 NDVI 一直明显高于低覆盖区，多年平均值为 0.52，低覆盖区为 0.42，两区域 NDVI 差值为 0.06～0.18，多年差值平均值为 0.1。差值变化在 1997 年发生了变化，1997 年

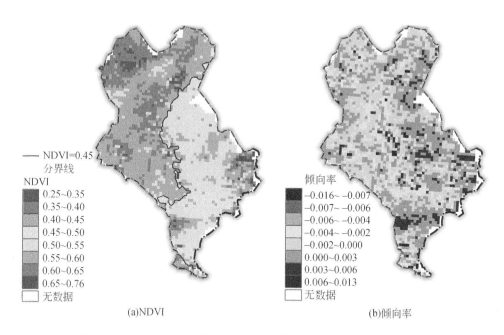

图 4-14   1981~2017 年研究区 NDVI 区域分布图与倾向率区域分布图

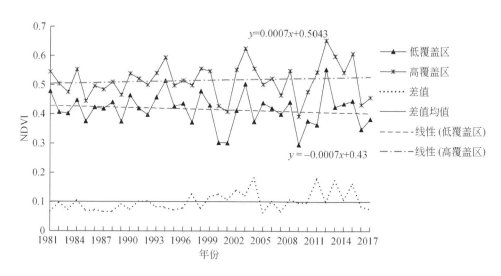

图 4-15   研究区低覆盖区与高覆盖区平均 NDVI 的动态变化规律

之前两区域差值几乎均小于多年平均值。而自 1997 年开始，大部分年份差值大于多年平均值。高覆盖区 NDVI 呈增加趋势，低覆盖区 NDVI 呈降低趋势，导致两者差距增大。气温变化分析中提到 1997 年作为温度升高开始的年份，2000 年左右是研究区降水量减少的转折点。对于低覆盖区与高覆盖区之间整体呈现不同变化的趋势，原因很可能是气温升高、降水量减少导致的，导致两个区域之间差距进一步增大。显然两个区域的气候变化强度、气候变化对草原植被的生态效应存在显著差异；因此，对于两区域生产方式、牧业结构甚至是政策上的引导等研究工作都应该区别对待。

4.3.3　NDVI—气候相关性规律分析

分别用研究区 1981～2017 年降水量、≥10℃ 积温、I_{TMP} 区域栅格数据与 NDVI 栅格数据做相关性分析，得到其相互关系。NDVI 与各气候因素相关性系数区域栅格图见图 4-16。降水量与 NDVI 相关性系数［图 4-16（a）］栅格图中，黄色系列区域为 NDVI 与降水量呈正相关区域，蓝色系列区域为负相关区域，即黄色系列区域的多年平均 NDVI 随着降水量的减少而减少，而蓝色系列区域 NDVI 随着降水量的减少而增加；两者通过 $P<0.05$ 检验的面积比例分别为 69.0% 和 0%。图 4-16（b）为 NDVI 与 ≥10℃ 积温相关性系数，蓝色系列区域为呈正相关区域，即 NDVI 随着多年气温的升高而增加，黄色部分为负相关区域，即 NDVI 随着多年气温的升高而减少；两者通过 $P<0.05$ 检验的面积比例分别为 15.8% 和 23.0%。图 4-16（c）为 NDVI 与 I_{TMP} 相关性系数，蓝色部分为随着多年 I_{TMP} 的减少而增加的区域，即负相关区域，而黄色系列区域为随着 I_{TMP} 减少而减少的区域，即正相关区域；两者通过 $P<0.05$ 检验的面积比例分别为 0.8% 和 17.0%。

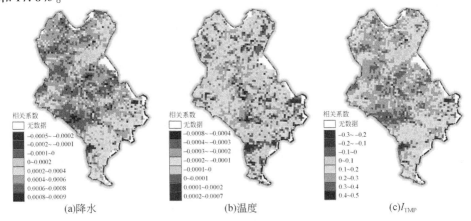

图 4-16　锡林浩特市 NDVI 与降水、温度、I_{TMP} 相关系数

从图4-16（c）中可以明显看到 NDVI 与降水量呈负相关区域和 NDVI 与 I_{TMP} 呈负相关区域几乎重合，说明研究区 I_{TMP} 主要受降水量的影响；同时，NDVI 与 ≥10℃ 积温呈正相关区域覆盖了这两部分区域，这些区域分别为湿地、灰腾梁草甸草原和部分人工草地；如图4-17（a）所示，中部向东南延伸的条带部分为锡林河周边湿地，南部蓝色区域为灰腾梁（灰腾梁禁牧，或打草场）东部蓝色区域为打草场，东北角蓝色区域位于河流下游，水分充足。结合多年 NDVI 倾向率［图4-17（b）］，增加率>0.003 的区域同样覆盖以上蓝色区域，即蓝色区域为降水量减少、温度升高而 NDVI 升高的区域。由以上分析推断，该部分区域温度作为主导因子，其自身水分条件优越，温度升高可以促进植物生长。在实际应用中，该部分区域的草地可能在气候暖干化变化情况下获益。如若作为打草场，既节约了水资源又节省了人力、物力的投入，从而为应对气候变化影响下畜牧业的稳定发展作出贡献。其他区域则随着温度升高、降水量减少 NDVI 呈减少趋势。

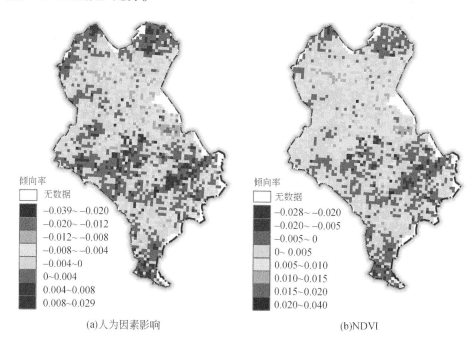

(a)人为因素影响　　　　　　　　　(b)NDVI

图 4-17　2000～2017 年锡林浩特市人为因素影响倾向率与 NDVI 倾向率

4.4 草原退化状态及其空间分布规律

4.4.1 草原生产力现实气候参照体系构建

将 20 世纪 80 年代气候与 NDVI 之间的关系视为理论人为因素干扰最低时段，构建 80 年代的 NDVI 与气候关系模型。将 2000 ~ 2017 年的气候数据带入模型，得到理论低人为因素干扰的理论 $NDVI_{agr}$；理论 $NDVI_{agr}$ 减去实际 $NDVI_{act}$，得到现实气候条件下人为活动影响导致的 NDVI 的变化，记为 $NDVI_{agr-act}$。

以 20 世纪 80 年代 I_{TMP} 与 80 年代 NDVI 相关关系作为本底，计算 2000 ~ 2017 年人为因素影响下的 $NDVI_{agr-act}$；在此基础上计算人为因素变化率空间分布图 [图 4-17（a）]。图 4-17（a）中蓝色系列区域为人为活动影响持续增强区域，分布于北部边界、中部偏南地区及南部的沙地区域，黄色区域为人为活动影响持续弱化区域。人为活动影响的长期累积效应直接影响不同地区 NDVI 的高低变化。2000 ~ 2017 年，NDVI 呈降低趋势的区域为图 4-17（b）的蓝色区域；该部分与人为活动影响持续增强区域分布相比较发现，东南部地区几乎完全一致，西北部 NDVI 减少区域略小于人为活动影响持续增强区域。结合人为活动影响持续弱化区域及 NDVI 增加区域的相似性，可认为西北部区域 NDVI 受人为活动影响持续增强的区域面积小于东南部地区。由于 2000 ~ 2017 年 I_{TMP}（图 4-18）呈增加趋势，可以认为 2000 ~ 2017 年 NDVI 的减少主要受人为因素影响。

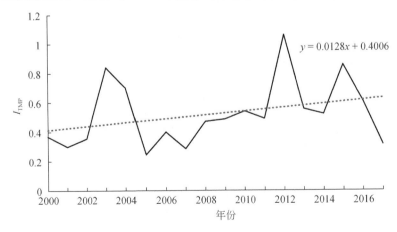

图 4-18 锡林浩特市 I_{TMP}（2000 ~ 2017 年）

4.4.2 研究区总体退化状况及其影响因素的贡献比较

利用式（4.7）、式（4.8）分别计算研究区总体退化程度及气候影响导致的退化程度栅格图，并按照表 4-1 将不同退化程度的栅格图进行分级，提取各级所占研究区面积比例，从而统计各退化类型所占的面积比例。由于草地退化的原因归结于受气候和人为因素的影响，因此两者面积比例差值可以体现人为影响和自然因素对总体退化面积的贡献情况。这里除气候因素影响外，在所考虑的人为因素影响中，也包括了与气候和人为干扰相关的蝗灾所造成的影响，有关资料表明（孟克，2007），2000 年、2001 年、2003 年、2004 年、2009 年锡林郭勒盟蝗灾严重，需要考虑其灾害影响。统计结果见图 4-19。

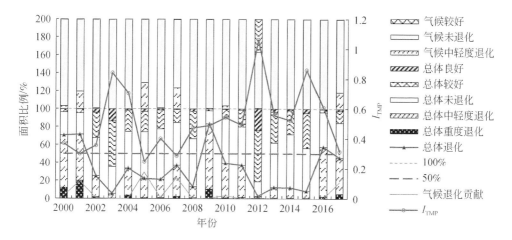

图 4-19　研究区总体退化与气候因素导致退化面积比例

由图 4-19 图例可以看到总体退化等级中包含重度退化、中轻度退化、未退化、较好、良好 5 个类型，而气候影响导致的退化等级只有中间 3 级：中轻度退化、未退化和较好。图 4-19 中 100% 虚线以下为总体退化各等级面积比例，其重度退化面积较大的年份排序为 2001 年>2000 年>2009 年>2017 年>2004 年>2016 年>2007 年；中轻度退化面积排序为 2009 年>2000 年>2016 年>2001 年>2017 年>2010 年；相应气候影响导致中轻度退化面积排序为 2005 年>2007 年>2001 年>2017 年。

2009 年、2004 年、2016 年总体退化较严重，但其气候退化面积几乎为 0。2005 年气候最差（气候导致退化为 29.1%），总体退化显示，只有 21.7% 的中轻度退化；2007 年有相同现象。2000 年、2002 年气候条件几乎一致，但 2000 年退化状况明显比 2002 年严重，相同的现象同样出现在 2001 年与 2006 年之间；2008 年、2013 年、2014 年与其 I_{TMP} 相近的年份（2009 年、2010 年）比较，植被状况整体较好。

上述分析结果表明，草原的退化受气候和人为活动的共同影响。气候对草原退化状况的总体影响较小，基本上在中轻度范围内，但气候对草原的生态效应的影响则会在人为活动影响下得以放大。例如，在水热条件良好的 2003 年、2012 年和 2015 年，由于草原区降水量多，植被生长良好，研究区总体退化面积比例极低，有较大面积的草原生长状况好于 20 世纪 80 年代，但在水热条件差、降水量少的 2000 年、2001 年和 2017 年，草原在干旱和放牧干扰影响下，退化程度显著提高。

4.4.3　现实气候下人为因素退化分析

研究区 2000 ~ 2017 年人为因素导致草原退化程度的面积比例见图 4-20，2000 ~ 2017 年，植被状态最好的年份为 2003 年、2012 年，退化面积比例分别仅为 7.2%、5.5%，达到较好以上的比例分别为 59.7%、63.4%。退化最为严重的年份有 2000 年、2001 年、2009 年、2016 年，退化比例分别为 64.7%、62.1%、78.8%、52.0%，其中重度退化比例较高的年份依次为 2001 年（10.9%）、2009

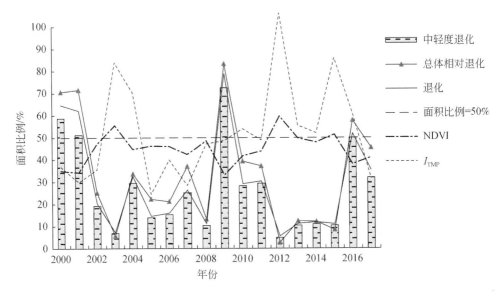

图 4-20　研究区现实气候条件下人为因素导致植被退化面积比例

年（6.4%）、2000 年（6.0%），其中 2009 年退化比例高达 78.8%，其中主要为中轻度退化（72.5%）。相对较好（在较好以上或未退化以上的比例较高）的年份为 2002 年、2005 年、2006 年、2008 年、2013 年、2014 年、2015 年，其中 2002 年、2005 年、2008 年、2013 年、2015 年为较好以上较多的年份。2004 年、2007 年、2010 年、2011 年、2017 年为较差的年份，由于其退化比例均高于 26.4%，较好以上的比例最高为 29.3%，其余均低于 25.4%。

选取气候较好、人为因素影响低的年份 2012 年、2003 年；气候导致退化面积较大、放牧压力最大年份 2000 年、2017 年；气候影响未导致退化，而自然灾害与人为因素共同作用下导致退化较重的年份 2004 年、2009 年；气候对退化贡献率最高的年份 2005 年、2007 年；气候与人为因素影响较接近平均效果的年份 2006 年、2008 年。并将苏木与牧场各级退化面积比例统计见图 4-21，以及苏木与牧场放牧压力见图 4-22。

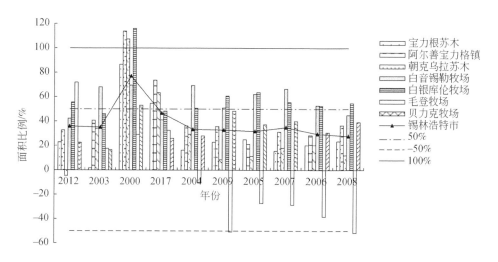

图 4-21 2000～2017 年研究区苏木与牧场各退化类型面积比例

所有分析不考虑锡林浩特市市区。2012 年退化区域主要分布于 3 个苏木与白音锡勒牧场南部沙地，其余 3 个牧场几乎没有退化，且主要为较好与良好状况，即植被生长状况良好；3 个苏木的载畜量及其增长率均小于 4 个牧场，但人为因素导致的植被退化状况却较严重。2003 年退化主要集中在阿尔善宝力格镇中西部、宝力根苏木中部以及朝克乌拉苏木与阿尔善宝力格镇交界处。4 个牧场零星分布，牧场植被状况以未退化、较好为主，有少量良好区域。植被良好状态分布面积最大的为朝克乌拉苏木和宝力根苏木，说明苏木级别上植被空间异质性较大，牧场差异相对不明显。除朝克乌拉苏木放牧压力最高外，其他苏木均小于牧

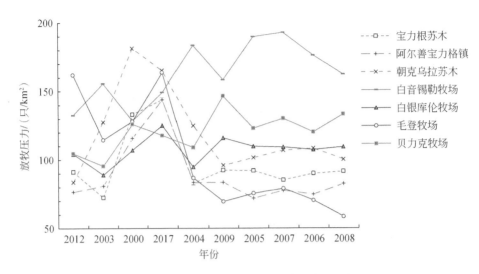

图 4-22　2000～2017 年研究区苏木放牧压力

场，且宝力根苏木牲畜增长率极低，即在低放牧压力情况下，苏木植被退化程度仍然高于牧场；退化程度较高的牧场为白音锡勒，其放牧压力与其增长率均最高。上述结果说明，2003 年、2012 年作为植被状况最好的年份仍有少量退化，主要集中在 3 个苏木，即使苏木的放牧压力低于牧场，退化状态仍大于牧场。造成这种结果的原因，可能与苏木和国有牧场的草原利用方式以及经营管理模式不同及地理位置有关。

　　2000 年研究区良好状态呈小区域块状分布，主要为人工草地与湿地。重度退化主要分布在 3 个苏木，由北向南带状分布，主要为中轻度退化与重度退化，只有阿尔善宝力格镇西部有少量呈较好状态，牧场植被状况相对较好，极少量重度退化和部分中轻度退化，其中毛登牧场几乎全区域为中轻度退化。放牧压力增长率大小排序为：阿尔善宝力格镇 114%、朝克乌拉苏木 107%，宝力根苏木 87%、白银库伦牧场 116% 等；以上数据显示，2000 年作为气候导致退化较重的年份，苏木的退化状况较牧场严重，主要与人为影响压力大相关。2017 年植被良好状态区域主要分布 3 个苏木与毛登牧场部分区域，而这 4 个区域的放牧压力与其增长率均较高，与总体退化状况比较发现该部分区域退化程度比人为因素导致的退化更加严重，这与理论情况不符。而其他区域的退化则与人为因素关系更加密切。以上分析显示，极端气候年份研究区南北部地区对气候的响应不同，而放牧压力的响应也存在极大的差异。

　　2004 年退化区域主要集中在阿尔善宝力格镇及其周围苏木，其中阿尔善宝力格镇大面积为退化状态，而阿尔善宝力格镇的放牧压力并不是很大，与气候较差的 2008 年放牧压力接近，但其退化状况明显严重。研究区其他区域主要为未退化及较好以上状态，只南部沙地有部分退化区域。2009 年与 2008 年降水量条件及放牧压力相似，但退化程度更加严重；以上不符合常理的退化状况可能主要与这两年该地区受到严重蝗灾的有关。

2005 年、2007 年作为气候对退化贡献率最大的年份，其气候条件也极为恶劣。2005 年西北部 3 个苏木只有少量退化状态草地。国有牧场范围内的草原退化较重，牧场的放牧压力与其增长率比苏木高。但白音锡勒牧场导致退化程度比放牧压力更低的 2000 年、2017 年小，而白银库伦牧场 2007 年放牧压力比 2017 年低，其退化程度同样较低，说明其受气候影响也较大。该部分实际为沙地，前文分析也可以看到其对气候的响应与北部苏木极为相近。

2006 年、2008 年气候处于一般年份，2008 年降水量比 2006 年稍多，气温稍低。其中，毛登牧场、白音锡勒牧场、朝克乌拉苏木 2008 年放牧压力小于 2006 年，其植被状况也较好；贝力克牧场 2008 年放牧压力大于 2006 年，其植被状况较差。但阿尔善宝力格镇 2008 年放牧压力较大，退化程度比 2006 年小，其原因可能与 2005 年、2017 年的情况类似。

2005 年、2007 年、2017 年以其现实的气候情况与放牧压力其植被状况不可能比 20 世纪 80 年代好；而其退化栅格图显示，良好区多为本应严重退化的平原。考虑其不合理性，结合两年研究区实地调查分析，当降水量集中时，在退化较严重的地区一场透雨过后，一年生植物迅速生长，形成一片"绿毯"；此时，该月份遥感监测到的 NDVI 值极大，而实际上原生草原群落建群种的生物量并不大，在以年最大值方法进行分析时就会形成 2005 年、2007 年、2017 年这样不合理论的特殊现象。

统计 2005 年、2007 年、2017 年人为影响退化分级中状况较好及良好区域的 5 月、6 月、7 月、8 月、9 月、10 月降水量与 NDVI 数据（图 4-23）发现，2017 年 NDVI 9 月最高，降水量 8 月最高，降水量 8 月增加明显，2005 年、2007 年则在 7 月 NDVI 出现最高值，降水量也在 7 月增加明显；3 年有一明显相同点，降水量增加明显后 NDVI 随即明显增加。2017 年与 2005 年、2007 年比较 5 月降水量低，NDVI 也很低，而后期 2017 年降水量虽然 6 月、7 月升高到与 2005 年、2007 年相似或更高一点，但 NDVI 依然很低；其原因主要为 5 月是植被萌发的季节，良好的降水条件能促进植被萌发与生长；5 月降水量不足，由 2017 年降水量与 NDVI 可以看到其降水量即使相对升高但其植被 NDVI 升高也需要较长时间。以上分析说明，5 月是一年当中植被生长较重要的时期。因此，5 月的降水量与人为影响强度某种程度上决定了一年中的植被生产力。

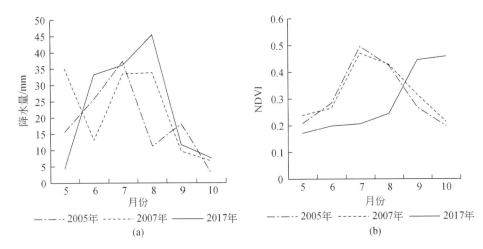

图 4-23　锡林浩特市植被良好区域 2005 年、2007 年、2017 年生长季降水量及 NDVI

4.5　不同景观类型对影响因素的响应规律

4.5.1　研究区景观分类体系建立

前文基于植被 NDVI 分布情况，将研究区分为低覆盖区与高覆盖区。在此基础上根据地形地貌、海拔、温度等因素划分研究区的景观类型。图 4-24（a）间距 50m 等高线图显示，随着海拔的升高 NDVI 呈现升高趋势；提取研究区等高线条带内 NDVI，并与海拔做相关性分析，结果显示两者呈正相关，显著性 0.001、$R^2 = 0.535$。白永飞等（2000）基于锡林河流域的研究发现，物种初级生产力与海拔呈正相关，与本研究结果一致。而高覆盖区海拔与 NDVI 呈正相关关系，显著性为 0.000、$R^2 = 0.879$，低覆盖区海拔与 NDVI 呈正相关，显著性 0.038、$R^2 = 0.665$。因此，研究区海拔与 NDVI 呈现显著的正相关关系，高覆盖区达到了极显著水平。

由于研究区范围较小，插值得到的气温作为对研究区不同景观同一时空差异的影响因素并不具有说服力；按照温度随海拔升高而降低这一基本规律，较高海拔的丘陵景观的实际温度应该比平原温度低。因此，利用海拔、平均温度插值数据，视海拔最低点温度等于插值温度，海拔每升高 100m 温度降低 0.6℃，转化得到研究区实际温度分布图［图 4-24（b）］；在此基础上结合地形地貌得到了景观分类图（图 4-25），共包括 9 个景观类型：水域景观、人工草地景观、河湖裸

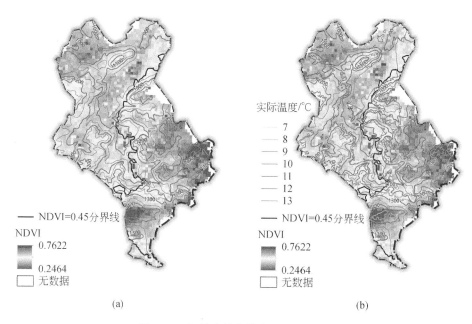

图 4-24　锡林浩特市等高线和实际温度

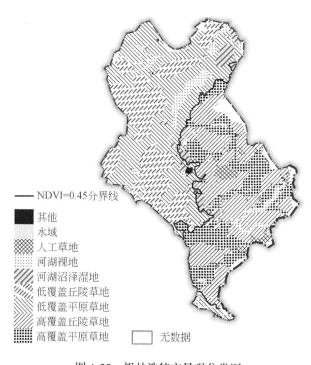

图 4-25　锡林浩特市景观分类图

地景观、河湖沼泽湿地景观、低覆盖平原草地景观、低覆盖丘陵草地景观、高覆盖平原草地景观、高覆盖丘陵草地景观以及其他景观。

4.5.2 不同景观类型草地 NDVI 变化

1981～2017 年各景观类型草地 NDVI（图 4-26）高低顺序大致为人工草地>高覆盖丘陵草地>高覆盖平原草地>河湖沼泽湿地>河湖裸地>低覆盖丘陵草地>低覆盖平原草地。高覆盖景观区 NDVI 高于低覆盖景观区，且两大区的丘陵景观又高于平原景观，主要原因可能是由于高海拔丘陵（如灰腾梁）温度明显低于平原区域，平原区温度高、蒸发量大，导致其气候条件更加恶劣，NDVI 更低。河湖沼泽湿地包含水域在内，其 NDVI 与高覆盖景观草地之间的线性关系也受降水量和水体面积变化的影响。河湖裸地同样受降水量的影响，2003 年之前其 NDVI 高于低覆盖景观，之后两者大小关系也在不断变化。

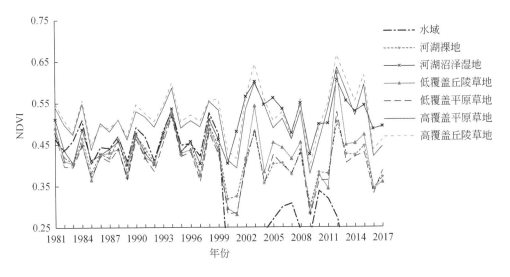

图 4-26　1981～2017 年锡林浩特市不同景观类型 NDVI

不同景观类型 NDVI 变化倾向率如表 4-2 所示，只有低覆盖平原草地呈减小趋势，其余均呈增加趋势；人工草地、河湖沼泽湿地、河湖裸地景观倾向率远远高于低覆盖丘陵草地、高覆盖平原草地与高覆盖丘陵草地景观，主要原因是这三种景观类型草地水分条件较为优越，研究区温度升高的总体趋势促进了植物的增长。

表 4-2 锡林浩特市不同景观类型草地 NDVI 倾向率

景观类型	人工草地	河湖裸地	河湖沼泽湿地	低覆盖丘陵草地	低覆盖平原草地	高覆盖平原草地	高覆盖丘陵草地
倾向率/10a	0.037	0.014	0.03	0.005	−0.011	0.002	0.008

这里值得关注的，一是人工草地，由于人工草地主要分布在高覆盖草地区，自 1981 年人工草地 NDVI 一直与高覆盖景观相差不多，到 1994 年草场承包到户后，人工草地建立增多。自 1995 年开始人工草地的 NDVI 明显高于高覆盖草地，其在增加草原区牧草供应、稳定畜牧业生产方面发挥了重要作用。二是平原与丘陵景观 NDVI 之间也存在较大差异，两种景观类型在高覆盖区与低覆盖区都有共同的规律，即丘陵景观 NDVI 倾向率高于平原景观。气候分析表明研究区整体呈暖干化趋势的转折点在 2000 年前后，低覆盖区丘陵景观在丰水年份 NDVI 要远高于平原景观，而缺水年份却与平原景观接近，说明低覆盖区丘陵景观对气候变化更加敏感，而且在 2003 年以后随降水量增加，其响应更加剧烈，植被 NDVI 升高明显。

不同景观类型草地 NDVI 倾向率的面积比例见图 4-27，人工草地、高覆盖景观、河湖沼泽湿地 NDVI 增加面积高于 NDVI 减小面积，其中人工草地增加比例为 88%，河湖沼泽湿地为 71.4%，高覆盖丘陵为 55.8%，高覆盖平原为 54.3%。NDVI 呈减小趋势面积比例，河湖裸地为 72.4%，低覆盖丘陵为 63.8%，低覆盖平原为 70.6%；其中低覆盖丘陵倾向率为 −0.002 ~ 0 的面积为 47.8%，上述结果

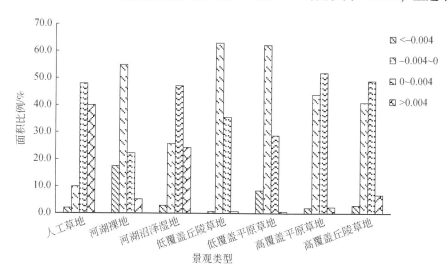

图 4-27 锡林浩特市不同景观内 NDVI 倾向率面积比例

也很好地说明了锡林浩特市草原的变化趋势；而河湖裸地 NDVI 呈增加趋势说明该景观 NDVI 两极化明显，裸露土地由于温度升高 NDVI 减小，部分有水域的河湖萎缩部分裸露的河床为种子提供了生长空间，而部分河床多为砾石，温度升高后不适合植被生长。因此，在时间序列上的 NDVI 变化规律也体现出了人工草地、河湖沼泽湿地与高覆盖景观的优势。

4.5.3　不同景观类型草地 NDVI 与气候相关性分析

为了更直观地展现不同景观草地对气候响应规律的区别，图 4-28 提取了不同景观草地 NDVI 与 I_{TMP} 关系倾向率，其中（a）为研究区倾向率通过 $P<0.05$ 检验的区域，（b）~（i）为不同景观的倾向率。图中蓝色系为负相关区域，黄色系为正相关区域。研究区 I_{TMP} 整体呈降低趋势，NDVI 与 I_{TMP} 呈负相关区域主要分布在（c）、（f）、（g）、（i）中，其原因前已述及，其中（f）、（g）、（i）水分条件良好，（c）主要受海拔影响。（f）为低覆盖丘陵，其海拔较低（大部分海拔<1200m），其变化与（b）、（e）两个平原景观类似，主要受温度与降水量变化趋势的共同影响，导致其植被生长状态呈降低趋势。其他零星呈现蓝色的区域主要是由于景观分类时，划分误差引起的，如（b）中蓝色区域为与河湖沼泽湿地、河湖裸地交界处。但通过 $p<0.05$ 检验的区域多为低覆盖丘陵与低覆盖平原，极少部分在高覆盖区。

4.5.4　特征年不同景观 NDVI 对气候响应差别分析

为研究不同景观类型草地对气候的响应规律，依据 1981~2017 年 I_{TMP} 大小顺序，选取 I_{TMP} 较大（2012 年为 1.06，1993 年为 0.96）、中等（1988 年为 0.51，

| (a)整体 | (b)高覆盖平原 | (c)高覆盖丘陵 |

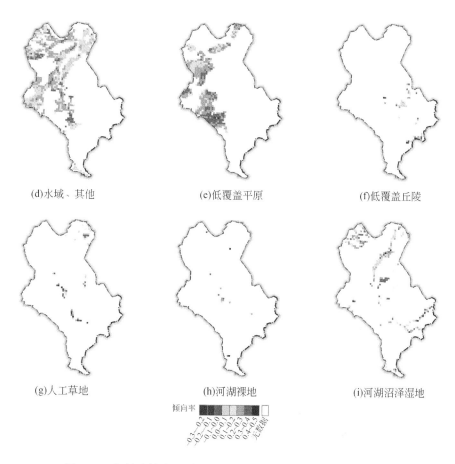

(d)水域、其他   (e)低覆盖平原   (f)低覆盖丘陵

(g)人工草地   (h)河湖裸地   (i)河湖沼泽湿地

图 4-28　锡林浩特市不同景观类型草地 NDVI 与 I_{TMP} 关系倾向率

2014 年为 0.52)、较小（2007 年为 0.28，2001 年为 0.30）年份各两年，提取 NDVI、降水量（为便于显示，图 4-29 中降水量数据是在实际降水量基础上加 2400mm)、≥10℃积温（图 4-29)，分析不同气候条件下，各景观类型对气候的响应差别。

　　无论是时间还是空间上，研究区水热组合都存在明显的差异，综合考虑，水热组合是研究区景观 NDVI 差异形成的原因；因此，从水热组成的角度将景观分为暖干型景观、冷湿型景观、暖湿型景观；从景观上看，图 4-29 中编号 5、6、8 低覆盖区部分为暖干型景观，编号 3 高覆盖区部分为冷湿型景观，编号 4、7 为暖湿型景观；依据各年际气候类型，选取暖干型、冷湿型、暖湿型特征年，2012 年为暖湿型年份，1993 年为冷湿型年份，2007 年、2001 为暖干型，2014 年、1988 年降水量与温度相对适中，较适合植被生长，但较暖湿型年份差，与冷湿

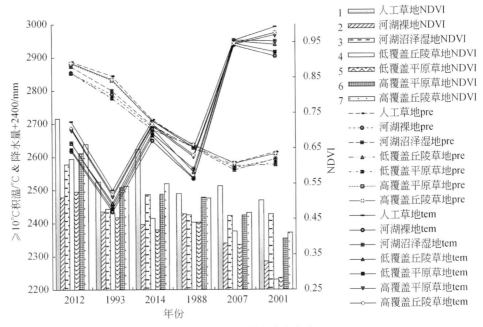

图 4-29　锡林浩特市特征年气候与 NDVI

型年份相当。

统计数据显示，I_{TMP} 高的年份降水量高，低的年份降水量低、温度高；而 I_{TMP} 中等年份温度与降水量则接近平均水平。整体 NDVI 变化趋势与降水量数据一致；由前文分析可知，NDVI 在时间序列上主要受降水量影响，温度在一定程度上加重了响应程度。由于人工草地的建立时间主要在 1994 年以后，因此，NDVI 在年代上存在区别，2001 年、2007 年作为降水量较少的年份，人工草地 NDVI 也与 1993 年、1988 年相差不多，主要是人工草地得到人为辅助，其生长状况受降水量影响降低。河湖裸地整体趋势与降水量一致，1988 年作为 20 世纪植被较好时期，裸地面积相对较小，导致河湖裸地整体 NDVI 较高；河湖沼泽湿地的响应并不很明显；河湖裸地、河湖沼泽湿地受水域与裸地两个方面的影响，综合响应存在相互抵消作用。丘陵和平原景观的变化趋势与降水量一致，同时高覆盖区与低覆盖区的丘陵景观 NDVI 总体上高于平原景观，只有 1993 年、1998 年的高覆盖区与 2001 年的低覆盖区是平原景观高于丘陵景观，但差距不大，几乎持平；2012 年、2001 年作为 I_{TMP} 两个极端年份，2012 年低覆盖丘陵 NDVI 远高于低覆盖平原，2001 年低覆盖丘陵低于低覆盖平原；I_{TMP} 高值年（2012 年、1993 年）与中间年份（2014 年、1988 年）比较，丘陵景观 1993 年与 2014 年、1988 年几乎持平，1993 年降水量虽高，但温度低于另两年，从而使得 NDVI 并没有更高；2012 年与 2014 年、1988 年温度持平而 2012 年降水量较大，导致 NDVI 高；说明温度低的情况下单独的降水量增加对丘陵区 NDVI 影响不大，同理，降水量大、温度低，对其 NDVI 影响也较小。

对于同一时空，不同景观在不同特征年 NDVI 大小顺序与前文景观 NDVI：人工草地>高覆盖丘陵>高覆盖平原>河湖沼泽湿地>河湖裸地>低覆盖丘陵>低覆盖平原的顺序大体一致；且不同景观的温度、降水量也大致呈现相同的顺序，以上大小排序中只有河湖裸地降水量与温度排到最后一位。

4.5.5 人为因素对不同景观草地退化影响

不同景观类型草地对气候的响应明显不同，人为影响强度也时刻存在差异，随着气候的变化，人为因素影响强度的增减将对草地产生怎样的影响？选取气候较好、人为因素影响低的 2012 年；气候导致退化面积较大、放牧压力最大的 2017 年；气候对退化贡献率最高的 2005 年；气候与人为因素影响较接近平均效果的 2006 年，退化等级栅格图见图 4-30，现实人为因素退化（左列）与总体退化（右列）。

2012 年总体退化显示低覆盖区植被多为良好、较好状态，即与 20 世纪 80 年代相比放牧和气候因素均未导致其退化；高覆盖区植被则多为较好状态，北部出现部分良好状态草地，而现实人为影响退化等级图并没有总体退化好，低覆盖区明显退化与未退化区增多，良好区变为较好区；高覆盖区北部也呈现相同现象。

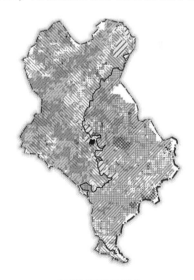

(a)2012年人为退化   (b)2012年总体退化

(c)2017年人为退化

(d)2017年总体退化

(e)2005年人为退化

(f)2005年总体退化

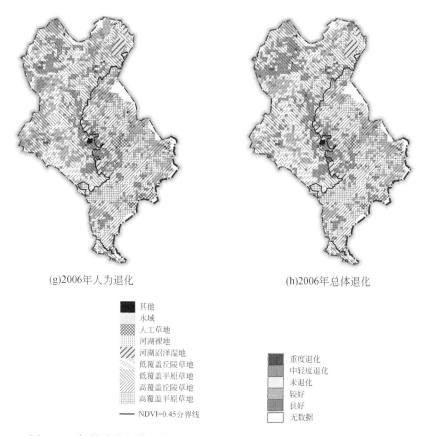

(g)2006年人为退化　　　　　　　　　(h)2006年总体退化

其他
水域
人工草地
河湖裸地
河湖沼泽湿地
低覆盖丘陵草地
低覆盖平原草地
高覆盖丘陵草地
高覆盖平原草地

—— NDVI=0.45分界线

重度退化
中轻度退化
未退化
较好
良好
无数据

图4-30　锡林浩特市特征年的不同景观人为退化与总体退化空间分布图

说明在2012年气候条件较好的年份，低覆盖区、高覆盖区北部也同样受人为因素影响且效果更明显。而相同的气候条件与人为影响强度，低覆盖丘陵草地景观比低覆盖平原景观植被状况更好，高覆盖丘陵草地景观比高覆盖平原景观植被状况更好，高覆盖平原景观比低覆盖平原景观植被状态更好。植被状况更好说明其在2012年气候条件下其退化受人为因素影响相对较小。

2017年气候条件较差，人为影响导致的退化面积也较大，由于集中降水过后低覆盖区退化严重的区域一二年生植物迅速增长，NDVI增加，所以出现"不合理"的现象。高覆盖区、河湖沼泽湿地两种退化栅格图几乎一致，即主要受人为因素影响；以上分析说明，气候恶劣年份低覆盖区主要受气候影响，放牧压力大则加重了退化程度；高覆盖区受人为因素影响较大。

2005年作为气候贡献率最高的年份，其低覆盖区与2017年有相似的现象。高覆盖区主要为人为影响；河湖沼泽湿地景观未出现退化。

2006 年气候与人为因素影响均一般，两种计算方法的退化结果表明，高覆盖区几乎没有差别，主要受人为因素影响；低覆盖区显示人为影响小于气候影响；低覆盖丘陵退化程度比低覆盖平原轻，高覆盖丘陵退化程度比高覆盖平原轻。

总体退化与现实人为因素导致退化的区别在于比较的对象不同，总体退化与历史最高值（这里是 20 世纪 80 年代平均值）比较，而后者与现实气候条件下植被理论状态进行比较。由此可以区分人为因素导致的退化状况。两种评价方法显示，低覆盖区受气候的影响大于高覆盖区。气候良好的年份低覆盖区受人为因素影响大于高覆盖区，其他气候条件下均小于高覆盖区。极端恶劣气候下低覆盖区受气候影响较大；集中降雨过后，会出现短暂的一二年生植物迅速生长的现象，NDVI 短暂增加，如 2005 年、2007 年、2017 年；但如果放牧压力大，即使是这些生物量较低的植物也会被吃得一干二净，呈现严重退化状态，如 2000 年。在较好气候、较差气候低放牧条件下，高覆盖丘陵景观受人为因素影响小于高覆盖平原；河湖沼泽湿地景观、河湖裸地（高覆盖区部分）受人为影响多为正效应；由于人工草地水分有保证，其变化并不大，只在 2012 年气候极好年份呈现良好状态。

4.6 景观尺度上草原退化机制及其实践应用

4.6.1 景观尺度上草原退化机制

（1）研究区气候呈暖干化趋势，尤其温度增加明显，降水极端天气增加，1981~2017 年最低与最高降水量均出现在 2000 年以后。

（2）研究区植被与气候均呈现区域性差异，低覆盖区植被状况明显比高覆盖区差，气候条件比高覆盖区差，且对气候变化更敏感。

（3）研究区植被状况与降水量呈正相关关系。由于气候、地形地貌、海拔等因素导致不同景观对温度的响应不同，冷湿型景观、部分暖湿型景观与温度呈正相关关系，其他景观与温度呈负相关关系。

（4）降水量增加必然会增加生物量，但温度的高低将在此基础上进一步扩大差异，高温将进一步促进湿润环境下草地植物生长，增加生物量，低温则抑制植物生长。

（5）冷湿型景观、人工草地景观、河湖沼泽湿地景观几乎不受干旱年份影响，且高温能促进其植物生长；暖干型景观喜好多雨低温的气候条件。

（6）不同景观植被对气候的响应有明显差异，从而导致其对人为影响强度的响应随气候的变化而不同。极端干旱气候对低覆盖区影响大于高覆盖区，人为影响对低覆盖区的影响将出现质的变化，导致其退化更加严重。而高覆盖区的退化主要受人为因素影响，退化程度取决于人为影响大小。气候较好年份主要受人为因素影响，气候一般年份，低覆盖区需要严格控制人为影响强度，高覆盖区退化由人为因素导致。综上所述，高覆盖区退化主要为人为因素影响；低覆盖区退化多为气候影响，人为影响使退化更加严重；气候良好年份多为人为因素影响。

（7）当下放牧压力下，高覆盖区的高海拔丘陵、河湖沼泽湿地、人工草地、部分河湖裸地为受人为因素及气候影响最小的区域。

4.6.2 实践指导价值

对于研究区不同景观的研究最终目的是与当地畜牧业发展相结合，基于以上景观相关分析，可以尝试在放牧结构与管理等方面加以应用。

（1）"留得青草在"，低覆盖度区由于本身地理位置的气候劣势，草地对气候与人为影响的响应更加敏感，导致其生态更加脆弱，退化风险较大；2017 年研究团队对研究区进行了实地调查，发现一个严重的问题，2017 年 8 月之前几乎无降雨，印象中的"大草原"已然变成了黄色，羊群走过，尘土飞扬；最严重的地方零星生长的不到 5cm 的一二年生植物已经干黄，稍一搓就变成了干粉末；就在这样的情况下，大量牛羊还在草场上"觅食"；这样的情况并不是个例。问及牧户牲畜饲养量时，其实从他们的表情中可以看出，他们很清楚现有的草地已经不能承受这样的牲畜量；但是他们并没有采取应对措施，而是回答："天不下雨"。同样的情况下，部分牧民积极缩减牲畜头数，补播草种；后者养畜方式下的草场明显好于前者。对于不利气候条件，作为生产者应积极面对，采取适当的补救措施。例如，改变完全靠放牧养畜的模式，以饲养与放牧结合的模式作为代替；适当减少养畜量，减少对草地的压力。美丽的大草原是多少生活在城市的人们的向往，依托自家草场开设牧区民俗民味体验及娱乐等旅游场所，既养护草原又能保证收入。尤其在气候条件较差的年份，草地生物量已明显不能支撑现有养畜量的情况下，维持草地可持续发展、防止退化应是首要任务。

（2）建立饲草料基地，研究区部分草地拥有明显的优势，即不受干旱气候的影响。例如，河湖沼泽湿地景观、高覆盖丘陵景观、部分河湖裸地景观等，在气候暖干化的情况下，其 NDVI 却出现升高趋势。充分利用以上区域作为饲草料供应基地，维护草场的同时，缓解全市草场压力。

（3）严格控制禁牧时间，尤其 5 月作为植被萌芽期，萌芽期的脆弱性与重要性共同决定了一年中植被的生长状态。

（4）低覆盖丘陵景观对气候响应比低覆盖平原景观更敏感，其敏感是双向的，即降水量高的年份生产力更高，降水量低的年份 NDVI 更低。对于其利用强度应随气候现状进行适当调整。

（5）高覆盖丘陵景观是对气候适应能力较强的区域，在其利用方式和强度上应充分发挥其自然优势。

第5章 | 锡林郭勒草原苏木与牧户尺度上畜牧业的可持续发展途径

5.1 研究现状与科学问题

5.1.1 研究背景与意义

锡林郭勒草原位于内蒙古自治区锡林郭勒盟境内，1997年晋升为国家级自然保护区，主要保护对象为草甸草原、典型草原、沙地疏林草原和河谷湿地生态系统，是世界闻名的大草原之一，也是中国四大草原之一内蒙古草原的主要天然草场。

草原资源不仅是维持畜牧业发展的基础，而且是防风固沙、防止水土流失及维护生物多样性等功能的重要组成部分（梁艳等，2014；韩芳等，2010）。但由于过度放牧，我国约90%的草地出现不同程度的退化，其中60%以上为严重退化草地（李博，1997b；焦珂伟等，2018）。放牧与草原存在一种平衡关系。适当的放牧有利于草原生态的休养生息，草原畜牧业承载能力关乎草原的可持续发展，但我国草原畜牧业发展与草原生产能力不协调，草原生态环境日趋恶化，草地建设的速度赶不上退化的速度，严重影响草原畜牧业的可持续发展和牧区经济的稳定（武倩等，2015；Zhang et al.，2020；陈伟生等，2019；李金花等，2002）。如何实现草原畜牧业的可持续发展，已经成为我们当前急需研究思考和亟待解决的现实问题。

畜牧业是集草原资源、经济、环境和社会为一体的有机复合体（韩满都拉），在我国国民经济中占据重要地位，对于我国农业现代化和可持续发展至关重要，可直接影响当地人们的生活水平和质量（周洁等，2019）。目前锡林郭勒草原资源退化，草原生态环境被破坏，制约着畜牧业的长足发展，我国畜牧业是国家现代化农业的重要产业，将保护草地资源作为重点工作，才能促进锡林郭勒畜牧业的可持续发展以及区域经济的稳定。长期有效保护锡林郭勒草原资源与区域经济稳定（张抒宇，2019；王海梅等，2013；阿荣等，2019）。

可持续发展强调对资源的循环利用，为某一产业的发展提供不竭的资源和动力（米楠，2017；Wang et al.，2019c）。就草地畜牧业而言，草原资源是其主要支柱，尽管植被是可再生的，但是如果对土壤及环境造成了严重破坏，畜牧业发展也会遭受阻碍（丁洁，2014）。因此，草地畜牧业可持续发展就是在对现有草地资源进行充分利用的同时，进行长远的规划，减少对资源及环境的破坏，以保证资源的可再生及循环利用（海日拉，2018；孔德帅等，2016；冯晓龙等，2019）。

利用 1981~2017 年的遥感数据和降水量数据等分析草原植被的生长状况，结合 2017 年野外考察与牧户调查数据，探讨草原载畜量对草原退化和牧民收入的影响，草地的严重退化、过度放牧影响草原生态环境状况以及牧民收入的生态效应，对锡林郭勒草原腹地锡林浩特市所辖的苏木与牧户尺度上畜牧业可持续发展途径进行研究，有助于通过对家畜的调控作用为草地生态系统提供技术支撑，进一步实现草原生产及生态可持续发展的目标，对牧区经济发展、草地的保护与合理利用均有较大的应用价值，也为草原畜牧业可持续发展方面的理论研究提供参考。

近年来，国外学者曾进行过大量深入研究。截至目前，澳大利亚畜牧业经过20 多年的发展，已经实现了畜牧业的现代化、系统化和可持续发展（潘建伟，2004）。在年均降水量少于 380mm 的畜牧区，利用天然草场开展低密度饲养牲畜，一只羊平均用地约 3.3hm²，并实现种养结合数量长期维持在 1 亿只以上，人均达 5 只（石华灵，2017）。新西兰是世界上人均拥有牛、羊最多的国家，也是世界上重要的畜产品出口国，在草场建设方面（王业侨和刘彦随，2006），一方面拥有设备齐全的牧草种子经营公司和种子繁殖农场，注重牧草种子的选育、繁殖、加工、检验；另一方面，绝大部分为人工种植和改良的草地。同时还实施"以草定畜、依畜配草"策略，科学测算用草量；重视淡季牧草储备，严格限定载畜量。在草地建植模式上，注重不同牧草的合理搭配，以达到草场生态系统中的草畜平衡和投入成本与产出效益的平衡。同时，以家庭牧场为基本单位，实行围栏和分区轮牧，加强对牲畜的控制，提高草地利用率和产出率。在牧场管理方面英国是优先发展牧草生产的国家，其永久性草地牧场面积占国土面积的44.9%，以草地为主要饲料来源，畜牧业以牛、羊为主，饲草种植面积约占全国耕地面积的 63.8%，其畜牧业的特点是以小型家庭牧场为主，机械化程度、集约化程度高，人均生产力高，管理方便（卢全晟和张晓莉，2018；王丽焕等，2014）。美国也是畜牧业生产大国，拥有丰富的草地资源，实行季节放牧、轮牧、延迟放牧、休牧-轮牧等科学放牧制度，合理分布畜群并严格控制载畜量。在牲畜生产方面，以家庭牧场为单元，规模化、机械化、科学化、产业化水平高，每个牧场养羊数不少于 300 头，采用先进的设备，实行集约化育肥，饲料营养搭配科学，一年四季对肉羊饲喂苜蓿草和大麦草。而且，多数牧场与企业在产前确立订单，在产品品种、养殖方式、产品质量方面与企业有明确约定（朱增勇和刘现朝，2010）。

我国"十三五"规划提出，未来传统畜牧业向生态优质高效特色畜牧业转变，由数量向质量上跨越，更加注重向质量和效益方向转变，加快推进畜牧业现代化发展，由传统分散养殖向标准化规模养殖转变（朱振瑛，2017；Gómara et al.，2020；于丰源等，2018）。例如，在全国重点草原牧区新疆地区，通过分析草地畜牧业的背景、现状，提出持续发展的战略（布尔金等，2014）。基于时空异质性综合考虑不同驱动因素影响下的草原区域特点，李梦娇等发现产草量的差异是驱动各植被亚区草畜平衡呈现不同状况的主要原因；在典型草原地区，降水量是草地草畜平衡的主要驱动因素（李梦娇等，2016）。从历史角度分析内蒙古不同时期草原生产方式的演变历程，可以为减少草原退化面积和缓解荒漠化问题提供参考（陈敏和陈玉花，2017；阿穆拉等，2014）。张娜（2017）提出应保证因地制宜加快草场流转，分阶段推进草畜适度规模经营。孙永良（2018）指出加快科技创新推动内蒙古畜牧业的可持续发展。随着社会经济的快速发展，畜牧业也得到了快速发展，由于草原的过度放牧，草原的自我恢复能力有限（沈斌等，2016；赵一安，2016），草原生态环境的恶化已严重影响畜牧业生产的发展，因此需要探索草原畜牧业的可持续发展之路（仝川等，2003；秦洁等，2016）。但是我国有关草原畜牧业可持续发展的途径探究，尤其是以苏木尺度上草原畜牧业的可持续发展途径研究较为薄弱，因此选取我国最典型的草原锡林郭勒草原腹地锡林浩特市作为研究对象，对该区域畜牧业的可持续发展途径进行探究。

5.1.2 研究内容

对锡林郭勒草原苏木与牧户尺度上畜牧业可持续发展途径进行研究，主要包括以下几个方面的研究工作。

1. 气候与植被的空间格局研究

采用 1981~2017 年植被指数 NDVI 数据，利用 ArcGIS 10.3 软件均值处理，分析研究区各个苏木与牧场 NDVI 分布情况。并利用降水量、气候水热匹配指数、干燥度等对图像变化趋势进行分析，结合研究区植被的抵抗能力，构建气候与植被的空间格局。

2. 不同草畜组合配置对草原放牧压力的响应规律

结合以上的研究结果，根据各苏木草原植被状况与载畜量的组合配置情况，划分不同组合类型，探讨不同草原生产力情况下，草原对放牧压力的响应规律，据此确定草原退化与放牧压力的对应关系，寻求苏木尺度上保持草地草畜平衡的可持续利用途径。

3. 草原不同放牧强度对牧户经济状况的影响

根据 2017 年野外考察与牧户调查数据，利用野外样方数据、遥感数据、牧户草场资源、人口和经济收入等数据，分析草原状况、牲畜养殖状况与牧户（牧区）经济之间的相互关系，探讨牧户尺度上草原畜牧业可持续发展模式。

5.1.3　技术路线

技术路线见图 5-1。

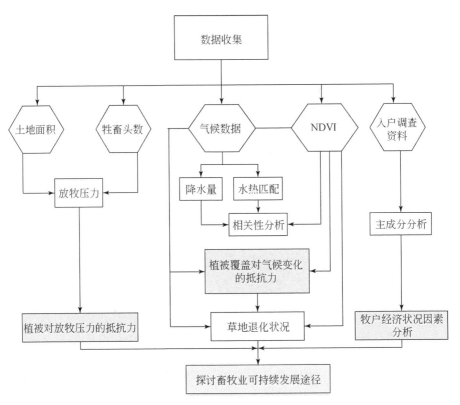

图 5-1　技术路线流程图

5.2 研究区概况与数据处理

5.2.1 研究区概况

以锡林郭勒草原区锡林浩特市为研究对象，该区辖 1 个镇、2 个苏木及 4 个牧场，包括阿尔善宝力格镇、朝克乌拉苏木、宝力根苏木、毛登牧场、白音锡勒牧场、贝力克牧场、白银库伦牧场。各地区草地资源有所不同，2017 年研究区统计年鉴牲畜头数概况如表 5-1 所示。

表 5-1 研究区草地资源概况

研究区各苏木与牧场	牲畜头数 /(万头/只)	草地类型	植被特点
阿尔善宝力格镇	53.16	草甸草原、典型草原和沙丘沙地草原	天然牧场，草场类型齐全
朝克乌拉苏木	29.32	典型草原	羊草、克氏针茅和大针茅在群落中占优势地位，糙隐子草、冷蒿等多年生植物为常见种，一二年生植物主要有灰绿藜、猪毛菜等
宝力根苏木	46.87	温性草原	以羊草、克氏针茅为建群种的草地型较多，小叶锦鸡儿、冷蒿、隐子草也有一定面积分布
毛登牧场	53.25	典型草原	适于麦类和其他饲料作物生长，植被资源丰富，以禾本科、豆科和菊科牧草为主
白音锡勒牧场	50.94	典型草原	一类以大针茅、克氏针茅和蒿类为主的群落，另一类以羊草、小禾草为主的群落
贝力克牧场	6.90	典型草原	以禾本科、豆科、沙草科为主，有 350 多种高等植物，其中饲用植物 110 多种，药用植物 128 种，以及其他类群
白银库伦牧场	22.69	典型草原、丛生禾草草原、草甸植被、沼泽植被	主要有克氏针茅草原、羊草草原；在浑善达克沙地以榆树疏林草原植被为主；在强度沙化地区分布着大面积的沙蓬和冰草；有薹草草甸，芨芨草盐化草甸；有芦苇沼泽、香蒲沼泽、三棱蔗草沼泽、水葱沼泽

5.2.2　数据来源与处理

1. 气象数据

本研究由中国气象数据网（htpp：//data. cma. gov. cn）下载 1981 ~ 2017 年全国气象数据，通过 MySQL 8.0 数据库对 1981 ~ 2017 年的逐年降水量数据与 ≥ 10℃积温数据整理统计，利用克里金（Kriging）插值法对气象数据进行空间插值计算。获取逐年年降水量与 ≥ 10℃积温栅格图像。从中截取所需的研究区，投影为墨卡托投影（WGS 1984 UTM Zone 49N），数据分辨率为 2km×2km。

2. NDVI 数据

本研究采用了两种 NDVI 数据：1981 ~ 2001 年采用 NOAA/AVHRR（分辨率为 2233m），2002 ~ 2017 年采用 MODIS NDVI（分辨率为 250m）。经过系统的误差纠正、辐射校正、大气校正、几何校正及除云等处理，截取所需的研究区域。1km 全国土地利用图、DEM 高程数据由中国科学院计算机网络信息中心（http://srtm. datamirror. csdb. cn/search. jsp）发布。以上所有遥感数据都经投影转换为墨卡托投影（WGS 1984 UTM Zone 49N）。

3. 其他数据

本研究的牲畜头数统计数据均来源于 1981 ~ 2017 年《锡林浩特市统计年鉴》，将牲畜头数均折算为标准羊单位。牧户调查数据通过 2017 年、2018 年野外入户调查获取。

5.2.3　研究方法

1. 气候与植被的空间格局研究

（1）基于图像变化趋势分析方法。研究工作采用图像趋势分析方法，分析多年 NDVI 变化趋势，以及 NDVI 与降水量、水热指数相互关系的方法如下。

选取 1981 ~ 22017 年时间序列的 NDVI 数据进行图像趋势分析，公式为：

$$y_i = a + b\,x_i \tag{5.1}$$

式中，y_i 为 NDVI 第 i 年图像的取值（$i = 1981，1982，\cdots，2017$）；$x_i$ 为年栅格时间序列，该栅格由年值组成，与参与回归的 NDVI 栅格相同大小的区域内，每一个像素都由同一个值所组成（如 1981，1982，…，2017），该方法常常用于图像趋势分析；a 为截距；b 为斜率（变化趋势），当斜率为正时，则表示参与趋势分析的栅格所代表的值是增加的，b 值越大，值增加的趋势越大，反之则相反。为了验证回归 b 值的可信程度，采用 t 检验的形式来判断，分别采用 0.005、0.01、0.05 的显著性水平检验。根据最小二乘原理，b 可以表示为：

$$b = \frac{l_{xy}}{l_{xx}} = \frac{\sum\limits_{i}^{n} x_i y_i - \sum\limits_{i}^{n} x_i \sum\limits_{i}^{n} y_i / n}{\sum\limits_{i}^{n} x_i^2 - \left(\sum\limits_{i}^{n} x_i\right)^2 / n} \tag{5.2}$$

式中，回归因子 b 值的显著性采用双尾 t 检验，显著性水平选择 $\alpha = 0.05$ 或 $\alpha = 0.01$。应用 python 2.7+arcpy 用于图像变化趋势分析和相关性分析等操作。

（2）水热指数是指通过积温与降水量去寻找最适合植物生长的水热匹配值，即水热匹配常数，计算公式如下：

$$I_{TMP} = \begin{cases} \dfrac{T}{5.75 \times P}, & \text{当} \dfrac{T}{5.75 \times P} < 1 \, (\text{水多热少区}) \\ \dfrac{5.75 \times P}{T}, & \text{当} \dfrac{T}{5.75 \times P} > 1 \, (\text{热多水少区}) \end{cases} \tag{5.3}$$

式中，I_{TMP} 为水热匹配指数；T 为 $\geq 0\,℃$ 年积温（℃）；P 为年降水量（mm）。

计算结果显示，生物气候水热分界线与 NDVI 之具有良好的对应关系。研究按照水热分界线将全国划分为热多水少区、水多热少区；本研究区域分布在热多水少区，即降水量作为影响植被生长的主要因素。

（3）变异系数 CV（coefficient of variance），它的数值为一组数据的标准差/平均数。变异系数可以消除单位和（或）平均数不同对两个或多个数据变异程度比较的影响，计算公式为：

$$CV = MN / SD \tag{5.4}$$

式中，SD 为该组指标数据的标准差；MN 为该组数据的平均值。变异系数越小，证明波动越小，其值越稳定。与之相反，变异系数越大，波动越大越不稳定。研究中使用的 NDVI 平均值为 1981～2017 年 5～9 月生长季的平均值，以减少数据的偏差。

2. 苏木与牧场草场退化状况对放牧压力的响应规律

研究利用 20 世纪 80 年代草原资源较好，退化较轻时期作为基地，利用前期实验人员研究的气候数据以及水热匹配指数与 NDVI 关系模型，用 80 年代的 NDVI 与现实气候反演的 NDVI 之间的差值为标准，明确研究区各苏木与牧场草场退化的空间分布情况。参照刘钟龄等草原退化等级分级标准（刘钟龄等，

2002；刘丽等，2018）。放牧压力的计算是利用统计年鉴研究区域牲畜头数与各苏木与牧场面积作比值得出。利用 1981～1999 年、2000～2017 年气象数据，得到现实气候条件下的理论 NDVI；理论 NDVI 相对于 80 年代的 NDVI 变化率即为研究区总体相对退化率，公式为：

$$研究区总体相对退化率（\%）=\frac{NDVI_s-NDVI_{80s}}{NDVI_{80s}} \tag{5.5}$$

式中，$NDVI_s$ 为 2000～2017 各年实际 NDVI；$NDVI_{80s}$ 为 20 世纪 80 年代 NDVI 平均值，可以视为 80 年代现实气候下的 NDVI 的最大值。

气候影响相对退化率为现实气候条件下的理论 NDVI 针对 20 世纪 80 年代的退化状况，公式为：

$$气候影响相对退化率（\%）=\frac{NDVI_{sj}-NDVI_{80s}}{NDVI_{80s}} \tag{5.6}$$

式中，$NDVI_{sj}$ 为 2000～2017 各年实际气候条件及 20 世纪 80 年代放牧压力下的理论 NDVI；$NDVI_{80s}$ 为 80 年代 NDVI 平均值。

3. 时空规律划分

对研究区 1981～2017 年降水量进行统计，如图 5-2 所示，2000 年以后降水量平均值明显小于 20 世纪 80 年代、90 年代，1981～1999 年降水量为波动性变化，2000 年后降水量开始迅速下降。而且，在研究时段 1981～2017 年，降水量最小值和最大值均出现在 2005 年与 2012 年，且 2005～2011 年连续 7 年降水量低于多年平均值。

对研究区 1981～2017 年牲畜头数进行统计，如图 5-3 所示，2000 年以后牲畜数量平均值明显高于 20 世纪 80 年代、90 年代，1981～1999 年牲畜数量处于持续上升的状态，且牲畜头数的最高值出现在 1999 年。2000 年后开始迅速下降，之后波动性变化次高值出现在 2015 年。

结合 1981～2017 年降水量与牲畜头数（图 5-2、图 5-3），1999 年、2000 年分别是降水量与牲畜头数的转折时间点。所以，将研究区划分为 1981～1999 年、2000～2017 年两个时间段进行后续分析。

4. 牧户经济评价指标体系的构建

我们结合调查的问卷数据通过主成分分析的方法分析影响牧户经济状况的主要因素。主成分分析（principal component analysis，PCA），是通过正交变换将一组可能存在相关性的变量转换为一组线性不相关的变量，转换后的这组变量称为主成分。主成分分析法在 SPSS 20.0 中操作。

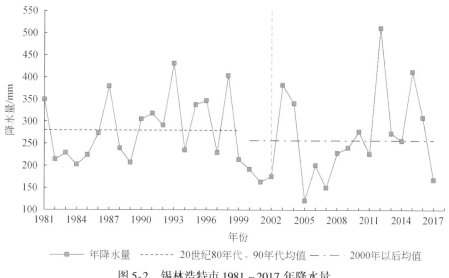

图 5-2   锡林浩特市 1981～2017 年降水量

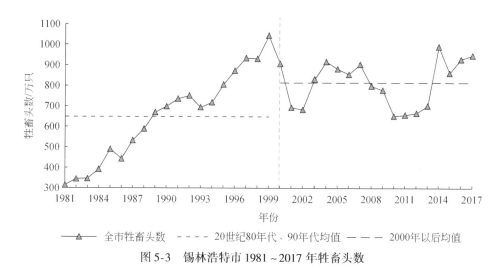

图 5-3   锡林浩特市 1981～2017 年牲畜头数

5.3   草原植被对气候变化的规律

5.3.1   植被覆盖状况的空间分布规律

研究区分为两部分，一部分是 NDVI 为 0.45 的西北部低值区域，一部分为东南部 NDVI 高值区域。全市 NDVI 增加区域面积占 44.85%、减少面积占 55.15%，减少比例略高。增加区域主要分布在白音锡勒牧场、毛登牧场、白音库伦牧场中北部以及贝力克牧场南部。

低覆盖区与高覆盖区 NDVI 的动态变化如图 5-4 所示，高覆盖区 NDVI 一直明显高于低覆盖区，多年平均值为 0.52，低覆盖区为 0.42，两区域 NDVI 差值为 0.06~0.18，多年差值平均值为 0.1。差值变化在 1997 年发生了变化，1997 年之前两区域差值几乎均小于多年平均值。而自 1997 年开始，大部分年份差值大于多年平均值。高覆盖区 NDVI 呈增加趋势，低覆盖区 NDVI 呈降低趋势，导致两者差距增大。而 1997 年是温度开始升高的年份，2000 年左右是研究区降水量减少的转折点。对于低覆盖区与高覆盖区之间整体呈现不同变化的趋势，原因很可能是气温升高、降水量减少导致的，导致两部分区域之间的差距进一步增大。主要原因可能是低覆盖度和高覆盖度的植被对于气候变化的响应有着显著的差异。高覆盖区域多集中在牧场，低覆盖区域多集中在苏木与市区。因此，对于两区域畜牧业生产方式以及政策上的指导与帮助等都应该区分开。

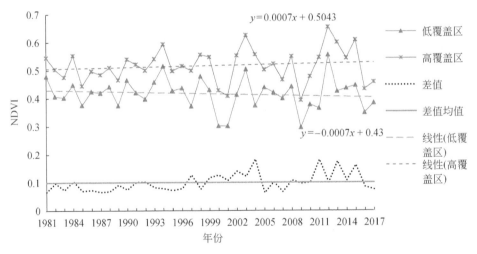

图 5-4 锡林浩特市低覆盖草地区与高覆盖草地区平均 NDVI 的动态变化规律

5.3.2 植被覆盖状况与气候相关性的空间格局分析

分别利用研究区 1981~2017 年 NDVI 与区域降水量、I_{TMP} 栅格数据对锡林浩特市各苏木与牧场进行相关性分析，发现其空间格局规律。I_{TMP} 通过式（5.3）计算得到，结果见图 5-5。

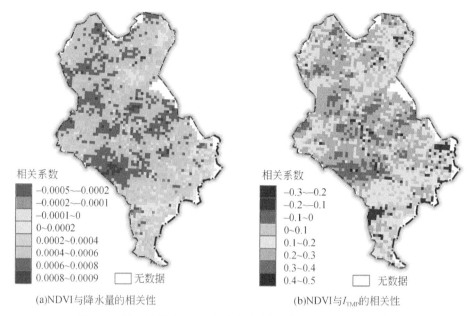

图 5-5　锡林浩特市 NDVI 与气候相关性分析（1981～2017 年）

由图 5-5（a），蓝色区域为 NDVI 与降水量呈正相关区域（NDVI 随着降水量的增加而增加区域），红色区域为负相关区域（NDVI 随着降水量的减少而增加区域）。其中 97% 的区域面积为植被 NDVI 随着降水量的增加而升高。可见锡林浩特市西北部、阿尔善宝力格镇、宝力根苏木、毛登牧场、朝克乌拉苏木西北部等区域的 NDVI 随降水量增加而升高。NDVI 与降水量呈负相关的红色区域分布在中部向东南延伸的条带部分，为锡林河周边湿地，南部红色区域为灰腾梁，东部红色区域为打草场，东北角橙黄色区域位于河流下游，水分充足。

由图 5-5（b），黄色区域系列为 NDVI 与 I_{TMP} 呈正相关区域（NDVI 随着 I_{TMP} 的增加而变好区域），紫色系列区域为负相关区域（NDVI 随着 I_{TMP} 的降低而提高区域）。其中，95% 的区域面积为植被 NDVI 随着 I_{TMP} 的升高而变好，包括阿尔善宝力格镇、宝力根苏木南部、毛登牧场、朝克乌拉苏木西北部，其中 17.8% 的区域面积通过 95% 显著性检验。结果表明，区域内水热匹配的趋势变化与降水量的趋势变化对 NDVI 影响大致相同。

由图 5-6，绿色区域为 NDVI 趋势变好的区域，红色区域为 NDVI 趋势变差的区域。NDVI 趋势趋于变好的区域大部分集中在锡林浩特市东北部与西北部、白音锡勒牧场、白银库伦牧场北部、贝力克以南区域和朝克乌拉苏木西南部分。白音锡勒牧场、白音库伦牧场、贝力克牧场与毛登牧场的植被 NDVI 变好的区域在区域尺度上同降水量、水热匹配与 NDVI 相关性高的位置具有高度的一致。

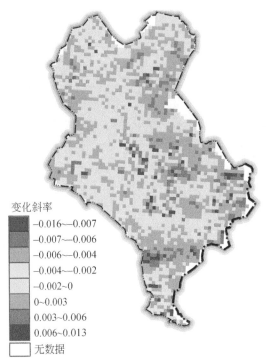

变化斜率
  −0.016~−0.007
  −0.007~−0.006
  −0.006~−0.004
  −0.004~−0.002
  −0.002~0
  0~0.003
  0.003~0.006
  0.006~0.013
  无数据

图 5-6　锡林浩特市 NDVI 趋势变化（1981~2017 年）

5.3.3　草原植被覆盖稳定性的变化规律分析

因 1981~1999 年、2000~2017 年气候、放牧压力与所用的 NDVI 数据来源不同，因此分别对研究区域 1981~1999 年、2000~2017 年 NDVI CV 变化进行分析。其原理是区域 NDVI 变异系数 CV 数值越大，植被在不同时期的变异程度越大，植被越不稳定。相反，NDVI 变异系数 CV 数值越小，变异程度越小，植被相对越稳定。

由图 5-7（a），1981~1999 年锡林浩特市各苏木与牧场植被 NDVI CV 稳定区域主要集中在锡林浩特市北部与南部，包括阿尔善宝力格镇、朝克乌拉苏木与白音库伦牧场南部。其中各苏木与牧场 NDVI CV 趋于不稳定区域主要集中在锡林浩特市中部地区，包括白音锡勒牧场中北部、贝力克牧场南部、白银库伦牧场西北部、毛登牧场与宝力根苏木东北部。这个时期的后期，气候严重干旱，草地由苏木、牧场集体使用，尚未很好地实行分户确权工作，这些因素是影响草原植被稳定性空间格局的主要原因。

由图 5-7（b）可知，2000～2017 年锡林浩特市 NDVI CV 稳定区域主要集中在植被整体状况较好的地区，包括白音锡勒牧场、贝力克牧场、白银库伦牧场。因前期的过度使用，大部分牧场植被 NDVI CV 由于 2000 年后的轮牧、休牧措施主要呈现稳定状态。其中各苏木与牧场 NDVI CV 趋于不稳定、波动较为明显的区域主要集中在植被整体状况较差的锡林浩特市西北部地区，包括宝力根苏木东北部与东南部、阿尔善宝力格镇东北部与东南部和朝克乌拉苏木西北部与东南部以及其他部分零星分布。

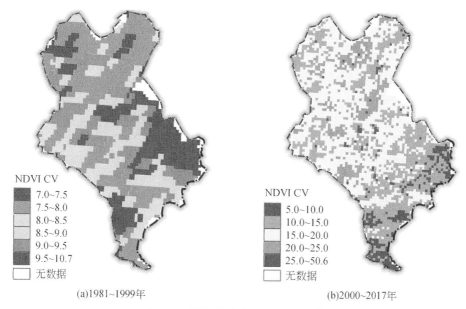

NDVI CV
- 7.0~7.5
- 7.5~8.0
- 8.0~8.5
- 8.5~9.0
- 9.0~9.5
- 9.5~10.7
- 无数据

(a)1981~1999年

NDVI CV
- 5.0~10.0
- 10.0~15.0
- 15.0~20.0
- 20.0~25.0
- 25.0~50.6
- 无数据

(b)2000~2017年

图 5-7　锡林浩特市 NDVI CV 变化

结合图 5-8 可知朝克乌拉苏木植被 NDVI CV 趋于稳定区域面积所占比例最大，为 71%，其次是阿尔善宝力格镇（面积所占比例为 58%）。其中 CV 值等级为 7～7.5、7.5～8 的区域主要集中在阿尔善宝力格镇，面积所占比例分别为 8%、21%；CV 值等级为 8～8.5 的区域面积在朝克乌拉苏木最大，其次是阿尔善宝力格镇，面积所占比例为 44%、32%。可能由于区域内降水量的增加导致 NDVI CV 相对稳定。

植被 NDVI CV 趋于不稳定区域以毛登牧场所占比例最大，达到 77%，其次是白音锡勒牧场，面积所占比例为 65%。贝力克牧场植被 NDVI CV 值不稳定区域面积占 48%。毛登牧场 NDVI CV 值不稳定与气候和降水量并无多大关系，分析主要原因为放牧所导致。而白音锡勒牧场与贝力克牧场受降水量因素影响较大。

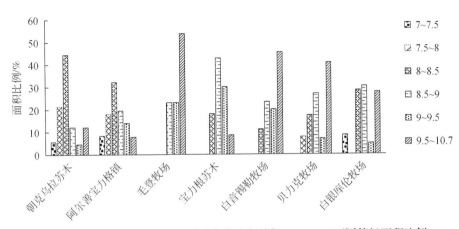

图 5-8 1981～1999 年锡林浩特市各苏木与牧场 NDVI CV 不同等级面积比例

结合图 5-9 可知，白银库伦牧场植被 NDVI CV 趋于稳定区域面积的所占比例最大，为 92%，其次是白音锡勒牧场，面积占 68%，其中 CV 值等级为 5～10 和 10～15 的区域面积主要集中在白银库伦牧场，面积所占比例分别为 43%、49%；其次为白音锡勒牧场与贝力克牧场，CV 值等级为 10～15 区域面积为 55%、46%；这三个牧场植被 NDVI CV 值稳定面积较大可能因为 1997～1999 年放牧严重草场退化严重，而 2000 年后严格实施禁牧政策有关。

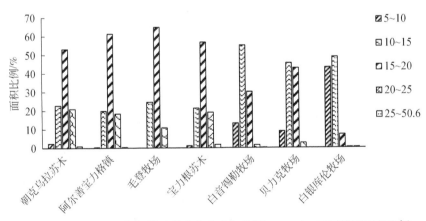

图 5-9 2000～2017 年锡林浩特市各苏木与牧场 NDVI CV 不同等级面积比例

宝力根苏木植被 NDVI CV 区域面积所占比例最大，为 21%；其次是朝克乌拉苏木，植被 NDVI CV 不稳定区域面积为 20%，这主要与 2000 年后降水量减少、植被减少、牧民减少放牧有关。

5.3.4 植被对气候变化抵抗力的空间格局分析

利用前面研究区 1981～2017 年植被 NDVI CV 与这些年研究区降水量 CV、I_{TMP} CV 分别作比值，即用 NDVI CV/降水量 CV 的比值表示植被覆盖对降水量变化的抵抗力强弱。当降水量 CV 数值较大而 NDVI CV 数值只有较小改变，表示植被对不同年份降水量的波动变化具有较强的抵抗能力，反之在降水量 CV 数值较小情况下，植被的 NDVI CV 发生较大变化，表示植被对降水波动的抵抗能力越弱。同理，1981～2017 年研究区域 NDVI CV/I_{TMP} CV 变化表示不同年份水热匹配状况变化所对应的植被覆盖变化情况。

对锡林浩特市各苏木与牧场植被覆盖对降水量变化的抵抗力分析发现，图 5-10（a）与图 5-10（c）变化大体一致，说明研究区水热匹配主要受降水量所影响，受积温的影响很小，降水量因素是影响抵抗力强弱的主要因素，研究区 1981～1999 年植被覆盖对降水量变化抵抗力强的、比值小的区域大部分集中在锡林浩特市西北部，包括阿尔善宝力格镇、朝克乌拉苏木与宝力根苏木。植被覆盖对降水量变化的抵抗力弱、比值大的区域大部分集中在锡林浩特市西南部，即白音锡勒牧场、白银库伦牧场与贝力克牧场南部。

图 5-10（b）和图 5-10（d）的 CV 比值与分布状况也是大体一致。同理表明降水量因素是影响抵抗力强弱的主要因素，研究区 2000～2017 年植被覆盖对

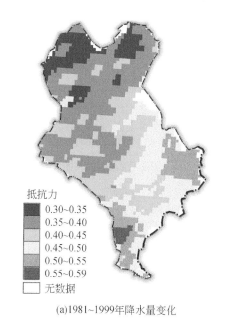

抵抗力
- 0.30~0.35
- 0.35~0.40
- 0.40~0.45
- 0.45~0.50
- 0.50~0.55
- 0.55~0.59
- 无数据

(a)1981~1999年降水量变化

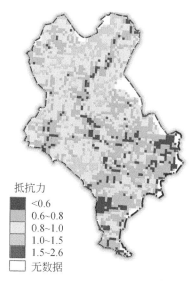

抵抗力
- <0.6
- 0.6~0.8
- 0.8~1.0
- 1.0~1.5
- 1.5~2.6
- 无数据

(b)2000~2017年降水量变化

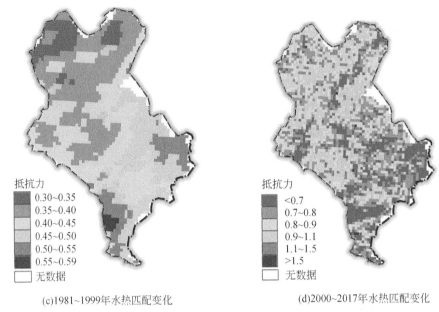

(c)1981~1999年水热匹配变化   (d)2000~2017年水热匹配变化

图5-10   锡林浩特市植被覆盖对降水量和水热匹配变化的抵抗力

水热匹配变化的抵抗力强、比值小的区域与植被长势好的地区呈较高的一致性，包括锡林浩特市中部向东南延伸的条带部分，锡林河周边湿地，南部灰腾梁或打草场、东部打草场、东北部的河流下游，白银库伦牧场与白音锡勒牧场东部、宝力根苏木、朝克乌拉苏木与阿尔善宝力格镇也有零星分布。比值大的区域主要分布在阿尔善宝力格镇中北部、朝克乌拉苏木西北部与东南部、宝力根苏木南部及其他部分零星分布。

从图5-10得出1981～1999年植被对气候抵抗力强的区域主要分布在锡林浩特市西北部，包括阿尔善宝力格镇、朝克乌拉苏木与宝力根苏木；植被对气候抵抗力弱的区域分布在贝力克牧场、白音库伦牧场与白音锡勒牧场。2000～2017年植被对气候抵抗力强弱的分布区域，与1981～1999年分布状况正好相反。1981～2017年植被对气候抵抗力的分布情况与植被NDVI CV变化大体一致。

5.4   草原对放牧压力的响应规律

5.4.1   苏木与牧场放牧压力的动态变化

利用1981～2017年内蒙古锡林浩特市统计年鉴中各苏木与牧场牲畜头数统

计数据，折算为标准羊单位与各苏木与牧场的面积作比，分别计算出 1981 ~ 1999 年（图 5-11）、2000 ~ 2017 年（图 5-12）各苏木与牧场的放牧压力。

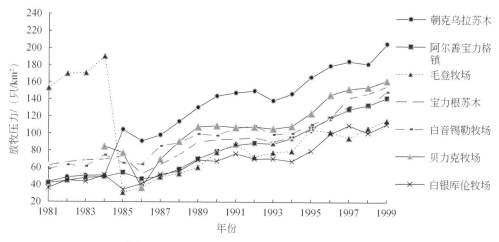

图 5-11　1981 ~ 1999 年各苏木与牧场放牧压力

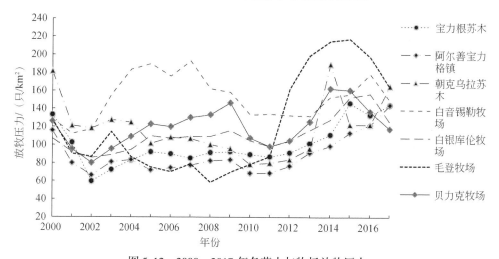

图 5-12　2000 ~ 2017 年各苏木与牧场放牧压力

由图 5-11 可以看出，1981 ~ 1999 年各苏木与牧场的放牧压力分为 6 个阶段。1981 ~ 1984 年，因牲畜头数缓慢增加，各苏木与牧场放牧压力都缓慢上升。

1984 ~ 1985 年，白音锡勒牧场放牧压力下降（因降水量的减少 NDVI 也随之减少，牲畜头数减少），毛登牧场（因饲养牲畜头数极速减少）与白银库伦牧场（因饲养牲畜头数减少）放牧压力大幅度下降，达到 19 年最低值。

1985 ~ 1986 年，贝克力牧场、朝克乌拉苏木、阿尔善宝力格镇放牧压力下降（因温度降低，植被 NDVI 下降，饲养的牲畜减少），宝力根牧场与朝力克牧场放牧压力大幅度下降，达到 19 年最低值（因温度降低，植被 NDVI 下降，牲畜头数减少）。

1986～1991 年，因牲畜头数增加，各苏木与牧场的放牧压力都在上升。

1992～1993 年，因 1991～1992 降水量减少、温度降低，导致植被 NDVI 减少。所以 1992～1933 年牲畜头数也少，各苏木与牧场放牧压力也随之下降。

1994～1999 年，各苏木与牧场放牧压力升高，其中 1994 年的植被 NDVI 是所有年份中最好的，其次是 1998 年，原因是温度升高，降水量波动变化，不断增加的牲畜过度啃食草地，放牧压力在逐渐升高。在 1999 年放牧压力达到最高值，主要原因是，与 1998 年相比，1999 年的温度和降水量较低，又因 1999 年是干旱年份，植被长势状况不好，但是饲养的牲畜头数是 30 多年间最多的一年，所以放牧压力最高。

从图 5-12 可以看出，2000～2017 年各苏木与牧场的放牧压力分为如下几个阶段。

2000～2002 年，因之前饲养的牲畜太多，草原经过前期过度开垦难以恢复，又因降水量的减少，所以从 2000 年放牧压力开始下降，随着温度的降低，2001 年、2002 年整体放牧压力下降到另一个低值区域。

2003～2004 年，其中 2003 年因降水量的缓慢增加与牲畜头数的增加，各苏木与牧场的放牧压力都在整体升高。2004 年，其他地区的放牧压力都在缓慢增加，毛登牧场和朝克乌拉苏木、阿尔善宝力格镇的放牧压力均下降。

2005～2006 年，因气候干旱，大部分苏木与牧场放牧压力下降，其中阿尔善宝力格镇与朝克乌拉苏木的放牧压力上升，其因饲养牲畜头数增加。

2007～2008 年，各苏木与牧场放牧压力上升，其中 2007 年白音锡勒牧场放牧压力达到最高，主要原因是饲养的牲畜头数是 30 多年间最高的。温度与降水量并无影响。2008 年毛登牧场的放牧压力突然下降，其主要原因是牲畜头数减少。

2009～2010 年，除了因饲养牲畜头数增加导致放牧压力上升的毛登牧场，其他区域由于前期过度放牧，所以近两年放牧压力都在下降。

2011～2015 年，因降水量升高，气候温度适宜，植被生长状况良好，各苏木与牧场放牧压力都匀速增加。2015 年，朝克乌拉苏木与贝力克牧场放牧压力下降，其原因是朝克乌拉苏木和贝力克牧场放牧的牲畜头数有所减少。

2016～2017 年，各苏木与牧场的放牧压力变化随着气候变化与牲畜养殖头数而波动变化。

1981～2017 年各苏木与牧场放牧压力变化的趋势如图 5-13 所示，放牧压力在 1985 年、1986 年为一个低峰值区域；随之缓慢上升，在 1993 年、1994 年左右又有下降的小趋势，缓慢波动之后持续上升到第一个高值区域（1998～1999年），因在 1997 年降水量充沛，温度适宜，植被长势较好，所以载畜量一直在增加。然而前期草原一直过度放牧，放牧压力显然达到了另一个低值区域，2002年开始有一个阶段性的幅度波动，在 2005 年有一个小峰值的升高，到 2010 年后又趋于下降，2011 年又进入迅速增加的阶段，到 2014 年、2016 年左右，放牧压力达到第二个高值区域，各苏木与牧场牲畜头数增加，之后迅速下降。这可能是 2017 年植被生长状况较好导致放牧压力迅速下降。

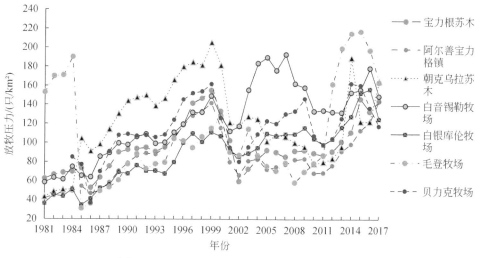

图 5-13　1981～2017 年各苏木与牧场放牧压力

5.4.2　苏木与牧场草地退化状况

利用式（5.5）、式（5.6）分别计算 1981～1999 年、2000～2017 年各苏木与牧场总体退化程度以及分别提取各苏木与牧场所占退化类型面积比例（图 5-14、图 5-15），并分析不同苏木与牧场草地退化程度与影响因素。

从图 5-14 中可明显看出，1981～1999 年，各苏木与牧场退化面积比例中，1986 年植被状况几乎是所有年份中退化最小的年份，只有朝克乌拉苏木退化占3%，其次是 1987 年，仅朝克乌拉苏木、白音锡勒牧场与白银库伦牧场有少量的退化，主要原因是降水量的增高，温度适宜，植被生长状况好。1981～1984 年，仅有毛登牧场在退化，因毛登牧场放牧过度严重造成。1990～1994 年，因气候干旱等原因，大部分苏木与牧场都开始退化，只有毛登牧场退化变轻，这是因为毛登牧场后期合理放牧、轮牧、休牧等。牧后期严格放牧轮牧休牧等退化变轻。

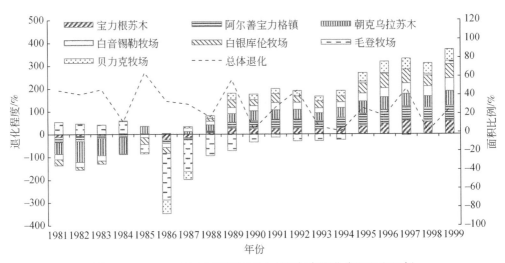

图 5-14　1981~1999 年研究区苏木与牧场各退化类型面积比例

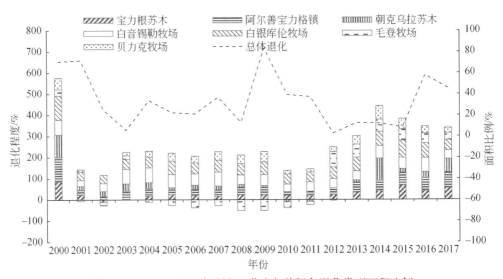

图 5-15　2000~2017 年研究区苏木与牧场各退化类型面积比例

1995~1999 年，各苏木与牧场退化开始加剧，其主要原因是草原的过度放牧、人类的不合理利用等有关，草原得不到休息，过度使用造成后期难以恢复。加之 1997 年降水量开始减少，甚至 1999 年气候的极端干旱加剧了草原的退化。

从图 5-15 中可明显看出，毛登牧场 2001~2011 年植被生长状况较好未退化，朝克乌拉苏木 2010~2012 年植被生长状况未退化，2002 年宝力根苏木和贝力克牧场未退化，这与气候温度适宜、降水量的充沛密不可分。其余年份的各苏木和牧场植被生长状况均呈退化和严重退化。其中植被生长状况退化较严重的为宝力根苏木、朝克乌拉苏木及阿尔善宝力格镇、白音锡勒牧场和白银库伦牧场，因 2000～2017 年植被 NDVI 不高的同时重度放牧，放牧压力加大导致草原严重退化。白音锡勒牧场退化的主要原因是过度放牧，白银库伦牧场退化很可能是人为因素造成的。

5.4.3 苏木与牧场草原植被对放牧压力的抵抗力分析

基于前面对植被 NDVI CV 分布变化的规律，结合锡林浩特市各乡镇（以嘎查为单位统计）牲畜头数历年的 CV 值作为各苏木与牧场放牧压力的变化。计算研究区 NDVI CV 与牲畜头数 CV 的比值。图 5-16 为各苏木和牧场 1981～2000年、2000～2017 年 NDVI CV/牲畜头数 CV 变化。图 5-16 中 NDVI CV/牲畜头数 CV 值表示植被对放牧压力的抵抗能力，即比值越大，表示在放牧压力有较小变化的情况下，植被覆盖 NDVI 就会发生较大的改变，代表植被对放牧因素的抵抗力越弱，越不稳定；反之比值越小，表示放牧压力有较大变化的情况下植被覆盖出现较小变化，代表植被对放牧压力的抵抗力越强，越稳定。

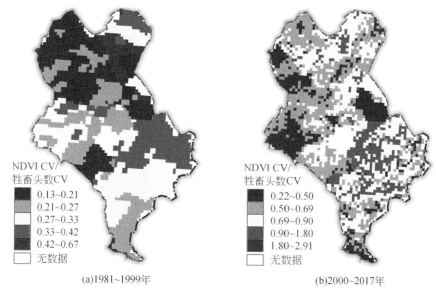

图 5-16 锡林浩特市 NDVI CV/牲畜头数 CV 变化

由图 5-16（a）可知，研究区 1981～1999 年植被对放牧压力抵抗能力强、比值小的区域主要集中在锡林浩特市西北部——阿尔善宝力格镇、宝力根苏木南部与毛登牧场、白音库伦牧场南部零星部分；比值较大、植被对放牧压力抵抗能力弱的区域主要集中在锡林浩特市东北部——白音锡勒牧场北部、朝克乌拉苏木西南部与宝力根苏木零星部分。

由图5-16（b）可知，研究区2000～2017年植被对放牧压力抵抗能力强、比值小的区域主要集中在锡林浩特市西北部——毛登牧场、宝力根苏木中西部、阿尔善宝力格镇西南部。比值较大、植被对放牧压力抵抗能力弱的区域主要分布在锡林浩特市北部、东南部——贝力克牧场北部、白音库伦牧场、朝克乌拉苏木与阿尔善宝力格镇零星部分。

由1981～1999年各苏木与牧场NDVI CV/牲畜头数CV不同等级面积比例可知（图5-17）：阿尔善宝力格镇、毛登牧场、宝力根苏木与白银库伦牧场植被对放牧压力的抵抗力较强、较稳定区域高于不稳定区域。其中，阿尔善宝力格镇稳定面积比例为49.53%，毛登牧场为49.04%；较稳定面积比例，宝力根苏木为53.8%，白银库伦牧场为90.4%，贝力克牧场为44.8%。植被对放牧压力的抵抗力较弱、较不稳定面积比例，白音锡勒牧场为55.2%，朝克乌拉苏木为62%。表明锡林浩特市各苏木与牧场大部分植被对放牧压力的抵抗能力更稳定；而朝克乌拉苏木与白音锡勒牧场植被对放牧压力的抵抗能力更不稳定。

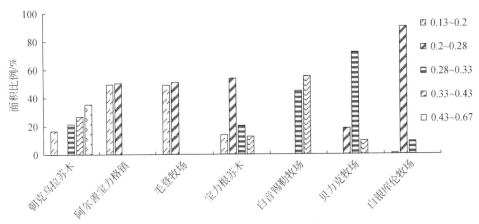

图5-17　1981～1999年锡林浩特市各苏木与牧场NDVI CV/牲畜头数CV不同等级面积比例

如图5-18所示，通过2000～2017年各苏木与牧场NDVI CV/牲畜头数CV不同等级面积比例能明显看出，阿尔善宝力格镇、毛登牧场、宝力根苏木与白银库仑牧场植被对放牧压力的抵抗力越强，越稳定区域高于不稳定区域。其中毛登牧场稳定面积比例为91.26%；较稳定面积比例中，宝力根苏木为52.25%，阿尔善宝力格镇为51.17%，白银库伦牧场为45.21%。植被对放牧压力的抵抗力越弱，越不稳定面积比例，白音锡勒牧场为39%，朝克乌拉苏木为50%，贝力克牧场为25%。表明锡林浩特市各苏木与牧场大部分植被对放牧压力的抵抗能力都趋于稳定，而白音锡勒牧场与贝力克牧场较不稳定更明显。

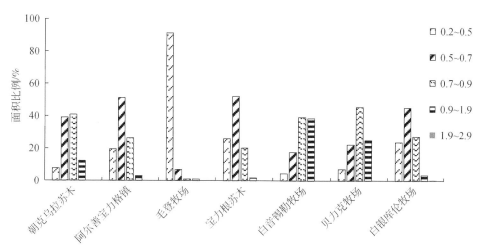

图 5-18 2000~2017 年锡林浩特市各苏木与牧场 NDVI CV/牲畜头数 CV 不同等级面积比例

5.5 草原区牧户经济状况因素分析

5.5.1 牧户经济数据获取

关于草原区牧户经济状况的因素分析资料主要来自于 2017 年野外考察中入户调查问卷，主要从牧户的草场面积、草场样方的采集、牲畜的养殖头数以及牧户经济等方面展开，即主要通过牧户的走访、询问、调研等方式了解每个牧户的基本资料。本研究区域牧户共走访 57 户，得到 57 份调查问卷。

以被调查对象的性别、年龄、民族、籍贯、家庭所在地、家庭人均收入、拥有的草场面积、设施、牲畜头数，以及经济等作为被调查对象的基本情况。调查对象以各苏木与牧场的 40 岁左右牧户为主，主要以蒙古族为主，问卷涉及牧户家庭收入处于中等、下等水平的居多，文化程度大部分偏低，主要经济来源以饲养牲畜为主（羊、牛、马），打草场、种植青稞等。近些年来，很多年轻牧户选择把牲畜承包出去放养。外出打工牧户较多。因自家草原面积根本不够饲养的牲畜食用。

5.5.2 牧户经济评价指标体系构建

1. 牧户经济评价指标体系构建

本研究采取主成分分析法对草原区牧户经济状况进行评价。相比其他方法而言，主成分分析法更有利于对数据集的简约化，旨在利用降维的思想通过线性变换把原来多个相关变量指标转化为另一组不相关的综合指标。对 5 个评价指标数据（样地生物量、物种丰富度、草场面积、牲畜头数、放牧压力）进行主成分分析，通过计算得出了各个主成分的特征值和相应的方差贡献率，如表 5-2 所示。根据结果可知，前 3 个特征值大于 1，累计方差贡献率为 82.211%（其中，第一个因子的方差贡献率为 36.097%，第二个因子的方差贡献率为 23.968%，第三个因子的方差贡献率为 22.146%），这说明这 3 个因子能够满足前期的数据分析。因此，选取 3 个公因子作为 5 个评价指标变量的一级指标。

表 5-2 方差解释

指标	初始特征值			提取载荷平方和		
	总计	方差百分比	累积/%	总计	方差百分比	累积/%
1	1.805	36.097	36.097	1.805	36.097	36.097
2	1.198	23.968	60.065	1.198	23.968	60.065
3	1.107	22.146	82.211	1.107	22.146	82.211
4	0.632	12.641	94.852	—	—	—
5	0.257	5.148	100.000	—	—	—

2. 牧户经济状况影响因素分析

在主成分分析的基础上，本研究通过计算正交旋转的主成分因子的载荷量从而得到了相对应的载荷矩阵（表 5-3）。在主成分 1 中，牲畜头数与草场面积的相关成分最大，其命名为草畜平衡 F_1（牲畜头数成分为 0.872、草场面积成分为 0.864）；在主成分 2 中，物种丰富度与样地生物量的相关成分最大，其命名为物种多样性 F_2（物种丰富度成分为 0.868、样地生物量成分为 0.686）；在主成分 3 中，放牧压力相关成分最强，为 0.959；其命名为放牧压力 F_3。

表 5-3 旋转后的成分矩阵

指标	成分		
	1	2	3
牲畜头数	0.872		
草场面积	0.864		
物种丰富度		0.868	
样地生物量	0.415	0.686	
放牧压力			0.959

同时，根据因子得分系数矩阵（表5-4），可以得到主成分（用 F 表示）关于牧户经济状况的线性表达式（主成分用指标变量）。其中，x_1 为牲畜头数，x_2 为草场面积，x_3 为物种丰富度，x_4 为样地生物量，x_5 放牧压力。

表5-4　成分得分系数矩阵

变量	成分		
	1	2	3
x_1	0.546	−0.11	0.303
x_2	0.485	0.009	−0.222
x_3	−0.164	0.73	0.132
x_4	0.182	0.521	−0.112
x_5	0.065	0.052	0.839

根据表5-4中指标变量与主成分的相关载荷系数得到的计算公式：

$$F_1 = 0.546X_1 + 0.485X_2 - 0.164X_3 + 0.182X_4 + 0.065X_5$$

$$F_2 = -0.11X_1 + 0.009X_2 + 0.73X_3 + 0.521X_4 + 0.052X_5$$

$$F_3 = 0.303X_1 - 0.222X_2 + 0.132X_3 - 0.112X_4 + 0.839X_5$$

其次，根据各主成分的贡献率得到牧户经济评估模型：

$$Q = 1.805F_1 + 1.198F_2 + 1.107F_3$$

式中，F_1 为草畜平衡；F_2 为物种多样性；F_3 为放牧压力。

在主成分分析法的表达式中，相应的指标系数越大说明对应的主成分受到的该指标的影响越大。在草畜平衡 F_1 中，牲畜头数 x_1 对其影响最大，系数值为 0.546；其次为草场面积 x_2，系数值为 0.485；在物种多样性 F_2 中影响因素较大的指标为物种丰富度 x_3，系数值为 0.73；在放牧压力 F_3 中影响因素较大的指标为放牧压力 x_5，系数值为 0.839。同时在评估模型 Q 值表达式中，可明显看出牲畜头数与草场面积对牧民经济的影响较大，其次是物种丰富度与样地生物量。结合 2018 年对研究区合作的几家牧户进行调查与统计分析发现，牲畜头数越多、草场面积越大的牧户经济水平越高，结果与 2017 年一致。

5.6　苏木尺度植被变化规律及其实践指导价值

5.6.1　苏木尺度草原植被变化规律

1981～2017 年研究区域植被 NDVI 高覆盖区域主要集中在东南部地区，经营方式以国有牧场为主，低覆盖区域多集中在西北部地区。

锡林浩特市各苏木与牧场的草原植被的生长状况绝大部分与降水量，即气候湿润度呈正相关。白音锡勒牧场、白音库伦牧场、贝力克牧场与毛登牧场所属的锡林河流域、辉腾梁高海拔草甸草原植被的部分区域植被与降水量和气候湿润度表现出负相关。

20世纪80年代放牧压力较轻，但随后逐年加重，草原植被变化主要是由原生植被到植被退化，1981～1999年植被退化面积不断扩展，植被对气候变化抵抗力强的区域主要分布在阿尔善宝力格镇、朝克乌拉苏木与宝力根苏木，植被对气候变化抵抗力弱的区域主要分布在贝力克牧场、白音库伦牧场与白音锡勒牧场。2000～2017年植被对气候变化的抵抗力强弱与1981～1999年抵抗力强弱分布情况正好相反，植被整体状况较好的东南部地区，植被对气候变化的抵抗力加强，而植被整体状况较差的西北部地区，植被对气候变化的抵抗力较差。

1981～1999年研究区各苏木与牧场大部分植被对放牧因素的抵抗能力较强；而朝克乌拉苏木与白音锡勒牧场放牧压力较重，植被对放牧压力的抵抗能力较弱。2000～2017年研究区各苏木与牧场大部分植被对放牧压力的抵抗能力加强，而白音锡勒牧场与贝力克牧场对放牧压力的抵抗力较弱。

1981～2017年研究区各苏木与牧场的草场退化面积与放牧压力具有较高的吻合度，草原退化主要受放牧压力的影响。

野外调查采集的57份入户资料显示，影响牧户经济收入的主要因素是牲畜头数和草场面积，但为了草原长远发展应该合理控制牲畜数量。

5.6.2　实践指导价值

通过2018年、2019年野外对合作牧户调查发现，羊对草地的啃食与破坏力明显高于牛，所以可以通过改进畜群结构和控制羊的数量、同时进行适当的轮牧休牧等，可以提高牲畜产量和增加牧民经济收益。例如，牧户A以养羊为主，通过澳大利亚优质种羊杜伯羊与本地羊杂交的方式，对当地的肉羊进行种质改良后一只羊可增重10斤[①]左右，从而达到不明显加重草地放牧压力但可以增加牧民经济收入的目的。

同时，要积极将传统畜牧业向生态优质高效特色畜牧业转变，加快推进畜牧业现代化发展，在适宜的丘间低地利用良好的水土条件，大力种植灌草，通过补播紫花苜蓿和其他优质牧草、乡土灌木植物等，大力推进高效饲草料基地建设。全面实施以草定畜的草地管理制度，在牧区实行禁牧休牧、草畜平衡，推进草牧

---

① 1斤=500g，下同。

场有序流转和规模经营，发展观光畜牧业的同时，大力发展草产业、标准化种养，加强农区与牧区的区域协作，解决近年来草地严重退化与水土流失等生态环境问题，为进一步实现畜牧业的可持续发展奠定基础。

最后，草地的严重退化、过度放牧对草原生态环境状况以及牧民收入的影响常常具有滞后效应，必须全面分析草原退化、生态修复和牲畜数量变化等对草原退化和牧民收入的后续影响，探究草原畜牧业的可持续发展模式。

| 第 6 章 | 植物能量功能群及其与草原退化的耦合机制

6.1 研究现状与科学问题

6.1.1 植物功能群的概念

近年来，在生态系统结构与功能的研究中，非系统发育的物种功能分类法（functional classification）被越来越多的生态学家所采用（Gitay，1997；Dayan and Systematics，1991），植物的形态结构和生理功能随着环境条件的变化表现出相应的应对策略。植物功能群（plant functional group）是具有确定的植物功能特征的一系列植物的组合，对于一套环境条件具有相似的反应，可以看作是研究植被随环境动态变化的基本单元（Woodward and Cramer，1996）。类似的有关物种功能分类的术语包括：生活型（Raunkiaer，1934）、共同体（Root，2001）、适应特征（Swaine and Whitmore，1988）、策略（Grime et al.，1990）等。目前功能群研究中最核心的问题仍在于决定植物功能群划分的植物特征的选择上。

国际 IGBP 计划的核心部分 GCTE（Global Change and Terrestrial Ecosystems）已经把有机体功能分类的方法作为其行动计划的基本部分。显然，在生态系统结构和功能动态的研究中，功能群的研究相对于具体的植物种而言，可以使我们利用较少的人力、物力和财力获得对于生态系统的本质的认识，如 Condit 等（1996）在巴拿马用统计手段，根据植物的种群动态、生长型、外貌及水分需要等方面的相关性，证明用功能型已经足够表达整个群落的组成。

关于植物功能群的定义，不同的学者存在不同的看法，Root（1967）将其定义为利用相同环境资源并且在生态位需求上显著重叠的一组植物。Keddy（1992）认为物种可以根据相似的特征聚合，Grime 等（1988）等也给出了类似的定义。Friedel 等（1988）将其定义为对相同扰动具有相似的响应特征。Szaro（1986）从两个方面定义了植物功能群，一方面将利用相同资源的物种划为一组，另一方面将对扰动具有相似反应的划为一组。Menge 等（1986）也提出了类似的定义。

尽管不同学者定义的侧重点不同，但主要还是集中在两个方面：使用相同的资源和对扰动的响应。这种分歧在学术界长期以来没有达成一致的意见。但就实际的使用中，大多数学者将其定义侧重在有机体对干扰的响应上。这是因为这种定义在预测系统及其组分的动态变化时简化了现实世界并且脱离了传统的植物系统发生学上的分类。随着对全球变化与植被相互关系研究的深入，基于随干扰响应方式定义的植物功能群在许多方面显示出优势。

6.1.2　植物功能群分类与应用

1. 植物功能群分类标准

植物功能群的概念是由时间尺度、空间及所要关注的问题三个方面决定，不同尺度上的观测、分析方法和所关心焦点的不同产生了不同的植物功能群划分标准。国内外的学者对植物功能群划分标准进行了很多尝试，一些功能群分类方案也得到大家认可，如生活型、生长型、光合功能型等，但目前全球尚无认可的植物功能群分类方案，无论采用何种分类方法，最重要的是对植物特征和生态过程的选择。

对物种进行功能分类的方法可归纳为两类：一类是按利用的资源是否相同对物种进行功能分类；另一类是按物种对特定扰动的响应进行分类，同时还可依据物种对共享资源的利用途径，以及它们对特定扰动的响应机制是否相同做进一步的划分（Gitay，1997）。

1）植物形态和结构特征

生物学的观点认为"结构适应于功能并是功能的创造者"。最初的植物功能群分类系统大多都是依据形态和结构划分植物。在长期的进化过程中，植物通过最大可能改变自己的形态和生理特征以适应环境的变化，在某种程度上植物对环境变化的响应可通过形态和结构的差异反应。Von Humbold（2016）首先认识到了植物形态与功能的关系，依据植物生长型对植物进行分类。Warming 和 Vahl（1909）强调植物形态的生态重要性，根据简单的植物生活史（如寿命、扩张力）划分植物。饶基耶尔（Kent and Coker，1992）的生活型分类系统是早期植物功能群分类系统中最重要的一种。他认为植物形态与气候因子（温度、湿度、水分、雨量）有密切的关系，依据植物多年生芽着生点与地面的相对位置划分植物。埃仑伯格和米勒修正了饶基耶尔的分类系统将其用于热带植物的研究中，并强调结构、冠层的季节性和枝条的重要性（Ramsay and Oxley，1997）。博克斯扩展了饶基耶尔的工作，研究了植物的结构与物候特征及气候因子（如最热和最冷月的平均气温、年降水量）的关系。植物生活型功能群分类方法至今仍被广泛使用（白永飞等，2001，2002；董全民等，2004；焦树英等，2006；左小安等，2006），很多学者在其研究中，采用这种植物分类方法。

依据形态结构划分植物功能群的方法简单易行，但存在方法上的缺陷。例如，通过观察形态或结构区分 C3、C4 草本植物是相当困难的。但在大的尺度范围特别是全球尺度，植物的形态结构特征仍是一个重要的划分指标而被广泛使用。

2）植物功能特征

从植物功能群的定义来看，对植物功能群的分类应从其具有的功能特征入手。因为植物对于环境的响应首先表现为生理和生态学功能上，如光合作用类型、水分利用类型和生长发育的差异等，然后才表现为形态、外貌、结构上的差异（孙慧珍等，2004）。目前国外进行的有关研究大多处在对功能群的分类和在全球变化生态建模的尝试中。例如，Tilman 等（1997）在进行草地群落植物多样性与生态系统功能试验中，将植物分为豆科、C3、C4、木本植物和杂类草（非禾本科草类）5 个功能群。Hooper 和 Vitousek（1997）进行的草地生物多样性实验中，根据植物在养分循环方面的潜在联系，将其分为春性一年生植物（earlyseason annual forbs）、冬性一年生植物（lateseason annual forbs）、多年生丛生禾草和固氮植物 4 个功能群。Hector 等（1999）在欧洲进行的植物多样性与草地生产力实验中，将植物分为禾草、豆科固氮植物和非禾本科草类 3 个功能群。斯科尔斯（刘讯，2003）认为，南非草原上 18 种牧草的功能属性可以作为划分功能类群的指标。拉沃里尔（刘讯，2003）在一篇文章中把功能群分为 4 种，其中之一就是关于植物的功能表现。布莱恩（刘讯，2003）选用 5 个决定植物碳的功能属性作变量——高度、生物量、叶面积、生活周期和枯落叶特性，计算了澳大利亚南部一个轻度放牧和过度放牧草原上每种禾草植物的功能属性。其他一些用于功能群划分的生态学属性和功能特点，如分配对策（繁殖、保护机制、水分保持、养分保持等），生长速度（相对生长速度、光合速度、养分吸收速度），繁殖类型、种子大小、扩散方式等方面也进行了相关的研究。

国内关于功能群的研究起步较晚，主要集中在从 C3、C4 光合途径的角度对植物进行功能分类并研究其生态适应特性，或根据植物的生活型或水分生态类型进行功能群划分，如白永飞（2018）关于内蒙古草原生产力动态和生物多样性的研究和王正文（王正文和祝廷成，2004）关于松嫩草原对水淹干扰的响应的研究。蒋高明等（Jiang and Dong, 2000）从植物繁殖特性的角度将植物划分为克隆植物和非克隆植物两个功能群，研究了中国东北样带植物的光合特性。倪健

（2001）在区域尺度上，根据"生态—外貌"原则，依据几个重要的鉴别特征：基本的外貌（乔木、灌木和草本）、叶的属性（常绿和落叶）、叶型（阔叶和针叶）、农作物的光合途径（C3 和 C4）和熟制，把我国的优势植物功能群划分为38 种，这些植物功能群基本反映了中国植被的特征及其分布格局。

3）植物综合特征

随研究问题的复杂化和尺度扩展，使用单一的或一类植物特征划分的植物功能群在概括和表达研究区内物种的特征方面存在限制。在划分功能群时需要考虑多种尽可能得到的特征数据，如物候、系统发生、种群、主要功能及抗干扰特点与环境因素。Dansereau（1951）提出基于生活型、植物大小、盖度、功能（落叶和常绿）、叶片大小和形状及叶的结构 6 个标准的分类系统。Michelle 等（1992）研究了威尔士西部林地的 300 种植物，根据 43 种特征（植被类型、生活史、物候和种子生物学特征等）将植物划分为 5 个功能群类型。Küchler（1967）提出了等级划分的方法，先将植物划分为木本和草本，在此基础上依据生活型、叶的特点和盖度再细分。翁恩生和周广胜（2005）在其研究中使用了同样的方法，根据地上部分的寿命、叶片寿命和叶片类型 3 个植物冠层特征将植物分为 5 类，在此基础上，根据环境因素（温度、水分）以及光合途径进行进一步的划分，最终得到 29 种植物功能群，此套方案可用于研究我国气候—植被的相互作用；植被与大气之间的物质（如水和二氧化碳等）和能量（如太阳辐射、动量和热量等）的交换；也可用于生态系统模型向区域植被模型的转换。

2. 植物功能群的应用

1）植物功能群与生物多样性

长期以来，生物多样性与生态系统的关系一直是生态学研究领域内的一个重大科学问题。一般认为生物多样性包括特定生态系统中基因型、物种、功能群和景观单元的数量及组成。在过去的几十年里，人们在这方面做了大量的研究工作。研究主要集中在生物多样性对生态系统的生产力、物质循环、可持续性、稳定性、分解速率及营养维持力等方面的影响作用，但早期的研究工作大多都是基于物种水平并且常常将生物多样性等同于物种多样性，忽视了生物多样性的其他组分。实践证明单从物种的水平来研究生物多样性与生态系统功能的关系，不足以说明问题，因为一个种的增加与减少对生态系统的影响还取决于其与群落中其他物种功能的相似性。近年来功能群多样性、功能群丰富度及其类型已成为生态学和保护生物学新的热点问题，越来越多的学者把注意力转向功能群的研究。研究较多的是功能群多样性、功能群组成以及功能群间的相互作用对群落生产力及其稳定性的影响。Guretzky 等（2005）认为生态系统的生产力和稳定性不依赖于物种的数量，而是取决于存在的关键种和功能型。王长庭等（2004）的研究证明功能群组成比功能群多样性更能说明对生态系统过程的影响。江小雷等（2004）的研究显示功能群多样性和功能群成分均对系统功能有显著影响，物种数一定时，功能群多样性较高的群落其生产力水平也较高，而功能群多样性一致时，含C3、C4功能成分的群落其生产力水平较其他群落的高。功能群对生态系统稳定性的作用方面，也有相关的报道。许凯扬等（2004）在研究植物群落的生物多样性与其可入侵性的关系时发现物种多样性和群落的可入侵性并没有很显著的负相关，而是与物种特性基础上的物种功能群多样性呈负相关。白永飞和陈佐忠（2000）认为不同响应类型（功能群）间的补偿作用可以增加群落稳定性。

2）植物功能群与干扰

植物功能群通常作为一个相对统一的整体对生态因子的波动或外界干扰做出反应，对于研究植物随环境或干扰的变化是一个有用的工具。目前将功能群的方法用于草地生态系统进行了大量的研究。家畜放牧、火烧、围栏和刈割是人类在草地生态系统管理实践中施加于草地的主要干扰类型，也是导致草原植被生产力和组成变化的主要因素（Boer and Smith，2003）。许多研究表明通过植物功能群可以获得不同植被类型对一系列干扰和环境变化的响应特征（Friedel，1997）。焦树英等（2006）探讨了放牧干扰对荒漠草原群落结构和功能群生产力的影响，研究表明不同载畜率水平下，群落的功能群组成一致，只在数量上存在差别，灌木类和多年生丛生禾草的优势度百分比随载畜率的增加而增加，多年生根茎禾草、多年生杂类草和一二年生植物的优势度百分比随载畜率的增加而降低。董全民等（2005）的研究显示禾草和莎草类功能群的盖度、生物量、组成及高度与放牧率呈显著的负相关，可食杂类草和有毒类杂草功能群的盖度、生物量、组成及高度与放牧率呈显著的正相关。王国杰等（2005）采用了3种植物功能群（水分生态类型、生活型、光合途径）研究水分梯度上放牧对内蒙古主要草原群落功能群多样性与生产力关系的影响，他认为，在放牧干扰下内蒙古草原采用水分生态类型功能群多样性来研究功能群多样性与群落地上地下总生物量的关系更适宜。

将植物功能群用于研究其他干扰因素也进行了相关的研究：植物功能群组成及多样性特征对水淹干扰的响应（孙慧珍等，2004）；退化羊草草原在浅耕翻处理后群落生产力与生活型功能群及生态功能群的关系（鲍雅静，2001）；内蒙古羊草草原群落刈割演替过程中的功能群组成动态。

3）植物功能群与全球气候变化

以气候变暖为标志的全球变化及其对人类生存环境的影响已经引起了科学家、各国政府与社会各界的广泛关注。由此引起的全球不同区域温度和降水的变化必将对全球陆地生态系统产生巨大的影响，而植被的变化又将通过植被与大气之间的物质（水和 CO_2 等）和能量交换来影响气候，从而加剧对全球变化的影响（翁恩生和周广胜，2005）。为此，国际地圈-生物圈计划的核心目标 GCTE（Global Change and Terrestrial Ecosystem）提出了研究和预测自然植被对环境变化响应的研究计划。

植物群落由物种组成，每一物种对环境的变化做出独立的响应，出于人力和物力的限制，不可能对每一物种建模研究，用功能群代替具体物种的方法被用于描述植物群落的构成。基于植物功能群的模型可以模拟不同环境下植被的变化进而可以用于与之相关的气候变化模型中。研究表明气候和功能群之间存在相关性，特别是在全球和生物圈尺度上，用植物功能群代替具体植物种用于全球变化研究是可行的。目前国外进行的研究大多处在对全球生态变化生态建模的尝试中，并且已经建立了几个全球和生物圈范围内的模型（杨晓慧，2007）。我国在这方面的研究起步较晚，一些学者就适用于全球变化研究的中国植物功能群划分作了相关的探讨（倪健，2001；翁恩生和周广胜，2005）。

综上所述，学者对植物功能群各方面研究开展了大量的工作，但最核心的问题仍在于决定植物功能群划分的植物特征的选择上，研究者的目的、研究尺度和解决问题的不同及对表征功能的植物特征选择的侧重点不同，造成最终功能群的划分也不同。这种不一致性在很大程度上阻碍了功能群的应用范围及研究问题的解决（如不同研究尺度的比较、模型的一般化、全球气候模型的建立）。因此，选择相对稳定的，在不同尺度上具有可比性的植物特征划分植物功能群是功能群研究亟待解决的问题。

6.1.3　植物热值研究的目的与意义

热值是指单位重量干物质在完全燃烧后所释放出来的热量值，是能量的尺度。植物群体是生态系统的能量固定者，是能量流的基础。热值是植物综合生长状态的一种体现。热值与干物质产量结合是评估生态系统初级生产力的重要指标。研究热值的变化对于提高生态系统生产力与改进系统能流输入、提高生态系统能量输出与效率是非常重要的。在生态系统的能流分析中掌握有关植物能值的知识至关重要。此外，植物热值也是评价植物营养成分及木材的燃烧性能的指标之一。

能量是生态学功能研究中的基本概念之一，能量及能流效率与过程是近代生态学研究的重要课题。绿色植物通过光合作用将太阳的辐射能量转化成能被其他生物利用的有机化合物，以营养物质的形式储藏在体内，供自身生命活动的消耗和个体生产及积累。能量的传输与转化是生命存在的物质基础，也是生态系统存在和发展的驱动力。植物热值是植物含能产品能量水平的一种度量，反映了绿色植物在光合作用中转化太阳能的能力，热值高低体现了植物的能量代谢水平，各种环境因子对植物生长的影响，可以从热值的变化上反映出来，热值是衡量植物体生命活动及组成成分的指标之一，可作为植物生长状况的一个有效指标。热值的研究是评价生态系统及其组分的能量固定、转化和利用效率的基础。在研究中准确得知物质的热值是实现能流分析的第一步。例如，在生态系统能流分析中，干物质生产仅仅是净初级生产的一个方面；另一方面是组成不同植物群落的物种的能量含量。

自弗朗西丝·朗（鲍雅静等，2006）于 20 世纪 30 年代首先较系统地开展了植物热值研究以来，对生态系统中各种物质的热值及其变化机制的研究日趋广泛。1961 年戈利（鲍雅静等，2004）测定了从热带雨林至极地泰加林主要植物群落中优势种类的平均热值。1969 年，他对热带雨林植物群落的能量进行了更深入研究。戈利的工作促进了对生物个体、种群和群落能量测定的普遍展开，不同类型生态系统及其组分的能量含量被不同作者报道（鲍雅静和李政海，2003；郭继勋和王若丹，2000；林承超，1999；孙国夫等，1993；由文辉和宋永昌，1995；于应文等，2000）。国外学者的研究主要集中在六七十年代，之后只有少量相关文献发表。研究者对包括农田、高山冻原、草地、热带雨林、林地和湿地等生态系统的植物热值进行了广泛研究（鲍雅静，2004）。我国学者关于植物热值的研究始于 80 年代，至今仍有许多相关文献发表（官丽莉等，2005；杨福囤和何海菊，1983；Lin and Cao，2008；高凯等，2012a，2012b，2012c；谭嫣辂等，2019；田苗等，2015；肖燕等，2020；柳雪梅和曾伟生，2019）。

大量研究显示，不同的种类或生态类群之间热值不同。对于同种植物，也具有季节和空间变异，热值随植物器官、光强度、日照时数、养分含量、季节和土壤类型而变化。Long 早在 1934 年就对植物热值测定在生物学研究中的应用前景进行了展望，他认为植物生活中两个重要的基本过程，即在群落中的竞争和个体对环境的适应，可以通过热值测定的方法进行更精确和客观的评价。热值是植物相对稳定的一个性质，同种植物的热值尽管会随植物部位的不同及光强、日照时数、养分含量、季节和土壤类型而发生变化，但这种变异幅度不足以掩盖植物的种间差异。

热值作为植物的一个生物学指标，与其他指标相比具有整合性，它直接反映植物对太阳能的转化效率，是生态系统中太阳能与所有生物组成之间的共同数值，可以在相对高的组织水平变成一个通用的量度；同时，也只有能量数据才能将不同生物学层次的动态变化联系起来，使生态系统的各组分联系起来，全面系统地反映群落的功能特征和太阳能的利用状况，使不同类型的生态系统具有可比性。

功能群的方法提出后被广泛用于各种生态系统的研究,在草地生态系统的研究中也得到了很大的应用,尤其是研究草地植物群落对各种干扰因素的响应方面。但是,由于植物功能群划分标准的不完善,在现实研究中带来了很大的不便。例如,现在的分类标准及由所选植物特征划分的功能群体系,在解决不同尺度研究的可比性方面,仍有待进一步完善。依据植物特征划分植物功能群,亟待解决的问题是选择相对稳定可以用于不同层次比较的植物特征。

热值是植物相对稳定的一个性质,同种植物的热值尽管会随植物部位的不同及光强、日照时数、养分含量、季节和土壤类型而发生变化,但这种变异幅度不足以掩盖植物的种间差异。热值作为植物的一个生物学指标,与其他指标相比具有整合性,它直接反映植物对太阳能的转化效率,是生态系统中太阳能与所有生物组成之间的共同数值,可以在相对高的组织水平变成一个通用的量度。同时,也只有能量数据才能将不同生物学层次的动态变化联系起来,使生态系统各组分的内在联系得以体现,全面系统地反映群落的功能特征和太阳能的利用状况,使不同类型的生态系统具有可比性。

本研究主要通过野外生态学调查,以植物热值测定为基础,以功能群方法为手段,建立内蒙古草原植物群落能量功能群的分类体系,分析草地放牧退化演替过程中能量功能群的结构和功能动态,阐明结构和功能的内在联系,探讨不同能量功能群在放牧退化演替过程中的消长变化,结合不同类型的草原生态系统(草甸草原、典型草原、荒漠草原)及其退化演替的空间梯度系列上群落能量现存量、平均热值的动态变化,研究退化演替过程中能量功能群的共性变化规律及其与系统功能衰退的关系,揭示草原退化演替的能量学机制。

6.2 锡林河流域草原植物热值与植物能量功能群的划分

6.2.1 锡林河流域退化系列样地设置与研究区概况

研究区域选择在中国温带半干旱草原中具有代表性的内蒙古草原,位于锡林河流域(东经 115°32′~117°12′,北纬 43°26′~44°39′)中游,紧临中国科学院内蒙古草原生态系统定位研究站(IMGERS),该区域属于内蒙古高原典型草原带。该区域地处国际地圈-生物圈计划(IGBP)全球变化研究中国东北陆地样带(NECT)之内,区域内草原原始面貌保存较好,在中国温带草原区乃至整个欧亚大陆草原区都具有典型性与代表性，是中国典型草原带最具代表性和保护较好的地段之一，以多年生和一年生禾草占优势，形成典型草原景观，近几十年，该流域的超载过牧，已经导致草原严重退化。锡林河流域属典型大陆性半干旱温带草原气候，冬天寒冷干燥，夏季温暖湿润，年均温-0.4℃，月最低温（1月）及月最高温（7月）分别为-21.6℃和18.8℃，每年有5个月（5～9月）均温≥5℃。年降水量350mm，其中60%～80%集中在6～8月。年潜在蒸发量1700mm，是年降水量的4～5倍。

本项研究在该流域中游25km²范围内选取了3个草原群落类型（羊草-贝加尔针茅草甸草原、羊草典型草原、大针茅典型草原），其中，羊草（*Leymus chinensis*）草原和大针茅（*Stipa grandis*）草原是锡林河中游代表群系，是典型草原的主体，土壤类型分别为暗栗钙土与典型栗钙土。本项研究的羊草-贝加尔针茅草甸草原是介于草甸草原和典型草原之间的过渡类型，是一种相对湿润的草原类型，土壤类型属黑钙土，由于所选择的各采样点在地形地势、植物区系组成、土壤类型与理化性状等方面都有所差异，是温带半干旱草原中典型的几个生态亚区，因此研究结果在试验区域内具有一定的代表性。在3个草原类型内分别选取1个退化梯度系列，每个梯度包括4个不同退化程度的样地（未退化、轻度退化、中度退化、重度退化），共12个样地，样地基本情况见表6-1。

于2002年7月底至8月初在上述12个样地，分种采集植物地上部分，齐地面剪割，尽可能地采集到样地内出现的所有物种。将上述所采集的植物样品用80℃的烘箱烘干至恒重，粉碎处理后，用Parr1281型氧弹式热量计进行热值测定。本研究所分析测定的热值均为干重热值。计算每种植物多个样地取样测定的平均热值，在此基础上进行植物能量功能群的划分。

6.2.2 锡林河流域退化系列样地草原植物热值

内蒙古锡林河流域草原群落12个样地共采集到243个植物样品，共19科、42属、60种。如图6-1所示，所有物种平均热值为（17.29±0.91）kJ/g，变异系数5.4%，其中，一年生杂草猪毛菜（*Salsola collina*）的热值［（13.12±1.09）kJ/g］明显低于其他种，其他物种的热值从（15.65±0.55）kJ/g（刺穗藜 *Chenopodium aristatum*）到（18.82±0.39）kJ/g（小叶锦鸡儿 *Caragana microphylla*），呈现峰值为17.50kJ/g的正态分布。

6.2.3 草原植物能量功能群的划分

植物功能群是近年来生态学的一个重要研究内容，研究团队的鲍雅静教授首

表6-1 内蒙古锡林河流域3个草原类型4个退化梯度的12个样地的基本情况

样地名	原生群落类型	土壤类型	退化强度	地理坐标	海拔/m	土地利用类型	优势种	地上生物量/(g/m²)
羊草样地 Leymus chinens plot	羊草典型草原 L. chinensis typical steppe	暗栗钙土 Dark chestnut soil	UD	北纬 43°33′02.4″ 东经 116°40′30.0″	1277	围封22年样地 Enclosed grassland for 22 years	羊草 L. chinensis 羽茅 Achnatherum sibiricum 大针茅 Stipa grandis	179.16±27.91
			LD	北纬 43°33′18.9″ 东经 116°40′26.7″	1258	围封轮牧样地 Enclosed and seasonal grazed	大针茅 S. grandis 糙隐子草 Cleistogenes squarrosa 羽茅 A. sibiricum	195.48±26.47
			MD	北纬 43°34′01.0″ 东经 116°40′40.1″	1238	中度放牧 Medium-grazed	大针茅 S. grandis 糙隐子草 C. squarrosa 星毛委陵菜 Potentilla acaulis	106.80±20.93
			HD	北纬 43°34′27.4″ 东经 116°41′17.0″	1239	重度放牧 Heavily-grazed	星毛委陵菜 P. acaulis 糙隐子草 C. squarrosa 大针茅 S. grandis	55.39±17.13
大针茅样地 Stipa grandis plot	大针茅典型草原 S. grandis typical steppe	典型栗钙土 Typical chest-nut soil	UD	北纬 43°32′24.5″ 东经 116°33′19.6″	1193	围封22年样地 Enclosed grassland for 22 years	大针茅 S. grandis 羊草 L. chinensis 黄囊薹草 Carex korshinskyi	137.52±27.65
			LD	北纬 43°33′59.3″ 东经 116°36′05.6″	1225	围封割草场 Enclosed and harvest grassland	大针茅 S. grandis 糙隐子草 C. squarrosa 羊草 L. chinensis	93.18±12.42

| 165 |

续表

样地名	原生群落类型	土壤类型	退化强度	地理坐标	海拔/m	土地利用类型	优势种	地上生物量/(g/m²)
			MD	北纬 43°34′05.4″ 东经 116°36′16.0″	1225	中度放牧 Medium grazing	糙隐子草 C. squarrosa 大针茅 S. grandis 星毛委陵菜 P. acaulis	95.07±25.73
			HD	北纬 43°33′09.2″ 东经 116°33′16.8″	1180	重度放牧 Heavily grazing	糙隐子草 C. squarrosa 大针茅 S. grandis 猪毛菜 Salsola nitraria	64.19±9.96
砧子山样地 Zhanzi Shan plot	羊草草甸草原 L. chinensis meadow steppe	暗栗钙土 Dark chestnut soil	UD	北纬 43°27′47.7″ 东经 116°38′18.9″	1288	围封打草场 Enclosed grassland	羊草 L. chinensis 山葱 Allium senescens 大针茅 S. grandis	148.66±16.6
			LD	北纬 43°27′06.9″ 东经 116°38′59.6″	1294	轻度放牧 Lightly grazed	羊草 L. chinensis 糙隐子草 C. squarrosa 冷蒿 A. frigida	94.14±6.12
			MD	北纬 43°26′41.5″ 东经 116°39′21.6″	1285	中度放牧 Medium grazed	糙隐子草 C. squarrosa 羊草 L. chinensis 冷蒿 A. frigida	76.77±13.94
			HD	北纬 43°25′40.7″ 东经 116°40′18.3″	1272	重度放牧 Heavily grazed	冷蒿 Atemisia frigida 星毛委陵菜 P. acaulis 寸草苔 Carex duriuscula	65.01±8.02

注：UD. 未退化群落；LD. 轻度退化群落；MD. 中度退化群落；HD. 重度退化群落。地上生物量用平均值±标准差表示。

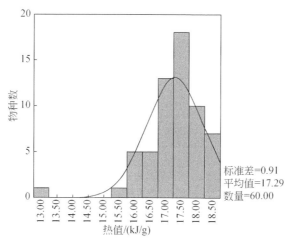

图 6-1　内蒙古锡林河流域草原植物种热值频率分布图

次提出了植物能量功能群的概念，建立了植物能量功能群的分类体系。研究工作中给出的植物能量功能群定义为：依据植物的能量属性，即单位干物质热值的高低所划分的功能类群，在草原生态系统中，同一能量功能群内的植物种类通常具有相近的群落学作用（如高大建群与优势禾草植物多属于高能值植物功能群，而低能值植物功能群则多是一年生、二年生植物与一些偶见成分，对外部干扰（如放牧与割草干扰）具有相似的反应。

在对研究区内各种群落内 60 种植物热值的分布规律进行研究的基础上（图 6-1），采用人为的分段方法进行能量功能群的划分（表 6-2）。划分标准为：高能值植物功能群（热值>18.00kJ/g），共有 12 种，包括灌木小叶锦鸡儿，3 种优势高禾草（羊草 *Leymus chinensis*、大针茅 *Stipa grandis* 和羽茅 *Achnatherum sibiricum*）和一些有毒植物（乳浆大戟 *Euphorbia esula*、披针叶黄华 *Thermopsis lanceolata*、狼毒 *Stellea chamaejasme*），中能值植物功能群（18.00kJ/g>热值>17.00kJ/g），共有 28 种，包括半灌木冷蒿（*Artemisia frigida*），大多数多年生杂类草（长柱沙参 *Adenophora stenanthina*、变蒿 *Artemisia commutata*、阿尔泰狗娃花 *Heteropappus altaicus*、麻花头 *Serratula centauroides*、矮葱 *Allium anisopodium*、山葱 *Allium senescens* 等）和几种矮禾草（冰草 *Agropyron cristatum*、洽草 *Koeleria cristata*、糙隐子草 *Cleistogenes squarrosa*、旱熟禾 *Poa attenuata*），低能值植物功能群（热值<17.00kJ/g），共有 20 种，包括部分多年生杂类草（旱麦瓶草 *Silene jenisseensis*、细叶鸢尾 *Iris tenuifolia*、黄花葱 *Allium condensatum*、细叶葱 *Allium tenuissimum*、菊叶委陵菜 *Potentilla tanacetifolia*、星毛委陵菜 *Potentilla acaulis* 等）和多数一年生杂类草（鹤虱 *Lappula echinat*、王不留行 *Vaccaria segetali*、刺穗藜 *Chenopodium aristatum*、灰绿藜 *Chenopodium glaucum*、猪毛菜 *Salsola collina*）。

表 6-2　锡林河流域草原群落主要植物种的热值及其能量功能群划分

科	属	拉丁名	生活型	能量功能群	热值 /（kJ/g）	n
紫草科 Boraginaceae	鹤虱	*Lappula echinata*	A	L	16.99	1
桔梗科 Campanulaceae	长柱沙参	*Adenophora stenanthina*	PF	M	17.88±0.17	3
	皱叶沙参	*Adenophora crispata*	PF	M	17.67	1
石竹科 Caryophyllaceae	旱麦瓶草	*Silene jenisseensis*	PF	L	16.54±0.37	4
	石竹	*Dianthus chinensis*	PF	L	16.16	1
	王不留行	*Vaccaria segetali*	A	L	16.01	1
藜科 Chenopodiaceae	刺藜	*Chenopodium aristatum*	A	L	15.65±0.55	5
	灰绿藜	*Chenopodium glaucum*	A	L	16.45	1
	木地肤	*Kochia prostrate*	SS	L	16.79±0.06	3
	猪毛菜	*Salsola collina*	A	L	13.12±1.09	10
菊科 Compositae	变蒿	*Artemisia commutata*	PF	M	17.62	1
	大籽蒿	*Artemisia sieversiana*	A	H	18.12	1
	风毛菊	*Saussurea japonica*	A	M	17.10±0.18	2
	阿尔泰狗娃花	*Heteropappus altaicus*	PF	M	17.47±0.80	3
	红足蒿	*Artemisia rubripes*	PF	L	16.81	1
	火绒草	*Leontopodium leontopodioides*	PF	M	17.44±0.67	2
	苦荬菜	*Ixeris denticulata*	PF	M	17.54	1
	冷蒿	*Artemisia frigida*	SS	M	17.45±0.73	10
	麻花头	*Serratula centauroide*	PF	M	17.02±0.71	4
	南牡蒿	*Artemisia eriopoda*	PF	M	17.28	1
	线叶菊	*Fififolium sibiricum*	PF	M	17.65±0.52	4
	裂叶蒿	*Artemisia tanacetifolia*	PF	M	17.309±0.48	2
莎草科 Cyperaceae	黄囊薹草	*Carex korshinskyi*	PG	M	17.84±0.38	12
川续断科 Dipsacaceae	华北兰盆花	*Scabiosa tschiliensis Grunning*	PF	M	17.25±0.39	2
大戟科 Euphorbiaceae	乳浆大戟	*Euphorbia esula*	PF	H	18.74±0.37	2
禾本科 Gramineae	冰草	*Agropyron cristatum*	PG	M	17.72±0.49	12
	糙隐子草	*Cleistogenes squarrosa*	PG	M	17.74±0.44	12
	洽草	*Koeleria cristata*	PG	M	17.40±0.84	10
	羊草	*Leymus chinensis*	PG	H	18.42±0.27	12
	羽茅	*Achnatherum sibiricum*	PG	H	18.26±0.10	3

续表

科	属	拉丁名	生活型	能量功能群	热值 /(kJ/g)	n
禾本科 Gramineae	渐狭早熟禾	*Poa attenuata*	PG	M	17.40±0.60	3
	大针茅	*Stipa grandis*	PG	H	18.25±0.37	12
鸢尾科 Iridaceae	细叶鸢尾	*Iris tenuifolia*	PF	L	16.41±0.86	4
	囊花鸢尾	*Iris ventricosa*	PF	L	16.90±0.37	2
唇形科 Labiatae	并头黄芩	*Scutellaria scordifolia*	PF	H	18.07	1
豆科 Leguminosae	扁蓿豆	*Pocokia ruthenica*	PF	M	17.63±0.56	7
	直立黄芪	*Astragalus adsurgens*	PF	M	17.35±0.19	2
	小叶锦鸡儿	*Caragana microphylla*	S	H	18.81±0.39	2
	披针叶黄华	*Thermopsis lanceolata*	PF	H	18.12±1.21	4
	乳白花黄芪	*Astragalus galactites*	PF	M	17.47±1.04	3
百合科 Liliaceae	矮葱	*Allium anisopodium*	PF	M	17.97	1
	黄花葱	*Allium condensatum*	PF	L	16.05	1
	山葱	*Allium senescens*	PF	M	17.34±0.22	3
	双齿葱	*Allium bidentatum*	PF	H	18.30	1
	细叶葱	*Allium tenuissimum*	PF	L	16.78±1.59	5
	野韭	*Allium ramosum*	PF	M	17.42±0.48	3
	知母	*Anemarrhena asphodeloides*	PF	M	17.29	1
毛茛科 Ranunculaceae	细叶白头翁	*Pulsatilla turczaninovii*	PF	L	15.72±2.05	3
	瓣蕊唐松草	*Thalictrum petaloideum*	PF	L	16.99±0.59	4
	展枝唐松草	*Thalictrum sqmuarrosu*	PF	M	17.93	1
蔷薇科 Rosaceae	二裂委陵菜	*Potentilla bifurca*	PF	M	17.12±0.58	9
	伏毛山莓草	*Sibbaldia adpressa*	PF	L	15.92±0.88	3
	菊叶委陵菜	*Potentilla tanacetifolia*	PF	L	16.65±0.90	9
	轮叶委陵菜	*Potentilla virticillaris*	PF	L	16.86±0.50	5
	星毛委陵菜	*Potentilla acaulis*	PF	L	16256±975	10
玄参科 Scrophulariaceae	柳穿鱼	*Linaria vulgaris*	PF	M	17.10	1
	芯芭	*Cymbaria dahurica*	PF	L	16.71±0.35	3
瑞香科 Thymelaeaceae	狼毒	*Stellea chamaejasme*	PF	H	18.29±0.55	5
伞形科 Umbelliferae	狭叶柴胡	*Bupleurum scorzonerifolium*	PF	H	18.38±0.25	3
	防风	*Saposhnikovia divaricata*	PF	H	18.19±0.24	5

注: S、SS、PF、PG、A 分别代表灌木、半灌木、多年生杂草、多年生禾草和一二年生植物。热值以平均值±标准差表示,n 代表取样数。H、M、L 分别代表高能值植物功能群、中能值植物功能群和低能值植物功能群

　　有研究表明，植物热值与植物的群落学作用有一定内在联系，在原生草原群落中高能值植物通常更具竞争力，往往占据优势地位，而低能值植物的竞争力常较弱，构成草原群落的伴生种或偶见种（鲍雅静等，2007）。在本项研究中，几个草原类型的原生群落建群种，如羊草、大针茅、贝加尔针茅等均属于高能值植物功能群，而大部分一年生、二年生植物均属于低能值植物功能群。如图6-2所示，在未受干扰的原生羊草草原群落中，不同植物功能类群在系统中的群落学作用表现出依次降低的规律，即群落中的绝大多数建群植物或优势植物属于高能值植物功能群，群落的伴生成分主要属于中能值植物功能群，而偶见成分则主要由低能值植物功能群的植物组成。基于植物热值的能量功能群分类，可以综合地反映植物生理生态过程的不同，进而可以部分地解释随环境梯度和人类活动强度的变化所导致的植物功能群组成的变化，以及不同物种的竞争与共存机制，进而更为准确地反映不同植物群体在草原生态系统中的功能地位，揭示功能群与气候波动及全球变化的内在关系。

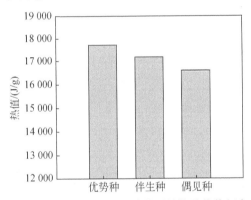

图6-2　内蒙古锡林河流域草原植物种热值频率

　　通过充分发挥能量指标在不同等级层次与类型之间具有良好可比性的优势，可以保证顺利地开展能量功能群与退化过程中系统功能互动关系的研究，并极大地促进草原退化机制与整体动态变化规律的定量化研究，使人们从更深的层次上认识草原群落的退化演替及其共性规律。

　　目前这种功能群划分方法面临的主要问题是热值的种内变异性，热值会随着植物的取样部位、取样季节和外界环境条件而发生变化，上述因素的变化均会对植物的能量功能群归属造成一定影响。因此，在划分能量功能群时，取样时间、取样部位、取样时的环境条件的确定就至关重要，采用多次取样的平均值是十分必要的。此外，关于能量功能群的分类方法，也是需要进一步探讨的问题，这里采取了在研究植物热值分布范围的基础上，采用人为分段的方法，把功能群分为大于18kJ/g，17～18kJ/g和小于17kJ/g三段，还有研究者也曾经尝试利用计算机聚类的方法进行功能群的分段，但是该种方法更多地依赖于样本数的大小，样本数不同，划分的标准就不同，显然更不利于植物的归类。相对而言，机械的分段，基本可以反映某种植物的能量属性，同时也利于新出现植物的归类，更有利于下一步的推广应用。能量功能群作为一种探索性的功能群划分方法，还有很多地方需要完善，但是其在揭示植物在群落中的功能作用、反映群落的能量属性方面的优势已经显现。

6.2.4　草原植物能量功能群与草原生态系统功能退化的耦变关系

在锡林河流域典型草原区内，在三个草原类型（贝加尔针茅+羊草草甸草原群落、羊草+大针茅典型草原群落和大针茅+羊草典型草原群落）发生从原生草原群落到严重退化群落的演替过程中，随着群落结构的受损和功能的衰退，群落的建群植物类群会发生高能值植物功能群经过中能值植物功能群，最后被低能值植物功能群所取代的现象（图6-3），即生态系统水平的功能变化与功能群的替变之间存在规律性耦合现象。

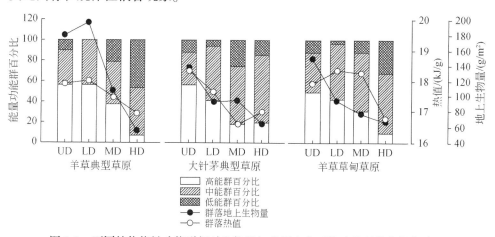

图6-3　不同植物能量功能群相对生物量与草原生态系统功能退化的耦合关系

6.3　不同草原地带植物热值与植物能量
功能群变化规律

6.3.1　不同草原地带研究区概况

在内蒙古境内不同气候区选取三种草原类型作为研究样地。草甸草原样地设在西乌珠穆沁旗；典型草原样地设在克什克腾旗西部的达里诺尔自然保护区境内；荒漠草原样地位于四子王旗王府一队。

1. 草甸草原样地概况

试验地属温带半干旱大陆性气候，四季气候特点是：春季干旱大风多，夏季短而多雷阵雨，秋季凉爽而霜冻早，冬季严寒而漫长。日平均气温≥0℃，年平均气温 1℃，1 月平均气温 –19.5℃，7 月平均气温 19.5℃，极端最低气温 –37.5℃，极端最高气温 37℃。降水分布不均匀，年降水量平均为 400mm 左右，多集中在 7 月、8 月两个月份，年平均风速 4.3m/s，以西北风为主，大风日数平均 72d，无霜期为 106d，年日照时数平均为 2894h，年日照百分率为 67%。土壤为暗栗钙土。

试验地植物种类丰富，组成草地常见植物种有 100 多种，植被组成以羊草（*Leymus chinensis*）、贝加尔针茅（*Stipa baicalensis*）占优势，主要伴生种有线叶菊（*Spiraca salicifolia*）、地榆（*Sanguisorba officinalis*）、长柱沙参（*Adenophora stenathina*）、糙隐子草（*Cleistogenes squarrosa*）、薹草（*Carex dispalata*）、石竹（*Dianthus chinensis*）等。群落盖度 75%～80%，草层平均高度 13cm。

2. 典型草原样地概况

试验地地处内蒙古平原，地貌主要由玄武岩台地、风沙地貌、湖泊地貌和河流 4 种类型所组成。气候属于中温型大陆性气候，具有高原寒暑剧变特点，昼夜温差大，年平均气温为 1～2℃，≥10℃积温 1300～1700℃。最大冻土厚度达 191cm。年降水量 350mm 左右，气候干燥。日照时间长，太阳辐射强，年日照时数 2700～2900h，年太阳总辐射量为 $57×10^4$～$58×10^4$ J/cm² 。该区风沙大，热能及风能资源丰富，无霜期为 60～80d，植物生长期 4～9 月。土壤类型为暗栗钙土。降水是水资源的主要补给来源。

试验地草地类型为羊草+大针茅+糙隐子草，植物种类丰富，建群种为羊草，优势种为大针茅（*Stipa grandis*）、糙隐子草，主要伴生种为冷蒿（*Artemisia frigida*）、星毛委陵菜（*Patentilla acaulis*）等。

3. 荒漠草原样地概况

试验地位于内蒙古自治区乌兰察布市四子王旗王府一队，海拔 1450m。属于典型的大陆性气候，春季干旱多风，夏季炎热，≥10℃ 的年积温为 2200～2500℃，年均降水量 280mm，湿润度 0.15～0.3，降水量主要集中在 5～8 月，月平均温度最高月为 6～8 月 3 个月，年均气温 21.5℃、24.0℃、23.5℃；无霜期

175d。土壤为淡栗钙土，土壤有机碳含量为 1.3%，全氮含量为 0.13%。土壤微生物有好气性细菌、放线菌和霉菌等。

试验地草地类型为短花针茅+冷蒿+无芒隐子草荒漠草原，植被草层低矮，一般为 8cm，且植被较稀疏，盖度为 17%~20%，种类组成较贫乏，植物群落由 20 多种植物组成。建群种为短花针茅（*Stipa breviflora*），优势种为冷蒿、无芒隐子草（*Cleistogenes songorica*）。主要伴生种有阿氏旋花（*Convolvulus ammannii*）、阿尔泰狗娃花（*Heteropappus altaicus*）、栉叶蒿（*Neopallasia pectinata*）、木地肤（*Kochia prostrata*）、狭叶锦鸡儿、羊草。

4. 样地设置与植物群落调查

采用时空替换法，即利用空间的变化来代替时间的变换，用空间上不同草地放牧退化程度来研究草地在时间上的退化序列。草原群落随放牧强度的变化，最明显地表现在居民点或家畜饮水点周围相继分布的环带状草地退化上，即由此向外辐射，沿半径方向构成草原群落的放牧强度梯度，据此我们在每种草原类型以牧户作为中心，通过调查和实地考察，依据植被状况划定各放牧强度，距牧户最近处为重度放牧区，沿牲畜采食的主要路线向外延伸依次划分为中度放牧区、轻度放牧区，人畜不易到达的、与原生植被接近的区域作为无牧区（对照区）。考虑到要达到较为准确地区分群落的变异性和空间格局的目的，本次试验对每种草原类型设置 3 个重复样地，即每种草原类型选取三家牧户作为研究样地，各样地情况见表 6-3。2006 年于植物生长旺季（8 月），选取草甸草原和典型草原三个研究样地中的一个做群落学调查，草甸草原和典型草原都选取样地 1（表 6-3）作为调查样地。荒漠草原 3 个样地都做群落学调查。在选取的样地内沿由轻到重的放牧梯度采用随机的方法，在每个退化梯度内分别做 1m×1m 样方 3 个（典型草原每个梯度做 5 个样方），对照区也做相应数量的样方，测定样方内各种植物的高度、盖度、密度、鲜重及干重。

表 6-3　样地位置

样地		地理位置		
		草甸草原	典型草原	荒漠草原
样地 1	N	44°28.717′	43°27.330′	41°46.409′
	E	118°00.869′	116°38.042′	111°50.451′
样地 2	N	44°28.074′	43°33.261′	41°50.098′
	E	117°59.434′	116°40.506′	111°56.172′
样地 3	N	44°29.089′	43°32.551′	41°46.022′
	E	117°59.118′	116°33.247′	112°01.585′

5. 植物热值的测定

2006年8月在草甸草原、典型草原、荒漠草原各样地内，沿由轻到重的放牧梯度，采用随机取样的方法，分种采集植物地上部分，尽可能采集到每个梯度内所出现的植物种，样品分样地、分梯度、分种包装，带回实验室60℃烘干至恒重，用植物粉碎机粉碎，过40目分样筛，用于热值测定。热值测定采用美国生产的Parr6300量热仪。

6.3.2 不同草原地带植物热值特征

对于放牧干扰的天然草原群落，不同植物种群的单位重量含能值，即热值是不同的。表6-4是内蒙古境内三种草原类型各退化梯度内所采集到的128种植物的含灰分热值（以下简称热值）测定结果，由表6-4可知，热值的平均值变化范围为11.4391～19.7135kJ/g，所有植物种热值的平均值为17.0571kJ/g。采用生活型功能群的分类方法将所有植物分为禾草、灌木、小半灌木、多年生杂类草和一年生、二年生杂类草。分析结果显示禾草类植物热值相对较高，平均热值为17.3688kJ/g；灌木、半灌木类平均值为17.2696kJ/g；多年生杂类草数量较多，约占植物总数的72.3%，种之间的变异较大，平均值为17.1193kJ/g；一年生、二年生杂类草大部分植物热值偏低，如猪毛菜的热值仅为11.4391kJ/g，平均值为16.4815kJ/g。就各生活型平均热值比较而言，禾草>灌木、半灌木>多年生杂类草>一年生、二年生杂类草。

表6-4　内蒙古三种草原类型128种植物热值

序号	植物种	热值/(kJ/g)	生活型
1	裂叶荆芥 *Schizonepeta tenuifolia*	17.9902	一年生杂类草
2	射干鸢尾 *Iris dichotoma*	18.1021	多年生杂类草
3	蓬子菜 *Galium verum*	17.4148	多年生杂类草
4	瓣蕊唐松草 *Thalicdtrum petaloideum*	14.9640	多年生杂类草
5	野豌豆 *Vicia gigantea*	18.3788	多年生杂类草
6	地榆 *Sanguisorba officinalis*	18.1734	多年生杂类草
7	火绒草 *Leontopodium leontopodioides*	17.5827	多年生杂类草
8	狼毒 *Stellera chamaejasme*	17.7940	多年生杂类草
9	羊草 *Leymus chinensis*	18.4973	禾草
10	叉分蓼 *Polygonum divaricatum*	16.9931	多年生杂类草

续表

序号	植物种	热值/(kJ/g)	生活型
11	细叶葱 Alliun tenuissimus	16.5704	多年生杂类草
12	大委陵菜 Potentilla conferta	18.0702	多年生杂类草
13	柳穿鱼 Linaria vulgaris	6.9690	多年生杂类草
14	山葱 Allium senescens	17.5828	多年生杂类草
15	双齿葱 Allium bidentaum	16.9798	多年生杂类草
16	华北蓝盆花 Scabiosa tchiliensis	15.9133	多年生杂类草
17	阿尔泰狗娃花 Heteropappus altaicus	16.1605	多年生杂类草
18	黄蒿 Artemisia scoparia	17.8683	多年生杂类草
19	绣线菊 Spiraca salicifolia	18.5036	灌木
20	乌腺金丝桃 Hypericum attenuatum	17.3446	多年生杂类草
21	扁蓄豆 Melilotoides ruthenica	15.1817	多年生杂类草
22	直立黄芪 Astragalus adsurgens	16.1863	多年生杂类草
23	大针茅 Stipa grandis	18.6108	禾草
24	胡枝子 Lespedeze bicolor	17.1194	灌木
25	二裂委陵菜 Potentilla bifurca	15.6607	多年生杂类草
26	展枝唐松草 Thalictrum squarrosum	17.4621	多年生杂类草
27	知母 Anemarrnena asphodeloides	17.1921	多年生杂类草
28	石竹 Dianthus chinensis	16.7951	多年生杂类草
29	羽茅 Achnatherum sibiricum	17.1367	禾草
30	无芒隐子草 Bromus inermis	17.2806	禾草
31	冰草 Agropyron michnoi	16.3594	禾草
32	并头黄芩 Scutellaria scordifolia	16.1111	多年生杂类草
33	薹草 Carex dispalata	16.2761	禾草
34	麻花头 Serratula centauroides	16.7125	多年生杂类草
35	柴胡 Bupleurum chinense	18.0469	多年生杂类草
36	细叶婆婆纳 Veronica linariifolia	17.9607	多年生杂类草
37	长柱沙参 Adenophora stenathina	17.3941	多年生杂类草
38	羊茅 Festuca ovina	16.6353	禾草
39	菊叶委陵菜 Potentilla tamacetifolia	16.9963	多年生杂类草
40	轮叶委陵菜 Potentilla verticillaris	16.9239	多年生杂类草
41	百里香 Thymus monogoliens	18.3166	灌木
42	蒲公英 Taraxacum mongolicum	18.3333	多年生杂类草

序号	植物种	热值/(kJ/g)	生活型
43	小花花旗杆 *Dontostemon micranthus*	18.2752	一年生、二年生杂类草
44	多叶棘豆 *Oxytropis myriophylla*	16.7259	多年生杂类草
45	车前 *Plantago asiatiea*	19.7135	多年生杂类草
46	冷蒿 *Artemisia frigida*	17.0527	灌木
47	鹤虱 *Lappula myosotis*	16.1238	一年生、二年生杂类草
48	乳白华黄芪 *Astragalum galactites*	15.9130	多年生杂类草
49	灰绿藜 *Chenopodium glaucum*	14.6224	一年生在杂类草
50	裂叶蒿 *Artemisia tanacetifolia*	16.7338	多年生杂类草
51	马蔺 *Iris iactea*	16.5982	多年生杂类草
52	老鹳草 *Geranium wilfordii*	17.5327	多年生杂类草
53	乳浆大戟 *Euphoribia chanaejasme*	17.3175	多年生杂类草
54	瓦松 *Orostachys cartilagines*	18.4524	二年生杂类草
55	线叶菊 *Filifolium sibiricum*	18.3031	多年生杂类草
56	王不留行 *Vaccaria segetalis*	17.9386	一年生杂类草
57	芯芭 *Cymbaria dahuric*	17.3715	多年生杂类草
58	草木樨状黄芪 *Astragalus melilotoides*	17.9152	多年生杂类草
59	洽草 *Koeleria cristata*	18.1601	禾草
60	翠雀 *Delphinium grandiflorum*	16.0749	多年生杂类草
61	三出叶委陵菜 *Potentilla betonicaefolia*	17.6173	多年生杂类草
62	小花棘豆 *Oxytropis glabra*	17.6843	多年生杂类草
63	防风 *Saposhnikovia divaricata*	18.4560	多年生杂类草
64	木地肤 *Kochia prostrata*	16.0248	灌木
65	日阴菅 *Canex pediformis*	17.1000	多年生杂类草
66	麦瓶草 *Silene jenisseensis*	17.1577	多年生杂类草
67	变蒿 *Artemisia commutata*	17.7906	多年生杂类草
68	小叶锦鸡儿 *Caragana microphylla*	18.1609	灌木
69	旋复花 *Inula britanica*	16.9859	多年生杂类草
70	野亚麻 *Linum stelleroides*	17.9741	一年生、二年生杂类草
71	铁杆蒿 *Artemisia sacrorum*	17.4852	灌木
72	披针叶黄华 *Thermopsis lanceelata*	18.4964	多年生杂类草
73	刺穗藜 *Chenopodium aristatum*	12.5759	一年生杂类草
74	野韭 *Allium ramosum*	16.8292	多年生杂类草

序号	植物种	热值/（kJ/g）	生活型
75	拂子茅 Calamagrostis epigejos	17.5331	禾草
76	无芒雀麦 Bromus inermis	17.3153	禾草
77	星毛委陵菜 Patentilla acaulis	16.6103	多年生杂类草
78	灰白委陵菜 Potentilla anserine	16.5273	多年生杂类草
79	牻牛儿苗 Erodium stephanianum	16.2474	二年生杂类草
80	蚊子草 Filipendula palmate	17.6593	多年生杂类草
81	龙牙草 Agrimonia pilosa	17.1284	多年生杂类草
82	白头翁 Pulsatilla chinensis	16.3695	多年生杂类草
83	翼茎风毛菊 Saussurea japonica	17.1617	二年生杂类草
84	蒙古葱 Allium mongolicum	16.1107	多年生杂类草
85	宽叶独行菜 Lepidium latifolium	16.2221	多年生杂类草
86	播娘蒿 Descurainia sophia	17.9571	一年生、二年生杂类草
87	马齿苋 Portulaca oleracea	15.2202	一年生杂类草
88	萹蓄 Polygonum avicculare	17.3068	一年生杂类草
89	鹅绒委陵菜 Potentilla anserina	16.7274	多年生杂类草
90	皱叶沙参 Adenophora stenanthina	17.9957	多年生杂类草
91	燥原荠 Ptilotrichum canesceni	15.8555	灌木
92	细叶蓼 Polygonum angustifolium	16.8274	多年生杂类草
93	异燕麦 Helictorichon schellianum	17.4193	禾草
94	狗舌草 Tephroseris kirilowii	16.7650	多年生杂类草
95	紫菀 Aster tataricus	17.1351	多年生杂类草
96	细叶鸢尾 Iris tenuifolia	17.0130	多年生杂类草
97	地蔷薇 Chamaerhodos erecta	15.8164	一年生、二年生杂类草
98	黄花菜 Hemerocallis citrina	18.0122	多年生杂类草
99	甘草 Glycyrrhiza uracensis	18.7846	多年生杂类草
100	草芸香 Haplophyllrm dauricum	18.1013	多年生杂类草
101	黄花葱 Allium condensatum	16.7707	多年生杂类草
102	鸦葱 Scorzonera austriaca	17.8720	多年生杂类草
103	猪毛菜 Salsola collina	11.4391	一年生杂类草
104	白山蓟 Olgaea leucophylla	15.9079	多年生杂类草
105	苦荬菜 Ixeris denticulata	17.0089	一年生、二年生杂类草
106	芨芨草 Achnatherum splendens	18.1367	禾草

序号	植物种	热值/(kJ/g)	生活型
107	大籽蒿 *Artemisia sieversiana*	17.5327	一年生、二年生杂类草
108	升麻 *Cimicifuga dahurica*	17.3175	多年生杂类草
109	糙苏 *Phlomis umbrosa*	16.3987	多年生杂类草
110	华北岩黄芪 *Astragalus melilotoides*	17.4971	多年生杂类草
111	全缘橐吾 *Ligularia monogolica*	16.0749	多年生杂类草
112	远志 *Polygala tenuifolia*	19.1890	多年生杂类草
113	迷果芹 *Spnallerocarpus gracilis*	17.4177	一年生、二年生杂类草
114	婆婆纳 *Veronica didyma*	18.1684	一年生杂类草
115	细裂白头翁 *Pulsatilla turczaninovii*	17.1000	多年生杂类草
116	贝加尔针茅 *Stipa baicalensis*	18.1492	禾草
117	虫实 *Corispermum didyma*	14.2926	一年生杂类草
118	栉叶蒿 *Neopallasia pectinata*	16.5904	一年生、二年生杂类草
119	短花针茅 *Stipa breviflora*	17.6716	禾草
120	狭叶锦鸡 *Caragana stenophylla*	17.8136	灌木
121	阿氏旋花 *Convolvulus ammannii*	15.4726	多年生杂类草
122	糙隐子草 *Cleistogenes squarrosa*	15.9689	禾草
123	糙叶黄芪 *Astragalus scaberrimus*	15.1831	多年生杂类草
124	驼绒藜 *Ceratoides lateens*	16.3637	灌木
125	天门冬 *Asparagus dauricus*	16.8582	多年生杂类草
126	冬青叶兔唇花 *Lagochilus ilicifolius*	15.7798	多年生杂类草
127	狗尾草 *Setaria viridis*	16.7508	禾草
128	草地早熟禾 *Poa pratensis*	17.5591	禾草

6.3.3 不同放牧梯度植物热值的变异

对于放牧干扰的天然草原群落，不同植物种群的单位重量含能值，即热值是不同的。不同放牧强度干扰下，群落中的植物热值受到一定的影响，但不同植物的变化规律不同。表6-5～表6-7分析了不同放牧强度对三种不同气候区草原群落常见植物热值的影响。草甸草原植物种类丰富（表6-5），植物热值对放牧干扰的响应规律各异，但随放牧的加剧，大部分植物热值变化规律表现为先增加后降低，各放牧梯度热值变化幅度较小，除长柱沙参外，各梯度间植物热值不存在显著差异（$p>0.05$）。

表 6-5　草甸草原不同退化梯度植物热值的变异　　（单位：kJ/g）

植物种	对照区	轻牧区	中牧区	重牧区
裂叶荆芥	17.06±0.36	17.18±0.19	17.12±0.26	17.07±0.29
瓣蕊唐松草	17.50±0.09	17.38±0.03	17.07±0.20	17.12±0.09
地榆	17.27±0.45	16.69±0.43	16.70±0.16	16.93±0.13
羊草	17.96±0.02	17.92±0.15	18.10±0.09	18.05±0.12
蓝盆花	16.68±0.54	17.58±0.24	17.12±0.40	17.25±0.20
扁蓄豆	18.12±0.03	17.94±0.13	18.09±0.06	17.69±0.42
直立黄芪	17.81±0.01	17.60±0.08	17.62±0.08	17.54±0.18
贝加尔针茅	17.96±0.23	17.90±0.13	18.16±0.26	18.11±0.14
二裂委陵菜	16.89±0.01	16.79±0.08	16.74±0.01	16.72±0.26
石竹	17.58±0.04	17.46±0.13	17.43±0.04	17.42±0.18
羽茅	17.76±0.23	17.75±0.16	18.00±0.08	18.10±0.10
无芒隐子草	17.95±0.09	17.78±0.08	18.06±0.03	18.07±0.06
并头黄芩	18.03±0.07	17.28±0.06	17.25±0.09	17.18±0.43
苔草	17.62±0.08	17.52±0.08	17.63±0.21	17.37±0.27
麻花头	16.89±0.31	16.46±0.04	16.33±0.37	16.84±0.14
长柱沙参	17.92±0.17a	17.26±0.28ab	16.86±0.08b	17.45±0.01ab
多叶棘豆	17.78±0.30	17.22±0.14	17.09±0.01	17.10±0.22

注：$p=0.05$。不同小写字母表示各处理之间存在显著差异。下同

表 6-6　典型草原不同退化梯度植物热值的变异　　（单位：kJ/g）

植物种	对照区	轻牧区	中牧区	重牧区
羊草	18.61±0.16	18.45±0.21	18.62±0.20	18.28±0.18
糙隐子草	18.15±0.03	18.09±0.16	17.99±0.04	18.04±0.04
大针茅	18.07±0.28	18.59±0.22	18.78±0.26	18.60±0.05
冷蒿	18.07±0.28	17.94±0.27	17.87±0.22	17.53±0.25
二裂委陵菜	17.29±0.08a	17.11±0.22a	16.93±0.02ab	16.52±0.17b
瓣蕊唐松草	17.49±0.25	17.31±0.37	17.76±0.29	17.17±0.38

注：$p=0.05$

表 6-7　荒漠草原不同退化梯度植物热值变异　　（单位：kJ/g）

植物种	对照区	轻牧区	中牧区	重牧区
短花针茅	16.88±0.46	16.99±0.24	17.53±0.01	16.96±0.55
冷蒿	15.98±0.11	15.57±0.57	15.24±0.56	15.50±1.81
阿氏旋花	15.09±1.78	15.84±0.73	16.03±0.92	14.73±0.68
木地肤	14.69±0.26	14.70±0.09	13.88±0.67	14.90±0.67
刺穗藜	12.94±0.15	13.14±0.50	12.34±1.13	12.79±0.10
栉叶蒿	16.85±0.10	16.73±0.24	15.97±0.74	15.13±1.51
猪毛菜	11.38±0.70ab	10.82±0.07ab	11.96±0.16a	10.39±0.27b

注：$p = 0.05$

典型草原样地中（表 6-6），羊草、大针茅、瓣蕊唐松草在中牧区具有较大的热值，糙隐子草、冷蒿、二裂委陵菜最大值分布在对照区，所有植物热值在重牧区均有不同程度的降低，大部分植物热值在重牧区热值较小。二裂委陵菜对照区与重牧区热值存在显著差异（$p<0.05$），其他植物不同放牧区热值方差分析结果无差异。

荒漠草原样地（表 6-7），冷蒿和栉叶蒿热值随放牧的加强而下降，其他几种植物热值尽管变化各异，但大部分植物的热值在重牧区都有不同程度的降低。对各放牧区植物热值的方差分析结果显示：猪毛菜热值中牧区和重牧区存在显著差异（$p<0.05$），其他几种植物热值各牧区无差异（$p>0.05$）。

由此可以发现，放牧干扰对植物热值有一定的影响，但各放牧区之间，植物热值的变化范围较小，没有发生显著的差异，这反映出植物热值作为植物生物特性，在放牧干扰下具有一定的稳定性。

6.3.4　草原退化进程中植物能量功能群的变化规律

1. 植物能量功能群组成的变化规律

在该节的研究内容中，根据草甸草原、典型草原及荒漠草原样地内所出现的所有植物种平均热值的高低，应用逐步聚类分析过程（FASTCLUS），将三样地所调查的 128 种植物划分为 3 类植物功能群，其中热值大于 17.8000kJ/g 的植物组称为高能值植物功能群，共有植物 34 种，主要包括大针茅、贝加尔针茅、羊草等一些高大禾草和小叶锦鸡儿等灌木类；热值小于 16.7000kJ/g 的植物组称为低能值植物功能群，包括猪毛菜、扁蓄豆、苦荬菜、马齿苋、麻花头、蓝盆花等，这类植物多为一年生、二年生或多年生杂类草，有 42 种；热值为 16.7000 ~ 17.8000kJ/g 的命名为中能值植物功能群，有 52 种，主要包括大多数多年生杂类草和一些矮禾草，如展枝唐松草、知母、长柱沙参、糙隐子草等。

在所调查的 128 种植物中，草甸草原 102 种植物中有 28 种为高能值植物，包括贝加尔针茅、羊草、黄蒿、洽草、防风、小叶锦鸡儿等，45 种属中能值植物，其中包括山葱、羽茅、冷蒿、麦瓶草等，低能值植物有 29 种，有瓣蕊唐松草、麻花头、星毛委陵菜、灰绿藜等；典型草原 69 种植物中高能值植物有羊草、大针茅、洽草、草木樨状黄芪等 17 种植物，中能值植物有 32 种，主要有糙隐子草、冷蒿、火绒草、草地早熟禾等，低能值植物 20 种，有兰盆花、麻花头、刺穗藜等；荒漠草原 34 种植物中 76.5% 为低能值植物，高能值植物仅有 2 种，羊草和小叶锦鸡儿。

物种组成被认为是生态系统稳定性、生产力、营养动态等功能的重要决定因子。草地退化演替首先表现为群落内部物种的替换和数量的减少。草地退化演替过程中不同草地类型的能量功能群组成变化见表 6-8。草甸草原轻牧区物种数较多，重牧区明显减少。高、中、低能量功能群在轻牧区均具有较多的物种，重牧区物种数较少。就三种功能群内物种数所占总物种数的比例来看，随着退化程度的增加，高能值植物种数在下降，中能值、低能值植物种数呈增加趋势，由此可知重牧区植物种类组成中主要以中能值、低能值植物为主。

表6-8　植物能量功能群组成（种）

植物功能群	草甸草原				典型草原				荒漠草原			
	CK	LG	MG	HG	CK	LG	MG	HG	CK	LG	MG	HG
高能值	10	11	11	5	10	8	8	6	0	2	1	0
群落中比例/%	28.57	26.19	28.94	19.23	31.25	26.66	32	19.35	0	11.76	6.66	0
中能值	14	19	17	13	12	9	6	12	3	2	2	2
群落中比例/%	40	45.23	44.73	50	37.50	30	24	38.70	25	11.76	13.33	18.18
低能值	11	12	10	8	10	13	11	13	11	13	12	9
群落中比例/%	31.42	28.57	26.31	30.76	31.25	43.33	44	41.93	91.66	76.47	80	81.81
总植物种	35	42	38	26	32	30	25	31	12	17	15	11

注：CK. 对照区；LG. 轻牧区；MG. 中牧区；HG. 重牧区

典型草原植物种数对照区最高，轻牧区与中牧区依次减少，重牧区有所回升。高能值功能群内物种数随放牧的加强下降，重牧区最少为 6 种；中能值功能群物种数对照区、轻牧区、中牧区依次降低，重牧区有明显的回升，数量与对照区相等。低能值功能群物种数各梯度变化幅度不大，重牧区和轻牧区物种数较其他两个放牧区大，包含 13 种植物。随放牧的加剧，高能值植物在群落中的比例下降，中能值、低能值呈增加趋势，重牧区中能值、低能值植物约占群落植物种数的 81%。

荒漠草原植物种数轻牧区>中牧区>对照区>重牧区。荒漠草原大部分植物属于低能值植物，高能值植物仅轻牧区和中牧区有，分别为 2 种和 1 种；中能值功能群植物种数相对较少，对照区有 3 种，轻牧区、中牧区和重牧区都为 2 种；低能值植物种数随放牧压力的增加表现出先增加后减少的变化趋势。中能值、低能值植物种数比例随放牧的加强而上升。

综合三种草原类型能量功能群物种数的变化来看，尽管各类型草原高能值、中能值、低能值物种数量随退化演替的变化趋势各异，但其所占群落物种数的比例随放牧强度的变化却有相似的响应规律，高能值比例减少，低能值比例增加，特别是重牧区低能值植物是主要的植物组成部分。这种变化主要是由组成高能值功能群和低能值功能群植物种不同所造成的，高能值功能群主要包括群落的建群种和一些禾草类植物，低能值功能群则主要以杂类草为主。随退化的加剧，草地中低能值的杂类草逐渐取代高能值禾本科成为群落中的优势种，表现在能量功能群水平即高能值功能群比例下降，而低能值功能群比例增加。

2. 植物能量功能群盖度的变化规律

盖度是植物群落占有水平空间面积大小的反应，在一定程度上反映了植物吸收资源面积的范围。由表 6-9 可知，草甸草原在适度放牧的轻牧区具有相对较高的群落盖度。各放牧区间群落盖度变化不大，不存在显著差异（$p>0.05$）。高能值功能群盖度的变化趋势基本与群落盖度的变化趋势一致；中能值功能群盖度中牧区>轻牧区>对照区>重牧区，重牧区盖度显著减少，分别与对照、轻牧区、中牧区存在显著差异（$p<0.05$）；低能值功能群盖度重牧区显著高于其他三区，并且与其存在显著差异（$p<0.05$）。

表 6-9 不同退化梯度各植物能量功能群盖度

放牧梯度		草甸草原				典型草原				荒漠草原		
		C	H	M	L	C	H	M	L	C	M	L
CK	平均值	106.87	44.62	41.50a	20.25a	69.00a	26.52a	21.08a	21.40	42.00a	20.03	21.57a
	标准差	11.53	9.85	10.94	13.14	8.60	5.75	6.62	7.95	23.36	24.20	7.89
LG	平均值	142.66	57.03	52.76a	32.83a	70.40a	20.20ab	25.60a	24.60	27.56b	9.90	21.31a
	标准差	56.79	24.07	16.78	19.90	7.86	2.48	4.27	4.72	9.02	5.50	10.68

放牧梯度		草甸草原				典型草原				荒漠草原		
		C	H	M	L	C	H	M	L	C	M	L
MG	平均值	110.66	34.66	54.16a	21.83a	81.16a	27.74a	35.74b	17.64	25.36b	11.08	12.45b
	标准差	29.83	26.10	16.78	14.28	17.94	16.17	7.15	9.94	10.09	2.72	6.48
HG	平均值	117.30	35.13	12.00b	70.16b	47.74b	10.20b	20.40a	16.94	23.97b	5.81	18.75 ab
	标准差	24.25	26.41	5.75	13.19	7.23	2.16	5.94	3.50	5.70	2.03	5.56

注：CK. 对照区；LG. 轻牧区；MG. 中牧区；HG. 重牧区；C. 群落；H. 高能值；M. 中能值；L. 低能值；不同小写字母表示各处理之间存在显著差异（$p<0.05$），下同

典型草原群落盖度中牧区>轻牧区>对照区>重牧区，重牧区群落盖度显著降低，与对照区、轻牧区、中牧区存在显著性差异（$p<0.05$）。高能值功能群盖度对照区、轻牧区、中牧区无显著差异（$p>0.05$），重牧区与盖度较大的对照区和中牧区存在显著差异（$p<0.05$）；中能值功能群盖度的变化趋势为先增加后降低，中牧区盖度最大并与其他三区存在显著差异（$p<0.05$）；低能值功能群盖度各放牧梯度间无显著差异（$p>0.05$）。

荒漠草原在不放牧的对照区群落盖度最大，与三个放牧区存在显著差异（$p<0.05$），三个放牧区间变化不大，无显著差异（$p>0.05$）。高能值功能群仅轻牧区和中牧区有分布，但数量较少达不到统计上的要求所以不做分析，后面的分析内容中同样也不对其做分析，中能值功能群盖度随放牧的加强呈现下降趋势，各区无显著差异（$p>0.05$）；低能值功能群盖度变化表现为先降低后增加，中牧区盖度最低，对照区和中牧区存在显著差异（$p<0.05$），重牧区盖度较中牧区有所增加。

综合各草原类型能量功能群盖度对放牧的响应可知，群落以及高能值、中能值功能群盖度在适度放牧干扰的轻牧区和中牧区相对较高，这可能与放牧引起的种间竞争格局的变化有关，适度的放牧干扰在一定程度上改善植物对资源的竞争，提高了植物对资源的利用，有利于植物的生长，盖度也相应增加。过度放牧则显著地降低了高能值、中能值功能群的盖度，而低能值功能群的盖度却明显增加，这与强度放牧下，高能值、中能值功能群内植物种减少，低能值功能群物种及植物盖度的增加有关。

3. 植物能量功能群平均高度

由表 6-10 的分析结果可知，随草地退化的加剧，草甸草原群落平均高度依次下降。对照区平均高度较高，与放牧区存在显著差异（$p<0.05$）。高能值功能群平均高度对照区最高，轻牧、中牧区、重牧区依次下降了 38.58%、

53.63%、67.93%，对照区与中牧区和重牧区存在显著差异（$p<0.05$）。中能值功能群平均高度也表现为下降趋势，三个放牧区高度均有不同程度的下降，与对照区存在显著差异（$p<0.05$）。低能值功能群平均高度在轻牧区、中牧区分别下降了 6.55cm 和 10.46cm，重牧区低能值功能群平均高度较中牧区有所增加，各区无显著差异（$p>0.05$）。

表 6-10　不同退化梯度各植物能量功能群平均高度　　（单位：cm）

放牧梯度		草甸草原				典型草原				荒漠草原		
		C	H	M	L	C	H	M	L	C	M	L
CK	平均值	21.68a	25.79a	21.07a	19.38	11.59a	15.94a	10.99a	9.43a	6.54	6.81	6.59
	标准差	7.57	9.35	6.62	8.11	1.82	2.28	3.40	1.74	2.82	3.72	2.93
LG	平均值	13.60b	15.84ab	13.01b	12.83	8.08b	14.17a	6.46b	5.27b	6.07	10.07	5.75
	标准差	1.65	1.32	2.07	1.60	2.30	6.61	2.44	2.24	3.36	15.51	3.36
MG	平均值	9.81b	11.96b	9.33b	8.92	7.84b	10.36b	8.34ab	5.65b	5.53	5.96	4.24
	标准差	0.94	2.45	1.09	3.29	2.09	2.93	3.17	1.11	0.63	1.86	1.38
HG	平均值	9.12b	8.27b	7.64b	11.50	6.86b	8.10b	7.49ab	5.44b	5.58	9.46	4.74
	标准差	1.63	2.14	2.06	3.87	1.28	2.88	1.48	1.63	1.03	4.30	1.60

注：CK. 对照区；LG. 轻牧区；MG. 中牧区；HG. 重牧区；C. 群落；H. 高能值；M. 中能值；L. 低能值；$p=0.05$

典型草原对照区、轻牧区、中牧区、重牧区群落平均高度依次降低，对照区与放牧区存在显著差异（$p<0.05$）。高能值平均高度变化趋势与群落平均高度变化一致，轻牧区、中牧区、重牧区分别是对照区平均高度的 88.90%、64.99%、50.82%，重牧区与对照区和轻牧区存在显著差异（$p<0.05$）。中能值各放牧区平均高度均有不同程度的降低，轻牧区平均高度最低，与对照区存在显著差异（$p<0.05$）。低能值平均高度也为对照区最大，与放牧区存在显著差异（$p<0.05$），三个放牧区之间变化不大，无显著差异（$p>0.05$）。

荒漠草原群落平均高度随放牧的加强而下降，各梯度无显著差异（$p>0.05$）。中能值平均高度轻牧区>重牧区>对照区>中牧区。低能值平均高度与群落平均高度有一致的变化趋势，下降幅度不大。中能值和低能值各放牧强度之间差异不显著（$p>0.05$）。

总的来看群落和各能量功能群的平均高度随放牧强度的增加而下降，可见过度的放牧将导致植物小型化和矮小化。草甸草原重牧区与荒漠草原重牧区低能值功能群平均高度比中牧区高，造成这种现象的可能原因是家畜的选择性采食，热值是评价牧草质量和筛选牧草品种的重要指标。低能值功能群内植物适口性方面较高能值、中能值内的植物差，所以受家畜的影响相对较小。

4. 植物能量功能群生物量变化规律

草甸草原群落、高能值功能群、中能值功能群在对照区和轻牧区有较大的生物量，中牧区、重牧区群落和高能值功能群生物量显著地降低（$p<0.05$）。中能值功能群生物量中牧区降低的幅度不大，重牧区有明显的降低，与另外三个区存在显著差异（$p<0.05$）。低能值功能群生物量的变化与高能值、中能值功能群生物量的变化存在很大差异，重牧区生物量显著高于前三个区（$p<0.05$）（图6-4）。

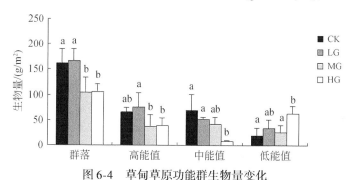

图 6-4 草甸草原功能群生物量变化

CK. 对照区；LG. 轻牧区；MG. 中牧区；HG. 重牧区；不同小写字母表示差异显著（$p<0.05$）。下同

典型草原在对照区，群落、高能值功能群、低能值功能群有较高的生物量。随放牧的加剧，群落、高能值功能群、低能值功能群生物量有不同程度的下降。群落和高能值生物量除轻牧区与中牧区差异不显著（$p>0.05$）外，其余各区之间均存在显著差异（$p<0.05$）。中能值功能群生物量各区之间变化不大，无显著差异（$p>0.05$）（图6-5）。

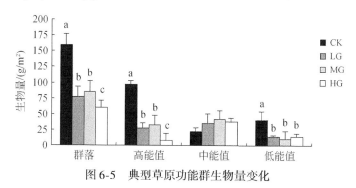

图 6-5 典型草原功能群生物量变化

荒漠草原群落和中能值功能群在适度放牧干扰的轻牧区和中牧区生物量相对较高，重牧区生物量有一定程度的降低。中能值功能群重牧区生物量与轻牧区存在显著差异（$p<0.05$）。低能值对照区和轻牧区生物量比中牧区和重牧区高，各

区生物量相差不大，无显著差异（*p*>0.05）（图6-6）。

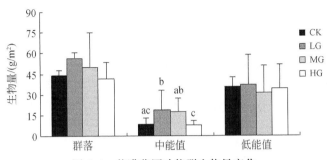

图6-6　荒漠草原功能群生物量变化

群落生物量是植物在一定气候条件下光合作用的产物，是衡量草地生产力的重要指标，其动态变化规律可以反映草地生态系统物质循环和能量流动的基本状况。由于植物光合产物的生产和累积能力，以及牲畜的采食方式和喜食程度的差异，不同放牧强度下植物群落地上生物量的差异较大，综合比较，对照区和轻牧区相对来说，群落生物量较其他放牧区高。群落内各能量功能群的生物量在草地退化演替过程中变化各异，但过度的放牧显著地降低了高能值、中能值功能群的生物量。低能值功能群生物量受放牧干扰的影响较高，中能值功能群受放牧干扰的影响较小。功能群的生物量由组成功能群的各植物种的生物量构成。首先，放牧影响群落物种的组成，进而影响功能群生物量的变化。其次，放牧干扰下各能量功能群之间的相互作用也将影响生物量的变化。各草地类型植物组成及放牧干扰下功能群内植物种及功能之间关系的差异是导致放牧干扰下各能量功能群生物变化各异的原因。

5. 植物能量功能群生物量百分比组成的差异变化

各能量功能群生物量组成比例对放牧干扰的响应如图6-7～图6-9所示。对照区，草甸草原生物量主要由高能值和中能值功能群生物量决定，低能值植物生物量占群落生物量的比例为12.72%。随草地退化演替的进行，高能值、中能值功能群生物量比例呈下降趋势，而低能值功能群的比例则急剧增加。在草地退化最严重的重牧区，低能值功能群在群落中占有绝对支配地位，比例达到57.06%。

对照区，典型草原高能值、中能值、低能值功能群生物量构成比例依次为60.54%、13.83%、25.61%，以高能值功能群为主。随放牧强度的增加，高能值功能群生物量对群落生物量的贡献急剧下降，重牧区只占到群落生物量的14.23%。中能值、低能值功能群与高能值功能群的变化趋势相反，从对照区到重牧区，中能值功能群在群落中生物量比例明显增加。低能值功能群在轻牧区、

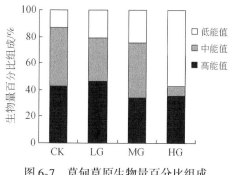

图 6-7　草甸草原生物量百分比组成

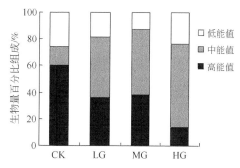

图 6-8　典型草原生物量百分比组成

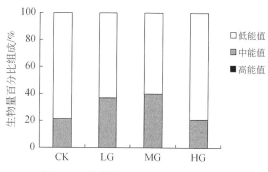

图 6-9　荒漠草原生物量百分比组成

中牧区比例有所下降，但重牧区又有所回升。群落在退化演替后期主要以中能值、低能值功能群为主。

　　荒漠草原由于植物生境状况较其他两种草原类型差，大部分植物属于中能值、低能值植物，草地主要由中能值、低能值植物功能群构成，而且低能值植物偏多。在放牧干扰下，中能值的比例并没有随草地的退化而下降，轻牧区和中牧区比对照区和重牧区大。低能值相对生物量百分比的最大值仍旧出现在重牧区。由此可知，适度的放牧有利于改善荒漠草原的群落结构，提高群落中热值较高的优良牧草的比例，但过度放牧的结果与草甸草原和典型草原的相同，即群落生物量主要受低能值功能群支配。

　　由三种草原类型功能群相对生物量百分比随草地退化演替的分析结果可以得知，尽管不同草原类型三种功能群生物量比例的消长不同，但总的来看，草地退化演替加剧的过程中，群落高能值、中能值功能群的相对生物量下降，低能值功能群比例增加，且重度放牧下低能值功能群生物量对群落生物量起主要作用。从能量生态学的观点来看，演替过程中这种高能值、中能值功能群逐渐被低能值功能群取代的趋势，预示着草地的退化演替过程中整个群落能量衰退的过程。

6. 植物能量功能群优势度的变化规律

功能群优势度反映了功能群在群落中的地位和作用。图 6-10 ~ 图 6-12 分析了草地退化演替过程中不同草原类型能量功能群优势度的变化。随草地退化的加剧草甸草原高能值功能群在群落中的优势地位呈下降趋势，下降幅度不大。中能值功能群的变化趋势与高能值功能群相似，但在重牧区有明显的下降，与对照区相比下降了 66.67%。低能值功能群在群落中的地位则随放牧强度加强逐步提升，重牧区优势度达到 48.16%。典型草原高能值功能群优势度随放牧干扰的加剧逐渐下降，下降比率分别为 10.01%、5.12%、50.10%，重牧区下降幅度较大。中能值与高能值功能群的变化趋势相反，轻牧区增加了 29.14%，中牧区和重牧区分别增加了 13.61% 和 12.19%。低能值功能群也呈增加趋势，重牧区优势度在 4 个放牧梯度中最大。与草甸草原和典型草原相比，荒漠草原中能值功能群优势度在不同放牧退化梯度下的变化幅度较小，表现为中牧区>轻牧区>对照区>重牧区，低能值与中能值呈相反的变化趋势。

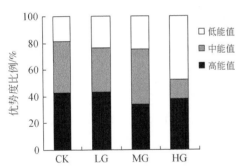

图 6-10　草甸草原植物能量功能群优势度

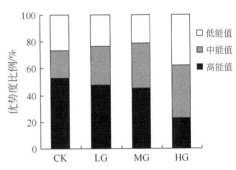

图 6-11　典型草原植物能量功能群优势度

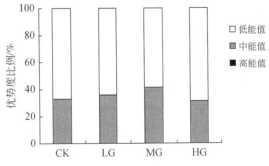

图 6-12　荒漠草原植物能量功能群优势度

综合以上分析可知，三种草原类型能量功能群优势度随草原退化演替的变化各异，但本质上三种类型存在相似之处，即随放牧压力的增加，高能值功能群的优势地位逐渐被中能值、低能值功能群取代。而在无高能值功能群的荒漠草原，低能值功能群在群落中占据主导地位。同时，能量功能群优势度变化趋势图与能量功能群生物量百分比的变化趋势图相似，一方面说明功能群生物量作为功能群在群落中地位反映指标的重要性，另一方面对功能群优势度变化的分析从功能的角度更进一步证实了退化演替过程中能量功能群间功能替代作用的存在。

7. 植物能量功能群在草原退化研究中的应用与优势

植物功能群是生态学家为研究植被对气候变化和干扰的响应而引入的生态学概念。功能群提出的目的在于简化生态系统的结构使其达到一个便于研究的水平。基于功能群所具有的优点，提出后就被广泛用于生态学领域的研究，但功能群的划分及适用尺度问题一直阻碍着功能群在实际研究中的应用。目前，功能群大多根据形态及生物化学特征进行划分，或是按营养结构划分，但这些划分方法都只适用于特定的系统，不具有整合性。本研究对功能群划分指标的选择进行了新的尝试，以植物热值作为功能群的划分基础。热值是植物生长状况的一个有效指标，各种环境因子对植物生长的影响，可以从热值的变化上反映出来，但很多研究也表明热值是植物相对稳定的一个性质，同种植物的热值尽管会随植物部位的不同及光强、日照时数、养分含量、季节和土壤类型而发生变化，但这种变异幅度不足以掩盖植物的种间差异。鲍雅静对羊草草原植物热值的研究也表明各种植物的热值是植物自身的一个相对稳定的生物学性质，虽然在退化过程中发生了小范围的变化，但它们的高低顺序并没有发生根本的改变。我们对不同气候区的三种草原（草甸草原、典型草原、荒漠草原）退化演替过程中常见植物种的热值变异研究发现，随草地退化的加剧，草甸草原、典型草原和荒漠草原内各种植物热值具有不同程度的变化，但变化范围较小，大部分植物各退化梯度热值差异不显著，从而证明放牧干扰下植物热值的稳定性。同时，植物热值是植物含能量的尺度，具备能量的属性，即可以将不同生物学层次的动态变化联系起来，因而与其他生物学指标相比，植物热值具有整合性，可以使不同生物学层次具有可比性。基于以上的认识，我们在内蒙古草原生态系统中初步尝试了植物能量功能群的划分，采集了内蒙古广泛分布的三种草原类型（草甸草原、典型草原、荒漠草原）放牧退化演替各阶段内出现的植物种共128种。依据植物平均热值的高低划分了3个不同的植物能量功能群，以此为基础，对草原放牧退化演替过程中能量功能群以及群落能量进行研究，证实了根据能值划分植物功能群方法的可行性，但限于植物种热值测定的有限性，植物能量功能群的划分体系有待进一步完善。

6.3.5 草原退化演替过程中群落功能动态及其与植物能量功能群的耦变关系

1. 群落平均热值的变化规律

不同退化梯度以生物量为权重的群落平均热值（表6-11）结果表明，草甸草原群落平均热值对照区、轻牧区、中牧区变化不大，在数值上没有显著差异（$p>0.05$），重牧区明显地降低，分别与对照区、轻牧区、中牧区存在显著差异（$p<0.05$）。典型草原的群落热值变化趋势与草甸草原的相似，重牧区群落平均热值最低，与其他区存在显著差异（$p<0.05$）。荒漠草原群落热值变化趋势表现为先增加后降低，热值的最大值出现在中牧区，且三个放牧区群落热值之间无差异。由三种草原类型群落热值随放牧强度的变化可知，在特定的草原生境中，适当的放牧强度对群落平均热值的增加有利，过度的放牧利用导致三种草原类型群落热值的下降，这是因为热值一方面取决于植物自身的特性，另一方面受环境的制约，具有生态学属性。适度的放牧有利于改善草地环境，而过度的放牧则对草地的环境有破坏作用，放牧对环境的作用是造成群落热值差异的原因之一。

表6-11　不同退化梯度群落热值 （单位：kJ/g）

草原类型	退化梯度			
	对照	轻牧	中牧	重牧
草甸草原	17.56±0.13a	17.55±0.27a	17.28±0.10ab	17.17±0.25b
典型草原	17.67±0.13a	17.49±0.13a	17.58±0.25a	17.20±0.08b
荒漠草原	15.71±0.34a	16.41±0.36ab	16.51±0.26b	15.88±0.34ab

注：$p=0.05$

2. 群落能量现存量的变化规律

能量是生态系统的动力，任何的生态功能的实现都需要能量，研究能量更能够充分揭示草地生态系统的功能和作用。表6-12分析了草甸草原、典型草原和荒漠草原放牧退化演替过程中群落能量现存量的变化，由分析结果可知草甸草原对照区群落能量最高，与三个放牧区群落能量存在显著差异（$p<0.05$）；中牧区与轻牧区能量相差不大，数值上无显著差异；重牧区群落能量显著下降。典型草原轻牧区能量最高，对照区次之，中牧区与重牧区能量接近，显著低于轻牧区与对照区。荒漠草原群落能量轻牧区>中牧区>对照区>重牧区，轻牧区与重牧区存在显著差异（$p<0.05$）。

表 6-12　不同退化梯度群落能量　　　　（单位：kJ/m²）

草原类型	退化梯度			
	对照区	轻牧区	中牧区	重牧区
草甸草原	2823.0±335.46a	1356.01±113.93b	1491.29±110.94b	1031.03±260.02c
典型草原	2708.4±584.19a	2811.16±273.30a	1803.84±529.48b	1806.11±271.07b
荒漠草原	651.19±143.18a	1000.90±399.56b	814.67±335.72ab	619.61±202.71a

注：$p = 0.05$

综合三种草原类型的能量变化，典型草原与荒漠草原能量最高值均出现在轻牧区，可知适度的放牧干扰下对能量的提高有促进作用。三种草原类型重度的放牧均显著地降低了群落能量，这是由于放牧干扰降低了植物群落的生产力，直接影响植物对土壤水分和营养元素的吸收，使有机物质生产和地表凋落物累积减少，归还土壤的有机质降低，回归土壤养分和保持水分的能力下降，对土壤的理化性状造成影响，从而导致土壤贫瘠化和干旱化，进而导致群落结构的简单化和生态功能的下降。

3. 群落能量与植物能量功能群之间的关系

草地退化演替过程中能量的变化是一个复杂的过程。通过草地群落能量的变化来说明草地状况的好坏，并不能从本质上反映出群落状况的好坏。对于一个能量相对较高的群落，如果其能量主要来自于群落中低能值功能群的贡献，那么即使其能量很高也不能说是一个健康的草地。在放牧干扰下，影响群落能量的因子既包括来自放牧的外在影响因子，也包括群落自身内部结构。而在诸多影响因子中，群落生物量是影响群落能量的关键因子。王仁忠对羊草种群生物量和能量生殖分配的研究中发现，在羊草种群中，无论是根茎、营养枝和生殖枝的能量分配比例，还是这些分配比例的季节动态均与生物量分配比例值相接近，而且变化趋势也基本相似，进而得出在羊草种群中能量分配关系与生物量分配关系基本一致的结论。

本研究应用 SAS 软件中多元线性回归分析过程（REG），建立内蒙古草原生态系统放牧退化演替过程中群落能量（Y）与高能值植物功能群生物量（X_1）、中能值植物功能群生物量（X_2）、低能值植物功能群生物量（X_3）之间的多元线性回归模型：

$$Y = -18.041\ 34 + 18.566\ 61X_1 + 17.625\ 80X_2 + 15.718\ 51X_3$$

在 0.01 水平下回归模型显著，X_1、X_2、X_3 在 0.01 水平下均显著，回归模型复相关系数为 0.9975，预测值与实测值之间很接近。通过此模型既简化了群落能量的计算，也可以从本质上认识草地退化演替过程中能量的变化。

　　草原群落的放牧演替属于外因性演替，随着家畜的不同放牧强度，这种演替出现若干不同的演替阶段。这一过程必然伴随着不同生物学层次——个体、种群、群落及生态系统的变化。以往的研究限于物种和群落水平，对功能群的变化研究相对较少，特别是从能量学角度出发的植物能量功能群的研究可以说至今还是个空白。植物能量功能群可以看作是群落以下、种群以上的能量水平。随着演替的进行，这一层次也必然会随之发生相应的改变。本次试验通过实际野外生态学调查和室内分析，对不同退化梯度下的植物能量功能群的动态作了较为详尽的研究，即随着退化程度的加剧，群落的植物组成发生了显著的变化，表现在高能值植物种和低能值植物种的替代及中能值植物种数量的变化。同时，群落高、中、低植物能量功能群结构（盖度、密度、平均高度）发生了明显的变化，高能值、中能值功能群盖度、平均高度有随放牧强度下降的趋势，特别是重牧区下降比较明显，而低能值功能群盖度、平均高度在重牧区呈现上升的趋势。能量功能群结构变化的效应最终表现在功能（生物量、优势度）的变化上，即低一级的能量功能群取代高一级的功能群，在群落中占优势地位，发挥主要作用，如草甸草原由对照区高能值、中能值功能群在群落起主导作用转变为重牧区低能值功能群成为群落的优势植物种；典型草原高能值功能群的优势地位则被中能值、低能值功能群取代，荒漠草原中能值功能群被低能值功能群取代。这种替代规律从能量学角度验证了草地退化演替理论，即草原的放牧退化演替是由适应于自然生境的，在高能量水平上自我调控的生态系统向适应于放牧干扰的，在低能量水平上自我维持的生态系统过渡的自组织过程。

　　草地是一个由多种组分构成的复杂生态系统，生态系统内部组分之间相互联系、相互影响，在草地退化演替过程中，低一级生物学层次的变化必将引起更高一级生物学水平发生变化。草地退化演替过程中，伴随群落内部能量功能群的变化，整个群落的结构和功能也发生不同变化。在草地退化演替初期，群落内部高能值、中能值功能群占据绝对优势，草地群落状况优良，表现为物种较丰富，盖度、密度和平均高度、群落生物量、平均热值、能量现存量相对较高，但随放牧强度的增加，家畜的选择性采食加之动物的践踏作用，和由于家畜影响造成的土壤生境恶化使草地生态系统受损，草地退化演替加剧，群落内部高能值能量功能群相对生物量下降，中能值、低能值功能群生物量比例增加，在群落中发挥主要作用，群落的结构趋于恶化，能量和功能衰退，可以说植物能量功能群的消长变化是引起群落结构和功能变化的主要原因，而这种不同生物学等级层次生物生态学特性及其动态变化，应该是引起草原发生退化现象的主要内部根源。

6.4 草原植物能量功能群对气候变化的响应

6.4.1 羊草草原定位监测样地植物功能群构成

群落的能量特征是植被动态研究的主要内容之一，包括能量现存量、能量流动、热值变化等，是生态系统主要功能特征之一。植物能量功能群作为一种新的分类体系是否能体现植物的功能特征，是否可以作为研究植被随环境动态变化的基本单元？不同的能量功能群对气候变化是否有不同的响应和适应策略？在原生草原群落中不同类型的植物能量功能群的群落学作用如何？本项研究以内蒙古草原生态系统定位研究站的羊草草原群落 18 年（1982~1999 年）的动态监测数据及降水量数据为基础开展了相关研究工作。

羊草草原样地自 1979 年围封后，一直进行草原生产力的动态监测，具体方法为每年的 5 月中旬开始，每隔半个月在羊草样地内用样方法取一次样，地上生物量采用收割法，齐地面取样，样方面积 1m×1m，20 个重复，机械法排列。分种测定植物的高度、株丛数、鲜重、干重等指标。本项研究中群落、种群和功能群的生物量数据采用该样地 1982~1999 年于每年 8 月中旬取样的数据系列计算而得。气象数据由内蒙古草原生态系统定位研究站的气象站监测获得，主要分析了年降水量和生长季降水量，在本项研究中生长季降水量为每年植物开始萌发到当年取样调查时的累计降水量，即每年的 5 月 1 日至 8 月 15 日期间的累计降水量。年降水量为前一年 8 月 15 日至取样当年的 8 月 15 日累计降水量。

18 年间该样地 8 月中旬共出现 52 种植物，分别被划入高能值植物功能群（以下简称高能群）、中能值植物功能群（以下简称中能群）、低能值植物功能群（以下简称低能群），具体划分见表 6-13。

表 6-13 羊草草原植物群落能量功能群划分

能量功能群类型	植物种类
高能群植物（11 种）	大针茅 *Stipa grandis*，小叶锦鸡儿 *Caragana microphylla*，羊草 *Leymus chinense*，羽茅 *Achnatherum sibiricum*，狭叶柴胡 *Bupleurum scorzonerifolium*，防风 *Saposhnikovia divaricata*，双齿葱 *Allium bidentatum*，黄蒿 *Artemisia scoparia*，乳浆大戟 *Euphorbia esula*，披针叶黄华 *Thermopsis lanceolata*，大籽蒿 *Artemisia sieversiana*

能量功能群类型	植物种类
中能群植物（22 种）	变蒿 *Artemisia commutata*，冰草 *Agropyron cristatum*，糙隐子草 *Cleistogenes squarrosa*，黄囊薹草 *Carex korshinskyi*，洽草 *Koeleria cristata*，扁蓄豆 *Pocokia ruthenica*，二裂委陵菜 *Potentilla bifurca*，翼茎风毛菊 *Saussurea japonica*，长柱沙参 *Adenophora stenanthina*，展枝唐松草 *Thalictrum squarrosum*，直立黄芪 *Astragalus adsurgens*，乳白花黄芪 *Astragalus galactites*，皱叶沙参 *Adenophora crispata*，柳穿鱼 *Linaria vulgaris*，火绒草 *Leontopodium leontopodioides*，知母 *Anemarrhena asphodeloides*，阿尔泰狗娃花 *Heteropappus altaicus*，冷蒿 *Artemisia frigida*，麻花头 *Serratula centauroides*，早熟禾 *Poa attenuata*，矮葱 *Allium anisopodium*，山葱 *Allium senescens*
低能群植物（19 种）	多叶棘豆 *Oxytropis myriophylla*，黄花葱 *Allium condensatum*，菊叶委陵菜 *Potentilla tanacetifolia*，木地肤 *Kochia prostrata*，细叶鸢尾 *Iris tenuifolia*，星毛委陵草 *Potentilla acaulis*，细叶葱 *Allium tenuissimum*，细裂白头翁 *Pulsatilla turczaninovii*，野韭 *Allium ramosum*，瓣蕊唐松草 *Thalictrum petaloideum*，棘穗藜 *Chenopodium aristatum*，藜 *Chenopodium glaucum*，轮叶委陵菜 *Potentilla virticillaris*，芯芭 *Cymbaria dahurica*，轴藜 *Axyris amaranthoides*，猪毛菜 *Salsola collina*，伏毛山莓草 *Sibbaldia adpressa*，旱麦瓶草 *Silene jenisseensis*，鹤虱 *Lappula echinata*

6.4.2 羊草草原地上生物量的年际波动及其对降水量的响应

图 6-13 显示，该地区 18 年间年降水量为 244.6～483.5mm（平均值 354.7mm，变异系数 20.73%），生长季降水量为 140.3～368.2mm（平均值 228.9mm，变异系数 29.27%），生长季降水量与年降水量显著相关（$r=0.825$，$p<0.01$）。年降水量和生长季降水量的波动规律除个别年份，基本保持一致的变动趋势，这种一致性的规律也反映了该地区全年的降水量主要集中在草原植被的生长季，一般集中在每年的 7～9 月，这段时间的降水量占年降水量的绝大部分。

18 年间群落地上生物量为 127.4～265.7g/m²（平均值 199.8g/m²，变异系数 20.21%），与年降水量的变异系数相近。相关分析显示，群落地上生物量与年降水量达到显著相关水平（$r=0.526$，$p<0.05$），与生长季降水量未达到显著相关水平。

在干旱半干旱草原区，降水量被认为是控制生态系统过程的最重要因子。在时空尺度上，降水量都在很大程度上决定了生态系统生产力及其变异性，我们发现群落地上生物量与年降水量呈显著相关关系，这与以前的研究一致，在我们的研究区，Ni 和 Bai 也发现初级生产力与平均年降水量线性相关。有研究表明，在

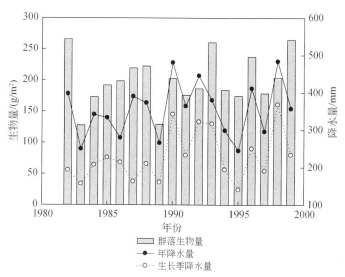

图6-13 群落生物量与降水量的年际动态

内蒙古温带草原区，典型草原、草甸草原和荒漠草原的初级生产力的年际变异系数均大于降水量变异系数，而我们的研究则没有显出两者之间的明显差异。

降水量对群落生产力的影响有两个方面，一个是总量，另一个是降水量的分配格局，同样的总量，降水的时间和量也能对生产力有较大影响，有研究表明，在大部分干旱区，生长季降水量可能更有效，但我们的研究结果则表明群落生产力更多地受年降水量而不是生长季降水量的控制。

6.4.3 羊草草原功能群生物量的年际波动及其对降水的响应

从不同功能群生物量的绝对值来看（图6-14），高能群最高（88.2～196.3g/m²），中能群次之（26.5～73.6g/m²），低能群最低（4.0～29.8g/m²），其中高能群和中能群生物量与群落地上生物量均呈极显著正相关（$r=0.880$，$p<0.01$ 和 $r=0.664$，$p<0.01$），高能群、中能群生物量的动态变化决定着群落总生物量的变化，也从另一个侧面表明，高能群、中能群对群落的结构和功能具有一定的调节和控制作用。

从年际生物量波动情况看，群落生物量年际波动幅度最小（变异系数20.21%），其次是高能群（变异系数22.70%），中能群和低能群生物量的年际动态相对较大（变异系数分别为33.65%、46.51%）（图6-15）。

高能群生物量与年降水量显著相关（$r=0.569$，$p<0.05$），另外两个功能群则没有达到显著相关。三者与生长季降水量均无显著相关关系。

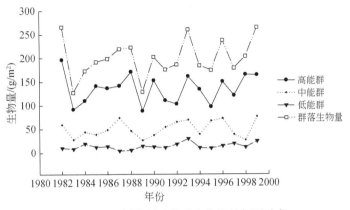

图 6-14 不同能量功能群生物量的年际动态

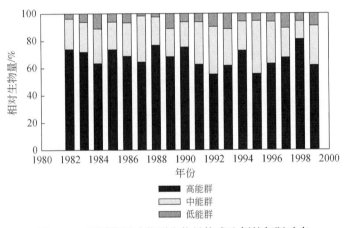

图 6-15 不同能量功能群生物量构成比例的年际动态

18 年间群落中不同能量功能群的构成比例有所不同，但是所有年份中高能群生物量都占很大比例（55%～80%）；其次为中能群（15%～40%）；而低能群所占比例最小，仅为 2%～10%（图 6-13）。结合表 6-13 可知：虽然高能群植物的种类最少（11 种），但其生物量所占的比例却很高，中能群和低能群的植物种类较多（分别为 22 种和 19 种），但其生物量比例很低，即高能群是草原植物群落的优势功能群，草原群落的动态变化主要由高能群来主宰，而中能群、低能群在群落中处于从属地位。相关分析表明，各功能群的相对生物量与研究样地年降水量和生长季降水量均没有显著相关关系。

从资源利用角度分析，高能群植物主要由羊草、大针茅、羽茅等群落建群种和优势种构成，个体较大，多为 K 对策种，对限制性资源的竞争力强，往往为演替稳定期占优势的种，而半干旱草原区最大的限制性资源就是水分，高能群生物量与年降水量的显著相关表明了高能群植物对水分资源的竞争力较强，在演替后期成熟稳定的草原群落中常常占据优势地位；而低能群植物主要由猪毛菜、灰绿藜、刺穗藜等一二年生植物构成，多为 R 对策种，即演替的先锋种、机会种，只有在阶段性降水较多，水分资源剩余的情况下，才能抓住机会生长、发育，完成生活周期，但 R 对策者在未退化群落中往往是从属种或伴生种。因此，在半干旱草原区植物群落的动态变化主要受高能群、中能群控制。由此可见，不同能量功能群对水分资源的竞争策略不同导致其在群落中的功能地位不同。高能群作为建群功能群和优势功能群，其对水分资源的响应决定了群落对于降水量的响应。

20 世纪 60 年代以来，生态学家相继提出了许多有关物种功能分类的概念，这些概念可归纳为两类：一类是按利用的资源是否相同对物种进行功能分类；另一类则是按物种对特定扰动的响应进行分类。同时，还可依据物种对共享资源的利用途径，以及它们对特定扰动的响应机制是否相同进行进一步的划分。基于植物热值高低对植物进行功能群的划分是我们探索的一种新的功能群划分方法，我们的研究结果表明基于植物热值的能量功能群分类，可以综合地反映植物生理生态过程的不同，进而可以部分地解释随环境梯度和人类活动强度的变化所导致的植被组成的变化，以及不同物种的竞争与共存机制，特别是更直观地反映群落能量水平的变化，进而更为准确地反映不同植物群体在草原生态系统中的功能地位，揭示功能群与气候波动及全球变化的内在关系。能量功能群作为一种探索性的功能群划分方法，还有很多地方需要完善，但是其在揭示植物在群落中的功能作用，揭示群落能量规律，反映群落的能量属性方面的优势已经显现。

上述研究结果表明，内蒙古锡林郭勒典型草原群落生产力主要受年降水量的显著影响，而与生长季降水量无显著相关性。群落生物量的年际波动与高能群、中能群生物量变动趋势一致，而与低能群不相关。且高能群地上生物量与年降水量显著相关，中能群、低能群与年降水量无显著相关关系。表明高能群对水分资源的竞争力较强，作为群落中的优势功能群，其对水分资源的响应决定了群落对于降水量的响应。各功能群地上生物量均与生长季降水量无显著相关性。不同能量功能群对水分资源的竞争策略不同导致其在群落中的功能地位不同，群落地上生物量构成中高能群所占比例较大，群落学作用大，低能群占比例最小，群落学作用小。各功能群相对生物量与年降水量和生长季降水量均无显著相关关系。

6.5 不同利用方式对草原生态系统功能与植物能量功能群的影响

6.5.1 不同利用方式和退化状态下羊草草原群落生物量的变化规律

基于生态学野外调查数据，通过比较不同围封年限及不同利用方式（放牧、割草）影响下羊草草原的生物量、根冠比及不同能量功能群优势度的动态变化，从能量功能群的角度，来研究羊草草原在不同利用和保护方式下的演替规律，从而为恢复及合理利用草原提供理论依据。

本研究选择的实验区位于锡林河流域中游地区的羊草典型草原区，行政区属锡林郭勒盟白音锡勒牧场。研究区的范围大致为东经 116°39′~116°43′、北纬 43°31′~43°33′。该区属内蒙古高平原中部的锡林郭勒高平原和丘陵部分，地形以波状丘陵为特征，坡度较缓，实验区内最主要的土壤为暗栗钙土。气候属于温带半干旱草原气候。年降水量 350mm 左右，年蒸发量 1600~1800mm，相当于降水量的 4~5 倍。锡林河流域植被以草原为主，占流域总面积的 89%。主要区系成分为达乌里-蒙古种，旱生草本植物。该流域共有种子植物 629 种，分属于 74 科、291 属。草原的植被类型主要有羊草（*Leymus chinensis*）、大针茅（*Stipa grandis*）、丛生禾草等。

本研究选择的实验样地位于中国科学院内蒙古草原生态系统定位研究站研究区样地内及其附近，实验样地设置如下。

（1）1979 年围封羊草样地：此样地为中科院 1979 年围封，面积 200 亩[①]，没有人为干扰（割草和放牧），到 2008 年已围封 29 年，在文中简称 Y79。

（2）1999 年围封羊草样地：此样地是在 1979 年围封的样地旁边围封了面积为 600 亩的样地，没有人为干扰（割草和放牧），到 2008 年已围封 9 年，在文中简称 Y99。

（3）2004 年围封羊草样地：该样地位于 1999 年围封羊草样地旁边，没有人为干扰（割草和放牧），到 2008 年已围封 4 年，在文中简称 Y04。

（4）打草场样地：与前三个围封样地相邻的当地牧民草场，此样地至今虽未围封，但从 2004 年起就未进行放牧活动而作为打草场利用（每年秋季打草一

---

① 1 亩≈667m²，下同。

次），文中简称 YY。

（5）退化样地：该样地选在距离羊草围封样地约 1000m 处的当地牧民长期放牧草场，但是由于退化严重无法继续加以利用，于 2008 年年初围封，在文中简称 YT。

测定群落地上生物量的野外调查工作于 2008 年 7 月～8 月群落地上生物量高峰期进行。在各个选定的样地内随机选取 10 个 0.5m×0.5m 观测样方，分种记录植株高度、株丛数，并齐地面分种剪下地上部分后在 65℃烘箱中烘干至恒重，称量其干重，并据此计算出各样地单位面积植物群落地上生物量。

测定群落地下生物量时，在各个选定的样地地上生物量测定的同时，地上部分齐地面剪掉之后随机用内径为 10cm 的根钻钻取 3 钻，每 10cm 深钻取 1 个土柱，直到 50cm 深的土层。将采集到的土柱放入孔径为 0.5mm 的网孔筛中在流水中洗去泥土，然后在 65℃条件下烘至恒重，称量其干重，并据此计算出各样地单位面积植物根系的干重及不同深度根系所占总重的比例。

根冠比$=R:S$。式中，R 为每平方米地下部分干重（本研究中为地下 0～50cm 的根系）；S 为每平方米地上部分干重。

优势度 $SDR=$（相对多度+相对高度+相对重量）$/3$。式中，SDR 为优势度；相对多度=某样地中某物种的株丛数/该样地总株丛数×100%；相对高度=某样地中某物种的高度和/该样地所有物种的高度和×100%；相对重量=某样地中某物种的干重和/该样地所有物种的干重和×100%。

各能量功能群的优势度 $T=\sum SDR'$。式中，T 为某能量功能群优势度；SDR' 为同一能量功能群内各物种的优势度。

根据野外观测样方对各样地生物物种数进行统计可以看出，1979 年围封羊草样地物种数量达到了 30 种之多，明显高于其他样地的物种数量，而其他样地物种数量相差不大（表6-14）。

表6-14　各样地物种数、生物量和根冠比的比较

样地类型	物种数/种	地上生物量/(g/m^2)	地下生物量/(g/m^2)	根冠比
Y79	30	189.74	1197.10	6.31
Y99	14	188.36	1010.95	5.37
Y04	16	178.50	1200.92	6.73
YY	15	95.26	698.12	7.33
YT	17	62.38	496.95	7.97

由表6-14 可以看出，围封与否对群落地上生物量的影响十分强烈。围封使得群落地上总生物量增加，并随着围封年限的增加渐趋稳定。围封的三个样地

（Y79、Y99 和 Y04）之间地上生物量相差不是很明显，但是远高于不围封样地（YY 和 YT），其次是打草场样地（YY），地上生物量为围封样地的 1/2 左右，退化样地（YT）的值最低，仅为围封样地的 1/3 左右。

本研究中所调查的 5 个样地相距不远，围栏封育之前群落的外貌相似，只是 5 个样地的恢复年限和利用状态不同。由图 6-16 我们可以看出，同样地植物群落的地下生物量主要分布在地下 30cm 以内，而其中 0~10cm 土层根量可占地下总根量的 40%~60%。根系的这种垂直分布特征与土壤的养分、水分状况是分不开的，因为大部分有机质和养分都储存于土壤表层，当然进入土壤的全部水分都要通过土壤表层，所以，植物便发展主要根系于该层以尽量获取更多的资源以满足生长需求。对比各样地 0~10cm 占总地下生物量的比例我们发现，围封的 3 个样地及退化样地表层根系占总地下生物量比例要大于打草场样地。在围封的 3 个样地中，随着围封年限的增加，0~10cm 地下生物量占总地下生物量的比例也逐渐增加，但增加的幅度不大。如图 5-16 随着深度的增加，各样地地下生物量急剧下降，即由浅到深呈"T"形分布。围封样地（Y79、Y99 和 Y04）的地下生物量要远远高于不围封样地（YY、YT），围封样地之间地下生物量相差不大。对于未围封样地而言，打草场样地地下生物量要比退化样地地下生物量高（图 6-16）。

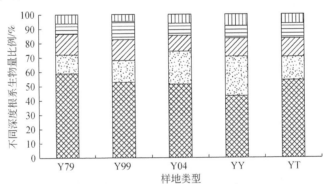

图 6-16　各样地不同深度地下生物量百分比

马文红等指出内蒙古温带典型草原根冠比（$R:S$）中值为 5.3，在本研究中也得出了类似的根冠比结果。研究表明放牧和打草利用均会使群落地上生物量减少，从而使得根冠比变大。如表 6-14 所示，围封样地（Y79、Y99 和 Y04）的根冠比要比不围封样地（YY、YT）小。在不围封样地中退化样地（YT）的根冠比要大于打草场样地（YY）。

有研究表明，围封措施通过排除家畜的践踏、采食，增加了根系密度及生物量,从而提高地上生物量,促进退化草原正向演替发展,从而使退化草地植被得到明显的恢复。本研究显示,围封排除了牲畜对草原的干扰作用使得草原地上生物量增大。比较围封样地、打草场样地和退化样地的地上、地下生物量不难看出,围封样地>打草场样地>退化样地。由此我们认为,对于不同利用状态下的羊草草原而言,围封可以使其得到更好的保护。但是通过表 1 数据可以看出,3个围封样地(Y79、Y99 和 Y04)地上、地下生物量相差不大,只是 Y79 样地物种数量要远远高于 Y99 和 Y04 样地。由此我们认为围封一定年限以后群落地上生物量就会达到一个稳定的状态,继续围封也不会使地上生物量增加,而只是物种多样性的增大。因此,对比羊草草原不同围封年限和不同利用方式数据可以得知:虽然围封对于草原的恢复和保护效果最好,但并不表示围封时间越长对草原的恢复越有利。在野外实地考察过程中我们注意到 Y79 样地由于长期未利用,枯落物积累量要明显高于其他样地。这一结果一方面导致该样地防火压力的增大,另一方面也是对草原资源的极大浪费。因此,退化草原适当围封若干年后加以利用不仅可以更好地保护草原也符合经济发展的要求。

在本研究中我们注意到各样地 0~10cm 根系比例相差不是很明显,这与一些学者的研究不同,我们认为这与该实验野外地下生物量取样时未将活根与死根分开有直接的关系。我们在野外取样时注意到,围封样地 0~10cm 土层中死亡根系非常多,远远大于打草场样地和退化样地 0~10cm 死亡根系的量。这就使得本研究中所涉及的根系分层与实际情况有一些出入,这需要我们进一步进行研究。

植物地上部分的生长与地下部分的生长可以说是相辅相成,息息相关,既相互依存,又相互竞争,构成相互协调又与环境条件相适应的有机整体。植物群落的地下生物量与地上生物量的比值,既根冠比反映了分配给地下部分的光合产物比例,反映了光合作用物质在草地植物体内的分布和转移。影响根冠比的因素很多,当地上资源(如光照)不足时,植物的地下部分生长受限,从而使根冠比降低。根据王艳芬对冷蒿+小禾草草原的研究,放牧率明显地影响着草原植物地下、地上生物量的分配,根冠比随着放牧率的增大而增大。在本研究中,我们也得到了类似的结果。围封较不围封来说减少了牲畜对群落地上部分的啃食和践踏作用,从而使得围封群落拥有相对较大的地上生物量,从而使根冠比降低。对比围封样地、打草场样地和退化样地我们发现,三者根冠比依次增大。

6.5.2 不同利用方式与退化状态下植物能量功能群优势度变化

优势度反映了功能群在群落中的地位和作用。如图 6-17 所示围封的三个样地与打草场样地相比低能值功能群优势度变化不大,但它们较退化样地来说低能值功能群优势度要小得多。

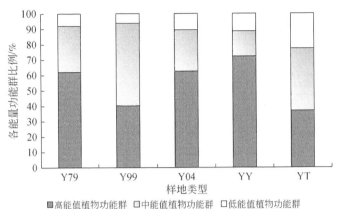

图 6-17　各样地能量功能群优势度百分比

对比高能值植物功能群可以看出：围封样地（Y79、Y04）及打草场样地（YY）高能值植物功能群所占比例要明显高于退化样地。围封样地（Y99）各能量功能群所占比例比较特殊，其高能值植物功能群所占比例要低于围封样地 Y79 和 Y04 及打草场样地（YY），而与退化样地（YT）较为接近，但是它的中能值植物功能群优势度要远远高于其他样地。

不同围封年限和不同利用方式及退化状态对羊草草原能量功能群具有重要影响。有研究表明，植物热值与植物的群落学作用有一定内在联系，在未退化的原生草原群落中高能值植物通常更具竞争力，往往占据优势地位，而低能值植物的竞争力常较弱，构成草原群落的伴生种或偶见种。我们的研究表明，与未退化的围封一定年限的群落相比，在放牧导致的重度退化的群落中高能值植物功能群的优势度下降，而低能值植物功能群的优势度增加。但是打草利用对群落的影响较小，与围封群落相比，没有发生群落能量功能群构成的明显变化。不同围封年限的群落比较，能量功能群构成没有随着围封年限的增加而发生规律性变化。推断造成这种结果的原因，一方面是由于退化群落在围封后发生恢复演替的轨迹较复杂，另一方面也可能是取样样地的异质性造成，这还需要我们进行进一步的调查分析。

从能量功能群角度来看，围封和打草有利于促进草原群落中营养价值更高的中能值、高能值功能群物种的生长。围封和打草场这两种利用方式都可以使羊草草原得到很好的保护，结合上文生物量部分来加以考虑可以看出：围封一定年限后对羊草草原加以利用对草原的保护和经济的发展是十分有利的。从本次研究所得的结果可以看出，对于退化的羊草草原来说，一般围封管理可以使其快速地恢复到令人满意的水平，这个围封年限一般 3～5 年为佳。过长时间的围封不仅是对草地资源的浪费，也有可能出现适得其反的效果。

第7章 草原生态畜牧业模式的实验控制研究

7.1 研究现状与科学问题

7.1.1 研究背景与意义

草地生态系统作为全球第二大生态系统，约占地球陆地总面积的24%，草地生态系统不仅具有饲料生产和畜产品的供给功能，支撑了当今世界很大一部分人口的生活（Anderson et al., 2012），而且还提供了许多其他的功能和服务，如气候调节功能（碳固持）、生物多样性保护和水土保持等功能（Costanza et al. 1997）。放牧是内蒙古草原最重要的土地利用方式之一，至今已有数千年的历史（Zhou et al., 2010）。然而，由于气候变化和不合理的放牧利用，导致草地在气候调节、养分循环、固碳释氧、水源涵养和生物多样性等多功能服务（multifunctional management）维持方面下降（王德利和王岭，2019）。草地生态系统作为全球碳循环的重要组成部分，约占陆地生态系统碳储量的34%，而世界上大面积的草原被用来供养家畜，因此了解放牧前后生态系统结构与功能的变化非常有必要，在此基础上了解放牧对草原生态系统功能和服务的影响至关重要（LeCain et al., 2002）。本章节将重点讨论放牧如何调节生态系统的功能和稳定性。

生态系统服务是指人类从生态系统中获得的全部利益，包括支持服务、供给服务、调节服务、文化服务（MEA, 2005）。生态系统功能指生态系统内发生的一系列生物、地球化学和物理过程，是生态系统的固有属性，主要包括物质循环、能量流动和信息传递三大基本功能（汤永康等，2019）。正常的生态系统通常具备同时维持多重生态系统服务和生态系统功能的多功能性（Hector and Bagchi, 2007）。近年来，人们对生态系统多功能性的兴趣激增，这一概念是在生物多样性–生态系统功能（biodiversity and ecosystem functioning, BEF）和土地管理研究中发展起来的（Manning et al., 2018）。纵观全球，草原是最常见的土地覆盖类型。草原生态系统直接或间接地供养着地球上超过25亿人口的生存（MEA, 2005；Briske, 2017；Evans et al., 2017）。内蒙古作为我国北方重要的天然生态屏障和畜牧业生产基地，放牧是草原生态系统的主要利用方式和管理方法。不同的放牧生态系统中，各草地生态系统功能和服务对放牧的响应存在权衡和协同作用。草地生态系统中放牧引发各服务及功能的权衡与协同关系变化是当前草地生态学及草地管理亟待解决的重要科学问题（王德利和王岭，2019），受到国内外学者的广泛关注。单纯评估放牧对于单一生态系统服务或功能的影响过于片面，无法从生态系统多功能性及权衡的角度解释放牧管理方式是否合理。因此从服务和功能两个方面来研究放牧对草地多功能性的研究是合理的。

在全球变化和人类活动等因素的影响下，草原生态系统可靠地为人类提供功能和服务的能力正在受到严重的威胁。在这一背景下，生态系统能否维持高的生态系统功能服务，有赖于生态系统的高稳定性（李周园等，2021），一个关键的任务是理解这些变化如何改变生态系统的功能、稳定性和服务（Loreau et al.，2001；Cardinale et al.，2012）。稳定性的定义是生态系统受到干扰后保持或恢复原有状态的能力（Pimm，1984）。稳定性是以特定生态系统性质的时间不变性来衡量的，如平均群落生物量与其年际标准差的比率。家畜放牧是草原上最密集的土地利用活动，是影响草原生物多样性、功能和稳定性的主要驱动因素（Koerner et al.，2018；Wang，et al.，2019a）。在放牧生态系统中理解稳定性的维持机制，对于草地的可持续管理具有重要的理论指导意义。

草地是陆地生态系统中最重要的碳库之一，储存着全球陆地约34%的碳（Eze，et al.，2018），是全球碳库不可或缺的一部分。我国陆地生态系统中，草地生态系统所储存的碳约占全球碳库总量的13.2%，草原生态系统所储存的碳90%来源于土壤（朱玉荷等，2022）。草原生态系统具有巨大的碳固存潜力，但这种潜力可能取决于如何管理大型哺乳动物放牧对草原的影响（McSherry and Ritchie，2013）。因此，了解放牧对草地生态系统碳固存的机制对于减少大气二氧化碳（CO_2）浓度和减轻生物圈到大气系统的反馈极其重要（Prommer et al.，2019），这有助于草地管理者制定可持续的土地利用策略，以此来平衡牧草生产和环境保护的目标，且有可能抵消掉全球大气 CO_2 升高的一部分（Glenn et al.，1993；Keller and Goldstein，1998；Gong et al.，2014）。通过放牧控制实验我们可以探究放牧强度和放牧家畜如何影响碳在生态系统的固存和释放，为我国实现"碳达峰和碳中和"目标提供基础数据和理论支持。

7.1.2　国内外研究现状

生态系统多功能性（ecosystem multifunctionality，EMF）的研究是当前生态学研究的热点（井新和贺金生，2021）。Sanderson 等于 2004 年第一次提出"multifunctionality" 的概念，研究认为从多功能角度来评估牧场，将环境效益和生产力纳入其中，有利于草地的可持续管理。Hector 和 Bagchi（2007）首次明确了生态系统多功能性的概念，是指生态系统的多种服务或过程，并量化了生物多样性与 8 个生态系统过程的关系。Gamfeld 等（2008 和 Zavaleta 等（2010）提出生态系统多功能性是生态系统同时维持多个生态功能和服务的能力，高水平的生物多样性往往能够维持高的生态系统功能。近些年大量的研究已经表明，由于人类活动和气候变化等因素导致的生物多样性的降低，从而影响了广泛的生态系统过程，如生产力功能和碳循环功能等（Balvanera et al., 2006; Cardinale et al., 2011; Hooper et al., 2012）。但是这些研究仅研究了单个生态系统功能与多样性的关系。由于生态系统的各个功能对生物多样性丧失的响应存在权衡和协同关系，量化正在发生的多样性丧失如何同时影响生态系统所提供的一整套功能或服务是非常有价值的（Byrnes et al., 2014）。与此同时，研究人员开发出了 4 种理论框架来探索生物多样性和多功能性之间的关系：①单一功能法，仅考虑单一生态系统功能与多样性的关系（Emmett et al., 2003）。②功能–物种替代法，即不同的功能是由不同的物种所驱动（Hector and Bagchi, 2007）。③平均值法，即将不同功能的测定值进行转化、平均，最后得到一个可以代表所测功能平均水平的指数（Hooper and Vitousek, 1998）。④阈值法，即在给定组合或图中定量超过某些预定义的"功能"阈值的功能的数量，分别由单阈值法和多阈值法组成（Zavaleta et al., 2010; Byrnes et al., 2014）。这些研究方法各有优缺点，在实际的研究中应通过多个方法同时来阐明生态系统功能与多样性的关系。

近年来，在放牧生态系统中，多样性和生态系统多功能关系的研究也取得了很大的进展。Zhang 等（2021）的一项全球整合分析中表明：生态系统的多功能性随着放牧强度的增加显著降低，但是同时发现在高多样性的生态系统中这一负相应关系得到缓解。生态系统多功能性是由放牧的直接影响驱动的，而不是放牧对植物或微生物群落组成的影响而间接驱动（Ren et al., 2018）。而在这一系列放牧强度管理中，有研究认为中度放牧强度下可以维持高的生态系统多功能性，有利于草地的可持续管理（Wang et al., 2020）。但是由于放牧对群落结构和生态系统功能的影响还受环境的影响，因此在不同地区制定放牧策略还需综合考量当地的气候和草地情况（Lu et al., 2017）。另外，放牧家畜的多样化对生态系统功能的影响对于草地的可持续管理同样重要。放牧家畜的多样化可以通过增加多样性的方式间接增加生态系统功能，尤其地上植物和昆虫的多样性（Wang et al., 2019a）。多样化的家畜放牧管理实践，可以通过增加多样性的方式来促进多功能性。

7.1.3 研究内容

在本研究中我们将重点从生态系统多功能性、生态系统稳定性和碳循环对放牧的响应三个方面来研究。本研究分别在不同放牧强度和放牧家畜组合野外控制实验下完成。具体如下。

（1）利用在内蒙古锡林郭勒盟典型草原的长期放牧样地，基于土壤养分含量、土壤胞外酶活性、微生物生物量等指标量化土壤多功能性，计算土壤多功能性指数、碳循环指数、氮循环指数、磷循环指数，进一步揭示不同放牧强度对养分循环、碳储量等相关的一系列土壤功能的直接或间接影响。

（2）利用不同放牧强度实验样地中长期地上群落监测数据，量化放牧强度对不同尺度上的生产力稳定性的影响，并评估这些影响是否由植物多样性的变化介导。

（3）本研究基于放牧强度和不同放牧家畜实验平台，通过量化草原地上、地下生物量，土壤理化性质、土壤有机碳组分及稳定性等生态系统关键属性。研究不同放牧管理下草地生态系统地上、地下生物量以及土壤有机碳组分如何变化？各土层间的响应是否一致？

7.1.4　技术路线

关于放牧对草地生态系统功能及其稳定性影响的机制研究具体技术路线如图 7-1 所示，放牧对草地生态系统多功能性的研究如图 7-2 所示，放牧对土壤有机碳组分的影响如图 7-3 所示。

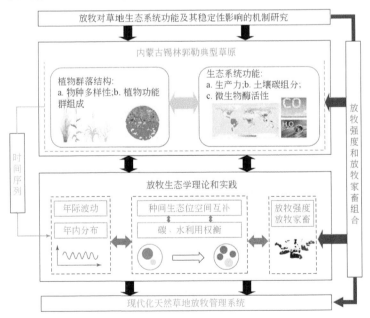

图 7-1　放牧对草地生态系统功能及其稳定性的研究

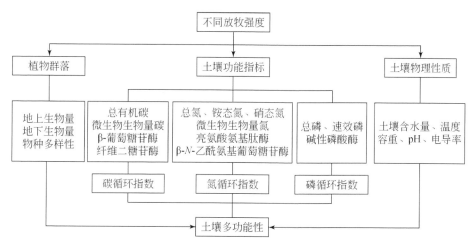

图 7-2　放牧对草地生态系统多功能性的研究

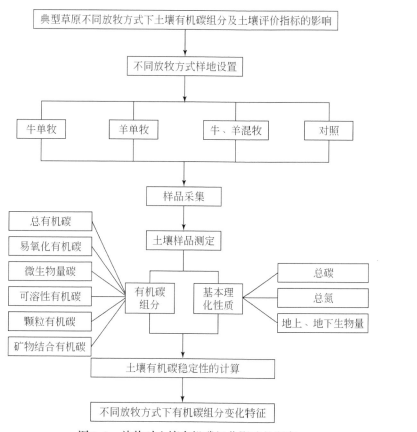

图 7-3　放牧对土壤有机碳组分影响的研究

7.2 研究区概况与实验设计

7.2.1 研究区概况

研究区位于内蒙古自治区锡林浩特市以东20km处的毛登牧场，隶属于中国气象局锡林浩特国家气候观象台。地理坐标为东经116°19′~20′、北纬44°07′~09′，海拔1118m。气候为温带大陆性气候，多年平均降水量为294.9mm，多年平均气温为2.36℃。植被为典型草原，主要优势种为大针茅（*Stipa grandis*）和羊草（*Leymus chinensis*）；主要伴生植物有糙隐子草（*Cleistogenes squarrosa*）、米氏冰草（*Agropyrom cristatum*）、知母（*Anemarrhena asphodeloides*）、双齿葱（*Allium bidentatum*）、蒙古葱（*Allium mongolicum*）、黄花葱（*Allium condensatum*）等。土壤类型为栗钙土。

7.2.2 实验设计

（1）放牧强度实验设计：放牧实验区选择设立在地势较为平坦、群落组织结构相对均匀一致的区域。在放牧实验建立之前，该区域属于轻度放牧利用，载畜率低于0.16只羊/（hm² · a）。为了排除先前的放牧或者人为干扰，我们在2011年夏季对此区域实行禁止放牧，并于2012年初进行围栏划分。放牧实验共设置4个不同放牧强度处理，包括重度放牧（heavy grazing，HG）、中度放牧（moderate grazing，MG）、轻度放牧（light grazing，LG）和不放牧对照（CK）处理，载畜率分别为2.56只羊/（hm² · a）、1.28只羊/（hm² · a）、0.64只羊/（hm² · a）、0只羊/（hm² · a），实验设计采用随机区组方式将每个放牧强度设置3个重复，每个放牧处理的重复分别归类为Block 1、Block 2和Block 3（图7-4）。放牧是通过轮牧的方式来完成的，具体为：轻度放牧处理为28只羊每间隔10d放牧利用1d，一个月放牧总计利用3d；中度放牧处理为28只羊每间隔5d放牧利用1d，一个月放牧总计利用6d；重度放牧处理为28只羊每间隔2.5d放牧利用1d，一个月放牧总计利用12d。

（2）不同放牧家畜组合实验设计：放牧实验区选择设立在地势较为平坦、群落组织结构相对均匀一致的区域。放牧实验开始于2013年，每年生长季进行放牧实验，放牧实验共设置4个不同放牧家畜组合，包括羊单牧（sheep grazing，SG），牛单牧（cattle grazing，CG），牛、羊混牧（cattle and sheep grazing，CSG）

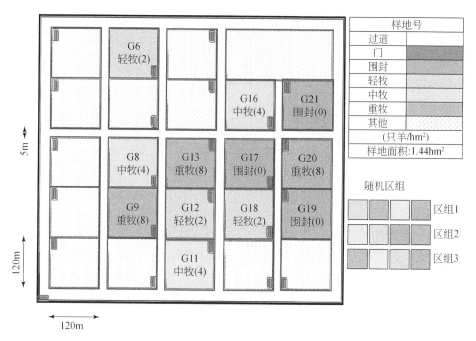

图 7-4　不同放牧强度实验设计

和不放牧围封处理（NG），载畜率均为 2.76 只羊/（hm²·a），实验设计采用随机区组方式将每个放牧方式设置 3 个重复，共有 12 个放牧实验区。牛单牧与羊单牧的样地为正方形，面积约为 625m²；由于牛、羊混牧下，载畜量变大，因此将牛、羊混牧样地设置为长方形，面积约为 1300m²，是单牧样地的 2 倍；围封不放牧样地的面积为 14 400m²。林波等认为，一头牛在草原上的采食量是羊的 10 倍。汪诗平的研究表明，草原上牛、羊的载畜量比例为 5：1。对此经过专家的考量，我们选取了健康的成年 85 只羯羊与 10 头西门塔尔牛进行放牧实验，把牛、羊的载畜量比例控制 2.76 只羊/（hm²·a）。在每年生长季 6~8 月，通过短时间高强度放牧的方式完成。每个月牛单牧、羊单牧和牛、羊混牧样地分别放牧半天，全年共计放牧 1.5d，其余时间为围封不放牧。每次放牧前，牛、羊均未进食，放牧强度控制在中高强度，即约 50% 的植物地上生物量被采食掉。实验设计如图 7-5 所示。

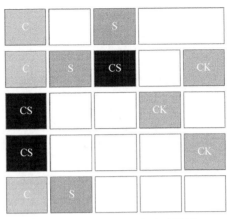

图 7-5　不同放牧强度实验设计

7.2.3　研究方法

1. 土壤样品采集与处理

本实验于 2020 年 7 月底进行样品采集。如图 7-6 所示，将 12 个小区每一个都分为 4 个象限（A、B、C、D），各象限内采用 5 点取样法，5 个采样位置均以"X"在图中标注。子样品用土钻法分层采集 0～10cm、10～20cm、20～30cm 和 30～50cm 的土样。在各象限中，由 5 个子样品等量混合为一个样品，混合样品重约 200g，并将其分为 3 份。其中一份带回实验室自然风干，用于测定土壤理化

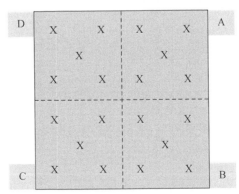

图 7-6　各放牧植物和土壤样品取样示意图

每个小区划分为四个象限（A、B、C、D）；X 为具体的样品采样地

性质；另外两份保存于 4℃ 冰箱，用于土壤微生物生物量、土壤酶活性和微生物残体碳的测定。在各象限居中的点位，分别挖 30cm×30cm×30cm 的土壤剖面，利用环刀法测定 0 ~ 10cm、10 ~ 20cm、20 ~ 30cm 和 30 ~ 50cm 的土壤容重。

2. 植物样品采集与处理

在各象限居中的取样点位，设置 4 个 1m×1m 的样方对植物群落进行调查，记录物种的丰富度和多度，随后按物种齐地刈割并收集，于 65℃ 烘箱烘干 48h 至恒重后称其干重。此外，将所记录的所有物种根据其植物生活型划分为 4 个功能群，分别为多年生丛生型禾草（perennial bunchgrasses，PB）、多年生根茎型禾草（perennial rhizome grass，PR）、多年生杂类草（perennial forbs，PF）和一年生、二年生草本（annuals and biennials，AB）（Bai et al., 2004）。

此外，在每个移除地上植物的样方内，利用土钻法分层采集 0 ~ 10cm、10 ~ 20cm、20 ~ 30cm 和 30 ~ 50cm 土样，然后 2 钻合一用于估算各土层的根系生物量。将土样装入 0.5mm 的网眼纱袋中，首先在流动的水中将大量的泥沙冲洗走之后，再在水盆里漂洗并用 100 目筛子收集植物根系，烘干（65℃，48h）至恒重后称重，得到地下生物量。

3. 土壤样品的测定

在生态系统多功能研究中：分别对碳循环指标（总有机碳、微生物量碳、β-葡萄糖苷酶、纤维二糖水解酶）；氮循环指标（总氮、铵态氮、硝态氮、微生物量氮、亮氨酸氨基肽酶、N-乙酰-β-D-葡萄糖苷酶）；磷循环指标（总磷、速效磷、碱性磷酸酶）以及土壤物理属性（含水量、土壤温度、土壤容重、pH、电导率等）进行测定，具体测定方法如表 7-1 所示。

表 7-1　土壤样品测定方法

测试指标	缩写	测试方法	仪器
总有机碳	TOC	重铬酸钾容量法	—
总氮	TN	—	元素分析仪（Elementar，Hanau，Germany）
铵态氮	NH_4^+	氯化钾浸提法	流动分析仪（AA3，SEAL Analytical，Germany）
硝态氮	NO_3^-		
总磷	TP	钼锑抗比色法	分光光度计（723PC，上海菁华）
速效磷	AP		

测试指标	缩写	测试方法	仪器
微生物量碳	MBC	氯仿熏蒸浸提法	有机碳分析仪（Elementar，Hanau，Germany）
微生物量氮	MBN	氯仿熏蒸浸提法	流动分析仪（AA3，SEAL Analytical，Germany）
β-葡萄糖苷酶	BG	土壤酶试剂盒（索莱宝科技有限公司，北京）	多功能酶标仪（Epoch，BioTek，USA）
纤维二糖水解酶	CBH		
亮氨酸氨基肽酶	LAP		
N-乙酰-β-D-葡萄糖苷酶	NAG		
碱性磷酸酶	ALP		
土壤含水量	SM	—	数据记录仪（Cembell CR1000，USA）
土壤温度	ST		
土壤容重	BD	烘干法	鼓风烘干箱（DHG-9420A，上海一恒）
土壤电导率	EC	土水比1:5混合	笔式电导率仪（SX-650，上海三信）
土壤pH	pH	土水比1:2.5混合	pH计（PHS-3E，上海雷磁）

在碳组分研究中，分别完成以下定量指标的测定。

（1）土壤全碳：使用高精度天平称取过100目筛后的土壤样品100mg，用锡纸包裹，通过元素分析仪（Elementar Vario MacroCube，德国）测定。

（2）土壤有机碳：称取0.2g过2mm筛的风干土壤，放入硬质试管中待用（必须使用硬质试管，普通试管无法承受高温加热，易发生爆炸）。配置0.8mol/L的重铬酸钾溶液，使用移液枪精准抽取5mL加入到硬质试管中，同时使用移液枪抽取5mL的浓硫酸加入硬质试管中，在此期间会产生热量并伴有喷溅发生，充分摇匀。重复以上操作，将20只硬质试管放入事先准备好的铁丝笼中（每笼有1~2个空白实验），准备好石蜡油放入铝锅中，放入石蜡油到铝锅高度的一半，放在加热板上进行加热，待油温到达180℃左右后，将装满试管的铁丝笼放入锅中煮沸，待试管中的液体沸腾后开始计时5min，5min后将铁丝笼拿出冷却。将试管中的内容物倒入透明的玻璃器皿，如烧杯或锥形瓶中，同时用超纯水清洗试管内部，一并倒入锥形瓶中，继续加入phenanthroline指示剂溶液变为橙黄色。开始使用0.2mol/L硫酸亚铁滴定，充分摇匀，使其均匀反应，直至锥形瓶中的溶液由橙黄色变为蓝绿色最终变成砖红色，此时为滴定终点。记录硫酸亚铁的消耗量（V）。每一批样品都需要至少两个空白实验，空白中加入二氧化硅白色粉末来替代土壤样品，记录滴定空白的硫酸亚铁的消耗量（V_0），取平均值。

（3）易氧化有机碳：使用高锰酸钾氧化法。将土壤样品使用 333mol/L 的高锰酸钾溶液进行氧化后，将上清液稀释 250 倍，在 565nm 下的分光光度计测定其吸光值。

（4）颗粒有机碳（POC）与矿物结合有机碳（MAOC）：使用重力分组法进行测定。称取土壤样品 20g 放入瓶中，加入 5g/L（NaPO$_3$）$_6$ 溶液，振荡 18h 后，使用 270 目筛将分散液置于筛上，并用清水将其沥净，筛上所得到的就是 53～2000μm 的土样，放到烘箱中，60℃烘干 48h 后取出，所得土样过 100 目筛后，用高精度天平准确称取 100mg，用锡纸包裹，使用元素分析仪（Elementar Vario Macro Cube，德国）测定颗粒有机碳含量。矿物结合有机碳含量由总有机碳含量减去颗粒有机碳含量获得。

（5）微生物量碳（MBC）：将土壤样品以及氯仿分别置于两个小烧杯中，将两个烧杯放入到真空干燥箱中，进行氯仿熏蒸，在真空状态下保持 25℃以及黑暗状态熏蒸 24h。另取两个烧杯，一个不加土样，另一个加入氯仿，作为空白实验。熏蒸后加入定量的 0.5mol/L 的硫酸钾溶液，离心后抽取上清液，溶液于有机碳分析仪（Shimadzu Model TOC–500，JAPAN）测定。

（6）可溶性有机碳（DOC）：取 10g 新鲜土样按照水土比为 5∶1 进行混合，混合后上摇床振荡 1h（250r/min），振荡后进行离心（15 000r/min）10min，抽取上清液过 0.45μm 的铝膜，之后的步骤同（4）中测定方法一致。

（7）土壤 pH 的测定：在锥形瓶中放入定量称取的 10.00g 风干土壤，加入 25mL 纯水，摇床上振荡 20min，静置 0.5h 后，使用 pH 计测定。

（8）土壤电导率的测定：在 50mL 离心管中放入定量称取的 10.00g 风干土壤，加入 50mL 纯水，摇床上振荡 20min，静置 0.5h 后，使用电导率仪测定。

4. 物种多样性指数计算

本研究计算了物种丰富度（species richness）以及香农–维纳（Shannon-Wiener）多样性指数、辛普森（Simpson）多样性指数和均匀度指数（Pielou）等多样性指数。计算公式如下。

物种丰富度（α_{rich}）：多样性指数是基于物种有无计算得到，我们通过每个放牧小区（4 个放牧处理×3 个重复，共 12 个小区）4 个取样重复（1m×1m）分种样方中记录到的平均物种数作为 α_{rich} 多样性，计算公式见式（7.1）：

$$\alpha_{rich} = \frac{\sum_{i=1}^{n} S_i}{n} \tag{7.1}$$

式中，n 为每个放牧小区的 4 个样方数量；S_i 为每个放牧小区中第 i 个样方的所有物种数。

香农–维纳多样性指数是调查植物群落局域生境内多样性指数（Shannon，1948），计算公式如式（7.2）所示：

$$H = -\sum\nolimits_{i=1}^{S} p_i \times \ln p_i \qquad (7.2)$$

式中，H 为香农–维纳多样性指数；S 为每个 $1m^2$ 样方内的物种数；p_i 为每个 $1m^2$ 样方内物种 i 的相对生物量。

辛普森多样性指数基于物种丰度加权计算得到，我们首先计算了每个样方的辛普森多样性指数（Simpson，1949），其表征群落中物种优势度的变化，公式如式（7.3）所示：

$$D = 1 - \sum\nolimits_{i}^{S} p_{ic}^2 \qquad (7.3)$$

式中，D 为辛普森多样性指数；p_{ic} 为物种 i 在放牧小区中第 c 个样方的相对生物量；S 为放牧小区中第 c 个样方的所有物种数。

Pielou 均匀度指数表征群落内物种间的丰富度或生物量分布的良好程度（Pielou，1967），计算公式如式（7.4）：

$$E = \frac{H}{\ln S} \qquad (7.4)$$

式中，E 为 Pielou 均匀度指数；H 为香农–维纳多样性指数；S 为每个 $1m^2$ 样方内物种数。

5. 土壤有机碳稳定性的计算

土壤有机碳稳定性的计算公式如下：

$$有机碳稳定指数（RIc）= \frac{惰性有机碳含量}{总有机碳含量} \times 100\% \qquad (7.5)$$

式中，惰性有机碳含量为矿物结合有机碳含量（MAOC）。

6. 多功能指数的计算

本研究共选取 13 个土壤功能指标计算土壤多功能性。选取的 12 个指标与碳（总有机碳、微生物量碳、β-葡萄糖苷酶、纤维二糖苷酶）、氮（总氮、铵态氮、硝态氮、微生物量氮、亮氨酸氨基肽酶、N-乙酰-β-D-葡萄糖苷酶）、磷（总磷、速效磷、碱性磷酸酶）各循环密切相关。总有机碳、总氮、总磷和速效磷是草地生态系统中植物和土壤生物碳、氮、磷可利用性的指示指标，并控制许多生物地球化学过程（Abadín et al.，2011）。土壤铵态氮、硝态氮由氮矿化和硝化等重要的生态系统过程产生，是微生物和植物重要的氮源（Schimel and Bennett，

2004）。土壤微生物生物量是土壤有机质中最活跃的部分，周转率较高，在土壤中的营养物质转换和供给中起关键作用（Singh and Gupta，2018）。土壤胞外酶主要由植物根系分泌物以及土壤微生物的生长代谢产生，对土壤有机质的矿化、养分的循环具有重要作用（Jiang et al.，2019）。与碳循环有关的β–葡萄糖苷酶（BG）、纤维二糖水解酶（CBH），是分解纤维素的主要酶，能够反映纤维素碳源在土壤中的分解能力；与氮循环有关的亮氨酸氨基肽（LAP）、N-乙酰氨基葡萄糖苷（NAG），其主要作用是分解土壤中的几丁质及蛋白质；与磷循环有关的碱性磷酸酶（ALP）是有机磷与无机磷之间的重要桥梁，它的活性能反映出土壤磷供给能力、利用情况，可以指示磷生物转化的方向和强度（Uhrig et al.，2016）。因此，酶活性可以作为碳、氮、磷等元素在土壤中转化速率和供给能力的优良指示因子（Luo et al.，2017）。

本研究纳入13个土壤主要功能指标，分别采用平均值和单阈值两种方法计算土壤多功能性。

平均值法，首先对13种土壤功能指标取Z分数，Z分数计算公式如下：

$$Z_{ij} = (X_{ij} - \mu_j)/\sigma_j \tag{7.6}$$

式中，i的取值范围为1~12；j的取值范围为1~13；Z_{ij}为第i个样地第j种土壤功能指标的Z得分；X_{ij}为第i个样地第j种土壤功能指标的测定值；μ_j为第j种土壤功能指标在所有样地内的平均值；σ_j为第j种土壤功能指标在所有样地内的标准差。其次，求取13种不同土壤功能指标的Z分数平均值，即为各样地土壤多功能性（Maestre et al.，2012）。计算公式如下：

$$SMF = \sum Z_{ij}/13 \tag{7.7}$$

单阈值法，可以避免因某些生态系统功能类别权重过大而产生的偏差（Manning et al.，2018）。首先对各功能进行聚类分析以将相似且密切相关的功能聚为一类，每个类群都被分配了相同的权重（均为1），并且类群内的功能的权重相同，加和为1。然后根据阈值法计算多功能性，计算每个样点中超过一定阈值的功能的权重。利用factoextra包进行聚类分析。根据聚类结果将13个土壤功能聚为3类，将每个功能最高5个值的25%、50%和75%分别定义为阈值，计算每个样地超过阈值的函数的平均权重。

除多功能性指数外，本研究还分别计算了碳循环多功能性指数、氮循环多功能指数、磷循环多功能指数，计算方法与土壤多功能性方法一致。

7. 生态系统稳定性计算

首先本研究定义物种稳定性以及α和γ尺度的群落稳定性（Wang et al.，2019d；Wang and Loreau，2014）。通过时间不变性计算稳定性，即均值与标准差的比值，它表征了生态系统在波动环境中维持其功能的能力（Liang et al.，2021a）。物种稳定性被定义为跨物种和当地社区的当地物种稳定性的加权平均值；α 稳定性计算为当地社区社区稳定性的加权平均值；γ 稳定性被计算为较大空间尺度上的群落稳定性。这些定义的数学公式可查阅 Wang 等（2019d）。其次，我们将物种异步性定义为 α 稳定性与物种稳定性的比值，它反映了局部群落内物种之间种群动态的不一致性；我们还将空间异步性定义为 γ 稳定性与 α 稳定性的比值，它反映了局部群落之间群落动态的不一致性。因此，γ 稳定性可以表示为物种稳定性、物种异步和空间异步性的乘积。最后，我们将总异步性定义为物种异步性和空间异步性的乘积，从而量化了物种提供的总保险效应和从本地物种到更大空间尺度群落的空间异步性。有关稳定性和同步指数方程的更多详细信息，请参见 Wang 等（2019d）。

7.3　实验控制条件下草原对放牧的响应

7.3.1　放牧对生物多样性的影响

在不同放牧强度下，绵羊的采食强度是影响草地多样性的主要原因。在重度牧压下，植物物种丰富度最大（图 7-7）。这可能是重度放牧下家畜的偏食性采食对适口性较好植物的生长有一定的抑制作用，处于竞争弱势的物种获得更多的定植机会和生长空间，主要表现为一年生、二年生植物数量增多，因此提高了群落的丰富度（杨利民等，2001）。但是在长期围封下，由于地面凋落物的累积也不利于种子的萌发以及幼苗的生长，并且以多年生植物为主的群落，物种丰富度受到会制约。另外，本研究表明，植物群落香农−维纳多样性指数、辛普森多样性指数和 Pielou 指数随着放牧强度的增加呈现出先减小后增大的趋势。群落均匀度的变化主要是由家畜采食强度差异造成的（图 7-8）。在本研究中绵羊选择性采食适口性好的根茎禾草（以羊草为主）和杂类草（以知母为主），而适口性较差的大针茅被大量留存下来，并且在中度牧压时大针茅的优势度达到最大。因此在以大针茅为优势的草原上，单一地放牧绵羊，通过增加放牧强度的方式并不能控制优势物种大针茅的优势度，而这也正是持续降低草地均匀性的主要原因（Liang et al.，2018；Koerner et al.，2018）。单一优势大针茅在群落中会通过垄断资源（如光、养分和水）的方式降低群落的均匀性（McNaughton and Wolf，1970；Whittaker，1965）。

不同于放牧强度，不同家畜放牧对草地多样性的影响，主要是由家畜采食偏好的差异造成的（图 7-8）。在本研究中，放牧相较于围封不放牧物种丰富度增

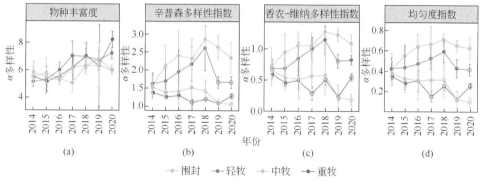

图 7-7　不同放牧强度下多样性年际动态变化

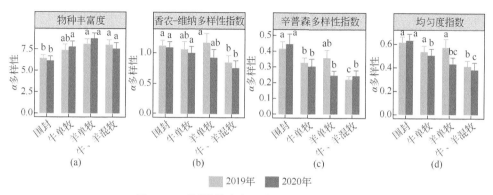

图 7-8　不同放牧家畜对草地多样性的影响

加。其中羊单牧处理下物种丰富度最高，其原因为羊单牧处理下一年生植物得以
生存和生长，提高了物种丰富度。物种丰富度与水分也有一定的相关性，在降水
较多的月份放牧后物种丰富度增加得更加明显，其原因可能为降水增加促进了一
年生植物的生存生长，进而物种丰富度增加（邬嘉华等，2018）。所以放牧后物
种丰富度增加主要与一年生植物的生存和物种数有关。而对照样地中物种丰富度
较低，其原因可能是立枯物和凋落物的积累使得群落受到光资源的限制，一些矮
小的植物被遮挡无法完成光合作用从群落中消失（吴雨晴等，2019）。本研究结
果显示，放牧后香农–维纳多样性指数、辛普森多样性指数和均匀度指数均下降。
这可能与牛羊的采食习性有关。牛喜食群落中高度较高的物种，对物种的选择性
较低，羊则喜食群落底层的物种，对植物的选择性较高，喜食适口性好且营养含
量高的牧草（肖翔等，2019）。而在牛、羊混牧处理下，牛主要采食较高的物种，
其采食后羊可以继续采食矮小的物种或者被牛采食过但仍有残留的植物，长此以
往将导致草地恢复力差，不利于草地的可持续发展。但也有研究发现，牛、羊混

牧相较于牛和羊的单牧能够很好地维持物种多样性（徐炜等，2016；谢婷等，2021），产生结果的差异可能与实验所设置的牧压不同有关。

7.3.2 放牧对生态系统功能的影响

1. 放牧对生产力功能的影响

放牧是世界范围内草地利用的主要模式之一。家畜对地上生物量和地下生物量有直接和间接的影响（蔡艳等，2019）。在中国的草地放牧模式下（图7-9），放牧显著降低了地上生物量、地下生物量，分别降低了42.77%及23.13%（Ganjurjav et al.，2015）。一般来说放牧强度是影响生态系统最主要的因素之一。但是不同的放牧动物对草原生态系统的影响也存在差异，这可能和放牧动物体型大小、口齿形态、肠道形态及其相关功能等方面引起的饮食和代谢的差异有关，进而对草原生态系统的影响也会因不同放牧动物的选择而存在差异（Schwartz and Ellis，1981）。

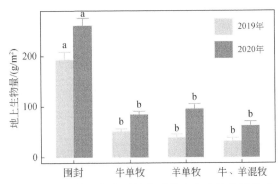

图7-9 不同放牧家畜对植物群落地上生物量的影响

在相同牧压不同家畜放牧处理中，相较于围封不放牧，牛单牧地上生物量降低42.13%，羊单牧地上生物量降低29.5%，牛、羊混牧地上生物量降低43.14%。牛单牧与牛、羊混牧下降趋势与前人研究基本一致。羊单牧下，地上生物量的下降趋势弱于牛单牧与牛、羊混牧，这可能的原因是：在放牧羊后一年生植物在生物量中所占比例较高（Guo et al.，2014）。绵羊通常会贴近地面进行采食，会损害植物的生长点，导致曾经的优势种无法继续增长，从而使适口性好的植物在放牧之后很难快速恢复（Hadden and Grelle，2016）。另外，放牧绵羊通常使得地面裸露面积增加，这为一年生植物提供良好的生长环境，在雨水条件好的月份一二年生植物补偿了群落生物量的降低幅度，因此羊单牧的地上生物量表现出多于牛单牧与牛、羊混牧的现象。但也有研究认为，牛、羊混牧相较于牛单牧与羊单牧，会更好地维持物种多样性（Wagle and Kakani，2014），造成这样的原因可能是由于设置的牧压不同导致的结果不同。

当设定放牧家畜一样而放牧强度不同时，与围封不放牧相比，其他三个放牧强度均导致植物群落地上生物量下降，这一结论在不同的生态系统中均得到了验证（高成芬等，2021；刘丝雨等，2021）。群落总生物量的降低可能和绵羊在不同放牧强度下对各物种采食强度不同有关（图 7-10）。通常放牧强度的改变显著影响了植物群落结构，如放牧增加了多年生丛生禾草、一二年生植物功能群的比例，降低了多年生根茎禾草、多年生杂类草功能群的比例。在本研究中主要表现为，高大丛生禾草的大针茅在群落中的比例增加，这和大针茅对绵羊具有较强的耐受性有关（Bai et al.，2012），因此具有较强的竞争优势。羊草是本研究中多年生根茎禾草的主要物种，作为优良牧草，其适口性好，往往被家畜优先采食，因此放牧群落当中往往比例较低，且放牧强度越大比例越低。类似地，百合科的葱类和一些豆科植物由于同样具有良好的适口性、营养丰富，它们的相对生物量同样显著降低，此结果与其他学者（Liang et al.，2018）在内蒙古草原区的研究结果一致。在以多年生草本建群的草原植物群落中，短命植物通常会受放牧的影响而增加，并且先前在此区域的研究也表明放牧能显著提高一年生植物的物种多样性和生物量（Liang et al.，2018）。

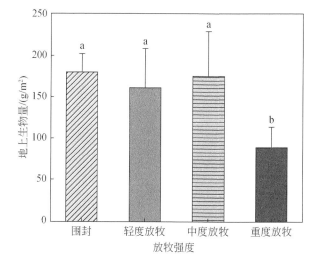

图 7-10　不同放牧强度下群落生物量

2. 放牧对有机碳稳定性的影响

SOC 是一个复合实体，由周转时间不同的碳组分构成（Campbell et al.，

1967；Debasish et al.，2014）。本研究中，主要关注不同土壤层中各碳组分的分布情况，这有助于我们了解不同放牧强度下 SOC 动态和碳封存的机制。由放牧强度增加引起的表土中 LFOC 的积累导致 SOC 的减少 ［图 7-11（a）］。这是由于植物地上生物量输入表层土壤导致的（Stemmer et al.，1999）。与表土相反，相较于围封不放牧，增加放牧强度都增加了底土的 SOC 含量，特别是在轻度放牧下。这一现象说明在底层土壤中，轻度放牧比中度和重度放牧具有更强的固碳潜力（Jiang et al.，2020）。综上所述，我们的结果表明，轻组有机碳是 SOC 的一个重要解释因素。作为一种易流失的中间部分，轻组有机碳可能是不同放牧强度下碳动态和总 SOC 变化的早期指标（Six et al.，2002；Dong et al.，2021）。在本研究中，轻组有机碳含量影响了不同土层 SOC 的稳定性。放牧强度主要通过控制植物源碳的输入来调节不同土层轻组有机碳的含量。而轻组有机碳的增加可能加速了稳定有机碳的周转（Fontaine et al.，2007）。总之，每个土壤层中的根系生物量分布决定了整个土壤剖面的 SOC 分布模式。

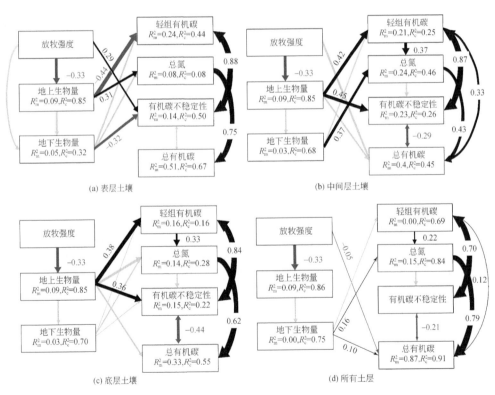

图 7-11　各土层 SOC 对放牧强度响应的结构方程模型（SEM）

2020 年不同放牧方式下土壤有机碳稳定性表现为对照＝羊单牧＞牛、羊混牧＞牛单牧，2021 年表现为牛、羊混牧＞对照＝羊单牧＞牛单牧。同时根据结构方程模型可以看出，在牛单牧样地，影响该处理下土壤有机碳稳定性的因素为地上、地下生物量以及土壤总碳，地上生物量对土壤有机碳稳定性有积极的影响，地下生物量以及土壤总碳对土壤有机碳稳定性有显著的负影响。羊单牧与牛、羊混牧土壤有机碳稳定性仅受到土壤总碳的影响，土壤总碳显著降低了土壤有机碳的稳定性。Cui 等（2005）研究发现，轻度放牧对草原土壤总碳与总有机碳的含量影响不大。植物的补偿性生长使得大量碳向土壤转移，同时土壤有机碳在土壤中的损失较低，这在很大程度上解释了轻度放牧下土壤有机碳的相对稳定性。造成牛单牧土壤有机碳稳定性最低以及土壤总碳作为影响土壤有机碳稳定性的最重要的因素，可能的原因是放牧方式的不同导致枯落物质量的不同。有研究表明，枯落物与土壤有机碳稳定性有关，高质量的枯落物会提高土壤有机碳稳定性（Wang et al.，2013）。而牲畜的践踏会促进枯落物向土壤输入，牲畜践踏促进了有机碳向颗粒有机碳和矿物结合有机碳的转化，由于践踏枯落物中的碳向颗粒有机碳的转换效率增加了 157%，向矿物结合有机碳转化的效率增加了 47%，这表明践踏促进了枯落物碳在土壤有机碳中的储存（Wei et al.，2021）。Naeem 等（2022）认为与单一食草动物物种相比，多种食草动物放牧可能显著加快凋落物分解速率。这与本研究的结果相一致，2021 年土壤有机碳稳定性在牛、羊混牧下最高。土壤有机碳稳定性与矿物结合有机碳密切相关，目前有学者发现土壤矿物结合有机碳受到地下生物量的限制，地下根系尤其是活根的增加会限制矿物结合有机碳的含量，根系对矿物结合有机碳的积累产生反作用（Pierson et al.，2021）。这与本研究得出的结果相一致，本研究中，2020 年牛单牧处理下地下生物量含量最高，羊单牧与牛、羊混牧地下生物量含量较低，同时土壤有机碳稳定性表现为羊单牧＞牛羊混牧＞牛单牧。

7.3.3　放牧对草地土壤多功能性的影响

本研究主要探究了内蒙古典型草原不同放牧强度对土壤多功能性以及碳、氮、磷循环等单项功能的影响。结果表明，相较于不放牧，轻度放牧能够显著提高土壤多功能性（$P<0.05$），其他放牧无显著差异［图 7-12（a）］。这与大量的研究结果相类似，这些研究证实了放牧最优化假说，即适度放牧对草地生产产生积极影响的主要机制表现为改善土壤碳储备、加快土壤养分循环速率以及诱导植物补偿性生长（Hayashi et al.，2007）。本研究发现土壤碳、氮循环指数在轻度放牧下最高［图 7-12（b）、（c）］，同时轻度放牧样地具有最高的土壤功能指标，

如总磷、铵态氮、β-葡萄糖苷酶活性、碱性磷酸酶活性、亮氨酸氨基肽酶活性和微生物量碳，表明轻度放牧促进和改善了土壤养分循环等多种土壤功能，从而具有较高的土壤多功能性。类似地，适度放牧干扰更有利于维持阿勒泰草地生态系统多功能性（蔡艳等，2019），低强度放牧可以增加半干旱草原的生态系统多功能性（Ren et al.，2018）。

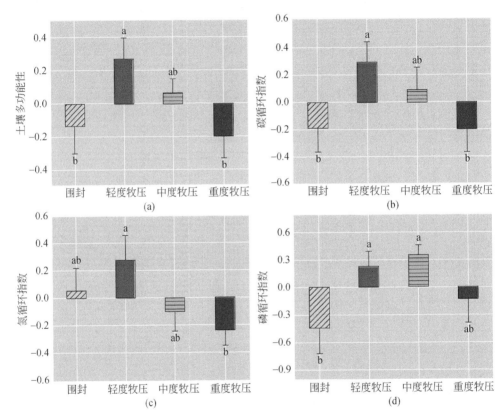

图 7-12 放牧强度对土壤多功能性的影响

目前人们广泛接受的观点是禁牧措施可在短期内促进植被、土壤功能的恢复（Bai et al.，2007），但长期围封不利于草地生态系统平衡的维持和能源的综合利用（Wan et al.，2016）。这可能是因为围封样地没有生物量转移路径，大量堆积在凋落物层的有机物难以分解，从而大大减缓了物质分解和养分循环速率（Hossain and Sugiyama，2008）。我们的研究也证实了这一观点，本研究发现不放牧样地（围封十年）的碳循环指数、磷循环指数显著低于轻牧或中牧样地，这与前人的研究结果一致 [图 7-12（b）、（d）]。同样地，Wang 等（2020）研究也表明内蒙古典型草原生态系统多功能性、养分循环速率和植物生产力在围封样地最低，中度放牧下最高。

7.3.4　放牧对草地生产力时间稳定性的影响

本研究是放牧对稳定性的尺度依赖性影响的第一个证据。我们的研究表明，在我们的放牧生态系统中放牧家畜增加了当地物种的稳定性，但是在局部和更大的空间尺度上降低了群落的稳定性。这种尺度依赖性的放牧效应可以从其对当地群落内部和跨空间的生物多样性的负面影响中理解，这种负面影响分别通过减少物种异步性和空间异步性而损害保险效应（图7-13）。

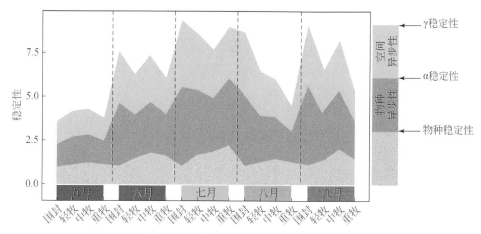

图 7-13　放牧对跨尺度稳定性的影响

从物种水平上看，放牧对物种稳定性的正效应主要归因于放牧家畜的选择性采食，这种选择性采食进一步增加了优势物种大针茅的相对丰度。一般来说，食草动物优先选择美味和营养的植物。在草地生态系统中，与其他植物相比，大针茅的适口性较差且营养价值较低（Liang et al., 2019）。因此，抗性较强的大针茅优势度的增强导致物种的稳定性提高。另外，由于放牧增强了大针茅的优势地位，导致当地群落内的植物多样性降低，从而削弱了生物多样性对当地群落稳定性的保障作用。生物多样性稳定作用的一个主要机制是不同物种对环境波动表现出异步反应，这种反应相互补偿，并导致在群落水平上表现出更高的稳定性（Tilman et al., 2006）。我们的结构方程模型也进一步证实了这一假设，即放牧通过降低α多样性间接降低了物种的异步性。

从空间尺度上来看，放牧对群落稳定性的负面影响从局部（α）尺度扩大到了（γ）空间尺度，因为局部群落尺度上的α稳定性是γ稳定性的主要驱动力。之所以γ稳定性的降低明显小于α稳定性的降低，这是由于放牧增加了空间异步性。在集合群落理论预测中认为，当地社区对环境波动的异步反应为维持集合群落稳定性提供了空间保障（Loreau et al.，2003；Wang and Loreau，2014）。且群落间的空间异步性随着 β 多样性的增加而增加，随着 α 多样性的减少而减少（Wang and Loreau，2016）。我们的数据正好和这一理论吻合，放牧通过 α 和 β 多样性两种途径影响空间异步性，进而影响群落的跨尺度群落稳定性。

总之，我们的研究揭示了放牧对多尺度稳定性的影响，并阐明了生物多样性在调解这种影响方面的作用。特别是，我们发现，由于放牧引起的生物多样性丧失导致物种稳定性增加，但由于物种异步性和空间异步性的减少，降低了局部和更大空间尺度上的群落稳定性。我们的多尺度方法提供了一个潜在的框架，以协调在单一尺度上进行的研究的特异性结果，并使用不同的放牧制度来增加或减少生物多样性（Filazzola et al.，2020）。未来的研究可以采用我们的方法设计和分析放牧试验，以进一步解决放牧效应的尺度依赖性，特别是在更广泛的空间尺度上。这种见解将有助于在小规模生态研究与大规模管理之间架起桥梁，从而为不断变化的环境中的决策提供有用的指导。

7.4 草原生态畜牧业模式的实验设计

草原是最脆弱的生态系统之一，面临着降低植物多样性和生态系统服务等威胁（Briske，2017）。因此，发展一种可持续放牧生态系统是我们急需解决的一个现实问题，其目标为提高生态系统稳定性，维持较高植物的多样性、提高生态系统多功能性（EMF）和提供多种生态系统服务（Ren et al.，2018；Briske，2017）。放牧对草地生态系统的影响可能是高度可变的，这取决于放牧管理策略和环境条件之间的相互作用（Briske et al.，2011）。这一复杂性使得我们需要设置多种放牧控制实验来探寻适合当地草地生态系统的放牧策略。因此需要我们做大量的放牧实验来验证最佳放牧管理策略。接下来我们重点比较典型草原中主要的几种放牧控制实验，并以此来论证我们放牧策略的优势以及不足。

首先，放牧强度对生态系统水平的影响是最大的（Briske et al.，2011）。一般认为适度的放牧压力可能是欧亚大陆半干旱草原的最佳放牧强度（Ren et al.，2018；Wang et al.，2020a）。然而由于生境的不同，可能最适宜的放牧强度会不同。在我们的控制实验中共设置了 3 个放牧强度和一个围封不放牧处理，不同于单纯的放牧强度控制实验，我们同时考虑了轮牧对生态系统的影响。我们认为轻度放牧（2 只羊/hm^2）可能是本地区最佳的放牧利用强度。这是因为轻度放牧利用下可以显著削弱生态系统"供应"和"调节"服务（权衡指数 0.22）之间的权衡关系（Fan et al.，2019），且在轻度放牧利用下土壤的多功能性和生产力时间稳定性最高（Liang et al.，2019）。在相同的区域，另一项放牧控制实验表明在生长季6~9月以1.5~3.0只羊/hm²的强度连续放牧可以提高草地生态系统的多功能性，但是当放牧强度大于4.0只羊/hm²时将降低生态系统的多功能性（Ren et al.，2018）。这一结果和我们的研究结论是一致的，这表明4.0只羊/hm²或许是本地区维持50%以上生态系统多功能性的临界放牧强度。

其次，与单一牲畜放牧相比，牲畜多样化可以为昆虫和土壤生物提供更多种类的生态位，如增加动物粪便和植物凋落物的种类（Wang et al.，2019a）。因此，单靠管理放牧强度可能不足以达到提高草地生态系统功能（如固碳、生产力等）的目的，在今后的草地放牧管理中还更应该考虑放牧牲畜的多样化（Chang et al.，2020）。在半干旱草原上，羊和牛的混合放牧可能是一种特别有效的做法，这有助于提高生态系统的多个功能（Wang et al.，2019a，2019e；Chang et al.，2020）。然而在我们的研究中发现牛、羊混合放牧并不总是最佳的放牧管理，在我们两年的研究中发现：羊单牧和牛、羊混牧分别有利于促进草地土壤有机碳的稳定性。这可能和年份间的气候因素导致地下生物量动态变化有关。我们同时发现增加体型较大家畜的放牧（如牛）的比例可能有利于通过粪便的快速降解来提高牧草生产力和养分循环（Wang et al.，2018a）。这主要是因为绵羊主要采食杂类草而不喜食丛生禾草大针茅，相反牛则主要以大量采食丛生禾草大针茅为主。典型草原是以大针茅为优势物种的群落，因此我们认为在中等强度的放牧条件下，牛、羊混牧或许是最佳的放牧方式。

最后，从提高草原饲草的利用价值来考虑，我们亟待寻求一种经济、有效的针茅颖果危害防控措施。针茅属（Stipa）植物是我国北方天然草原的主要建群种和优势种，也是重要的优良牧草。但多数针茅颖果成熟后，其颖果芒刺对家畜口腔及皮毛有较大的伤害，给家畜健康和当地畜牧业生产带来很大影响。利用家畜选择性采食，不同生育期牧草适口性差异，以及不同牧压下家畜对牧草采食强度的不同等特性，通过调整放牧利用时间、牧压和放牧家畜的方式，降低单位面积大针茅颖果结实量，以此来达到降低草原针茅危害，又充分利用营养丰富的针茅花序资源的目的。这一研究对牧区经济发展、草地保护与合理利用等均有较大的应用价值。我们认为：①在大针茅的孕穗期到抽穗期之间（7月10~25日）刈割利用可有效降低单位面积颖果结实量；②在大针茅孕穗期到抽穗期，以600只/hm²绵羊集中高强度放牧利用一天，可有效降低针茅颖果结实量，且可显著增加草地的净初级生产力（net primary production，NPP）；③同等条件下，放牧绵羊降低针茅颖果结实量显著优于放牧牛。因此，在大针茅孕穗期到抽穗期之间，通过刈割或者短期高强度放牧绵羊的方式可以显著降低大针茅颖果成熟期牧草中颖果数，以此达到降低针茅颖果芒刺对家畜危害的目的。

综上所述，通过多个放牧控制实验的研究，我们认为在典型草原上，最佳的放牧强度为轻度–中度放牧（2~4 只羊/hm²），这有利于维持高的生态系统多功能性和稳定性。而在中度放牧利用下，我们推荐以牛、羊混牧的放牧方式来管理草原，这可以提高生态系统的功能和稳定性。同时为了提高秋季收获牧草的饲用价值，我们认为在 7 月大针茅的孕穗期到抽穗期之间短期高强度放牧利用一段时间，可有效减少大针茅颖果芒刺对家畜的危害。

第8章 牧户尺度上草原生态畜牧业实践与示范

8.1 示范工程建设意义与总体框架

8.1.1 研究背景与意义

锡林郭勒草原位于内蒙古自治区锡林郭勒盟境内，是中国四大草原之一，内蒙古草原的主要天然草场。而草地资源不仅是维持畜牧业发展的基础，而且是防风固沙、防止水土流失及维护生物多样性等功能的重要组成部分。但由于过度放牧，我国约90%的草地不同程度退化，其中60%以上为严重退化草地。草地与畜牧业是一种平衡发展的关系。但我国草原畜牧业发展与草原生产能力不协调，草原生态环境日趋恶化，草地恢复的速度赶不上退化的速度，严重影响草原畜牧业的可持续发展和牧区经济的稳定。如何实现草原畜牧业的可持续发展，已经成为当前急需研究思考和亟待解决的现实问题。

畜牧业是集草原资源、经济、环境和社会为一体的有机复合体，在我国国民经济中占据重要地位且发挥着重要作用，可直接影响当地人们的生活水平和质量。目前锡林郭勒草原资源退化，草原生态环境破坏，制约着畜牧业的长足发展，我国畜牧业作为整个大农业中的组成部分，在实践科学发展观、实现现代化的过程中，必须促进锡林郭勒草原畜牧业的可持续发展，长期有效保护锡林郭勒草原资源与区域经济稳定。因此，需要在对现有草地资源进行充分利用的同时，进行长远的规划，减少对资源及环境的破坏，以保证资源的可再生及循环利用。

在国家重点研发计划"荒漠化退化草地治理技术及示范"的执行过程中，"以区域和家庭牧场为核心的生态畜牧业发展技术"专题采取有效措施，通过科学的管理以及先进的模式，积极帮助牧民增收，从而改善草场的退化状况。在牧户尺度上进行畜牧业可持续发展途径研究，有助于通过对家畜的调控作用为草地生态系统提供技术支撑，可进一步实现草原生产及生态可持续发展的目标，对牧区经济发展、草地的保护与合理利用均有较大的应用价值，也为草原畜牧业可持续发展方面的理论研究提供参考。

8.1.2　示范研究的框架思路

2018 年、2019 年和 2020 年连续 3 年，在位于宝力根苏木额尔敦塔拉嘎查和宝力根苏木哈尼乌拉嘎查的四个牧户开展了研究工作，掌握牧户草场的实际情况、畜牧养殖状况以及经济收入效果。主要对比分析每户不同的草地资源状况与家庭牧场的不同利用方式。

其中的一项有效措施就是利用澳大利亚优良的杜泊羊与本地羊杂交的方式，建立"畜种改良实现减压护草增收牧羊生态畜牧业模式"，以实现牧民护草增收的目的。

另一项是通过建立"季节轮用—人工草料基地建设养牛生态畜牧业模式"，帮助牧民在有限的草地资源状态下实现高产，提高牧民的农业收入，实现家庭畜牧业可持续发展的有效措施就是选择优良的肉牛品种——经过三年以上改良的西门塔尔牛，养殖方式是种植与养殖相结合，更高效地利用草地资源。

还通过建立"轮牧与牧户—公司联合养马生态畜牧业模式"，积极帮助牧民增加畜牧养殖收益，实现家庭畜牧业可持续发展的有效措施就是采用轮牧和牧户—公司联合养马的方式，最终实现保护草地生态和增收的双重目的。具体做法就是在草场上合理划区养殖放牧，充分利用夏—冬牧场，采用公司对租用的牧户草场和马匹进行统一管理的牧户—公司联合养马的生态畜牧模式。

最后一户是传统的缺乏科学管理的畜牧养殖模式，与前面的模式形成鲜明的对比。

8.2　畜种改良实现减压护草增收牧羊生态畜牧业模式

建立"畜种改良实现减压护草增收牧羊生态畜牧业模式"，具体做法就是利用澳大利亚纯种"黑头杜泊"、"白头杜泊"种羊与本地羊（乌珠穆沁羊）杂交的方式，对当地的肉羊进行种质改良。

2018~2020 年，在位于宝力根苏木额尔敦塔拉嘎查的该牧户开展工作，该牧户全家共有三口人，放牧草场 5400 亩。

8.2.1　草地资源状况

为掌握该牧户草场的实际情况，2018 年进行了野外调查采样工作，共采集了 3 个样地,并对其产量进行分析(表 8-1)。作为观测草地资源情况的依据,划分了"羊草+针茅、隐子草+冼草+冰草、一年生植物、冷蒿+星毛委陵菜、杂类草"5 个类别来判别当地草地资源退化情况。其中,羊草和针茅作为原生群落的建群种,隐子草、冼草、冰草为原生群落的常见伴生种,这两种植物生物量占比较多则表明草地生长状况较好,为未退化草地;冷蒿+星毛委陵菜为草地重度退化的指示植物,所以冷蒿和星毛委陵菜以及灰绿藜、狗尾草和薹草、野韭等一年生植物和杂类草占比例较多的草地为重度退化草地。

表 8-1   2018 年草地资源状况

样地号	总生物量/(g/m²)	分种	比例/%
1	71.48	羊草+针茅	14.45
		隐子草+冼草+冰草	1.30
		一年生植物	83.09
		杂类草	1.17
2	41.94	羊草+针茅	18.28
		隐子草+冼草+冰草	1.07
		一年生植物	77.11
		杂类草	3.54
3	48.47	羊草+针茅	16.20
		隐子草+冼草+冰草	1.69
		一年生植物	79.34
		杂类草	2.76

三个样地的生物量分别为 71.48g/m²、41.94g/m² 和 48.47g/m²,平均生物量为 53.96g/m²,这三个样地羊草、针茅和隐子草等植物生物量占比例加和均低于 20%,而一年生植物占比例很高,分别为 83.09%、77.11% 和 79.34%。这表明此草场为重度退化草地。

2020 年为对比牧户草场的改善状况,共采集了 4 个样地,并对其产量进行分析(表 8-2)。4 个样地的生物量分别为 126.61g/m²、108.74g/m²、97.32g/m² 和 164.13g/m²,平均生物量为 124.2g/m²,这 4 个样地羊草、针茅和隐子草等建群种和伴生种的植物生物量占比例加和平均为 39.85%,最高的达到了 48%,而一年生植物以及冷蒿和星毛委陵菜占比例加和降低,分别为 71.37%、48.40%、46.25% 和 39.23%。说明该牧户的草场退化状况减轻,草地状况得到了改善。

表 8-2　2020 年草地资源状况

样地号	总生物量/(g/m²)	分种	比例/%
1	126.61	羊草+针茅	5.26
		隐子草+洽草+冰草	20.46
		一年生植物	71.37
		杂类草	2.91
2	108.74	羊草+针茅	40.99
		隐子草+洽草+冰草	4.88
		一年生植物	48.40
		杂类草	5.73
3	97.32	羊草+针茅	31.39
		隐子草+洽草+冰草	8.14
		一年生植物	46.25
		杂类草	14.22
4	164.13	羊草+针茅	45.56
		隐子草+洽草+冰草	2.72
		一年生植物	31.95
		杂类草	12.49
		冷蒿+星毛委陵菜	7.28

图 8-1 为该牧户放牧草场的对比情况，从照片也可以看出草场情况明显好转，植物的高度和覆盖度提高，草地质量得到改善。

(a)2018年　　　　　　　　　　　　　　　(b)2020年

图 8-1　放牧场草地状况

8.2.2 畜种改良的经济效益

该牧户 2018 年放牧草场面积 5400 亩（约 3.6km²），共有牛 40 头，其中牛犊 12 头；共有羊 789 只，其中羊羔 380 只，采用澳大利亚优质种羊与本地羊杂交的方式，对当地的肉羊进行了种质改良，在 2018 年初得到杜泊羊羔 210 只，本地羊羔 170 只。全部换算为标准羊单位为 993 只（注：1 马/牛 = 6 标准羊，1 马驹/牛犊 = 3 标准羊），综上数据，计算出该牧户放牧压力为 275.83 只羊/km²。

2018 年 7 月 28 日，随机抓取本年的杂交羊与本地羊各 12 只（6 只公羊，6 只母羊）进行称重（图 8-2），得到杂交公羊平均比本地公羊重 8.2kg，杂交母羊平均比本地母羊重 2.6kg，杂交羊平均比本地羊重 5.5kg（表 8-3）。去除杂交技术服务，在不考虑肉质的情况下，每只羊净收益可以达到 100 ~ 140 元，杂交改良技术所带来的利益明显。

(a)杜泊羊   (b)本地羊

图 8-2　杂交羊与本地羊随机抓取称重

表 8-3　杜泊羊与本地羊重量 （单位：kg）

序号		杜泊羊	本地羊
1		41.3	36.8
2		35.5	35.0
3	公	41.9	26.3
4		44.8	29.8
5		38.5	34.6
6		42.7	32.9

序号		杜泊羊	本地羊
公羊平均重量		40.8	32.6
7	母	34.8	29.2
8		30.7	32.5
9		31.0	30.1
10		35.7	26.5
11		29.5	28.4
12		27.4	26.6
母羊平均重量		31.5	28.9
同品种公母羊平均重量		36.2	30.8

以 2018 年羊羔数（380 只）作为出栏数量，表 8-3 所得的同品种羊平均重量为单重，本年市场价格 21 元/kg 为活羊单价，计算今年该牧户家羊羔全部出栏所带来的经济收益，以及假设羊羔全部为本地羊和全部为杂交羊的经济收益。如表 8-4 所示，2018 年，牧户家的 380 只羊羔中 170 只为本地羊，210 只为杂交羊，全部出栏收入约为 27 万元；若假设 380 只羊羔全部为本地羊，全部出栏收入为 24.5 万元；若假设 380 只羊羔全部为杂交羊，全部出栏收入为 28.9 万元。2018 年羊羔全部出栏的收益比全部为本地羊的收益高 2.4 万元，若羊羔全部为杂交羊，收益比 2018 年实际情况收益高 2 万元，比全部为本地羊收益高 4.4 万元。说明以本次杂交经验对以后养殖进行指导，经济收益仍有很大的上升空间。

表 8-4 不同情况下杂交羊与本地羊的经济收益

本地羊数量/只	本地羊平均重量/kg	杜泊羊数量/只	杜泊羊平均重量/kg	单价/(元/kg)	收入/元
170	30.73	210	36.20	21	269 348.1
380	30.73	0	36.20	21	245 225.4
0	30.73	380	36.20	21	288 876

对其 2018 年实际收入情况进行调查（表 8-5），该牧户全年牲畜收入 50.06 万元，全年支出 20 万元，纯收入 31.68 万元，其中包括政府以 3 元/亩对牧户进行草场补贴，1.62 万元/a，人均年收入 10.56 万元。

表 8-5 2018~2020 年牧民收入状况 （单位：万元）

年份	畜禽售卖	政府补贴	支出	纯收入
2018	50.06	1.62	20	31.68

年份	畜禽售卖	政府补贴	支出	纯收入
2019	64	1.62	19	46.62
2020	53.96	1.62	17	38.58

2019 年共养殖 800 多只羊（其中种羊 10 只，品种是本地乌珠穆沁羊和杜泊羊混合）。养殖 40 头牛，其中基础母牛 20，牛犊 20，品种为西门塔尔牛。全部换算为标准羊单位为 980 只，综合以上数据，计算出牧户家放牧压力为 272.22 只羊/km²。

经济方面：收入包括出栏羊 500 只，牛 20 只（平均单价：羊 1000 元，牛 7000 元）。草场补贴 1.62 万元/a，共计 50 万元 + 14 万元 + 1.62 万元 = 65.62 万元。全年支出项包括 120t 草料（单价 930 元/t），16t 玉米（单价 1860 元/t），4 吨颗粒（单价 3000 元/t），1.5t 豆粕（单价 5600 元/t），共计 16.18 万元。购买种羊 10 只，3700 元/只，共计 3.7 万元。纯收入 46.62 万元，人均纯收入 15.54 万元/a，与 2018 年 10.56 万元相比人均收入提高 4.98 万元。

2020 年入户调查情况为：养殖牛 32 头，其中牛犊 12 头，羊 767 只。经济支出：过冬草料 140t，每吨 1150 元，共计 16.1 万元；30t 饲料（单价 300 元/t），共 9000 元。全部换算为标准羊单位为 923 只，计算得到牧户家放牧压力为 256.39 只羊/km²。

经济收入：牛犊出栏 12 头，每头 1.2 万元，共计 14.4 万元；出栏羊羔 320 只，平均每只 1060 元；出栏母羊 47 只，平均每只 1200 元，共计 39.56 万元；草场补贴 1.62 万元/a，全年收入共计 55.58 万元，支出共计 17 万元，纯收入 38.58 万元，人均年纯收入 12.86 万元。

由于 2020 年出售的羔羊减少，存栏量增加（存栏 400 只），导致收入减少，但是总的资产增加，因此经济状况与之前相比得到改善。并且今年牧户反应由于杜泊羊比本地羊品质好，更受市场欢迎，导致收购价格会更高，进一步证实了杂交改良的杜泊羊所带来的益处。这个结果表明，以草原保护和保证牧民正常收益为目标，通过改良牲畜品种，可以实现产业减压护草、牧民增收的家庭生态牧场生产模式。

8.2.3 总结

草场实地调研的情况表明，该牧户草场情况明显好转，植物的高度和覆盖度提高，草地的生物量提升较大，草地质量得到改善，说明通过实施优质杂交改良畜种，实现了牧户的致富增收，同时降低了草原的放牧压力，使草地质量也得到了有效的维持与改善。

总体来说，项目实施以来共投入 4.5 万元，帮助牧户解决围栏条件改善、购置优良杜泊种羊，改良了生产条件和牲畜品种。另外，杜泊杂交羊双羔生殖特点，可以减少基础母羊，从而减少冬季饲草料的购买量，减少了经济支出。并且杜泊羊的生长速度快、体重大、出栏早，该品种羊出栏时间比本地羊提前半个月到一个月时间，收购单价和出栏重量都会增加，在增加经济收入的同时，可以更好地减轻草场的放牧压力，使得草原有更多休养生息的时间，为家庭畜牧业的可持续发展提供有效保证。

8.3　季节轮用—人工草料基地建设养牛生态畜牧业模式

建立"季节轮用—人工草料基地建设养牛生态畜牧业模式"，帮助牧民在有限的草地资源状态下实现高产，提高牧民的农业收入，实现家庭畜牧业可持续发展的有效措施就是选择优良的肉牛品种——经过三年以上改良的西门塔尔牛，养殖方式是种植与养殖相结合，更高效地利用有效的草地资源。

2018~2020 年连续三年在宝力根苏木哈尼乌拉嘎查的该牧户进行野外考察工作。

8.3.1　草地资源状况

该牧户拥有草场 4500 亩，采用"季节轮用—人工草料基地建设养牛生态畜牧业模式"进行利用，其中 1800 亩种植青贮，剩余草场分为三部分，第一部分种植高产饲料（燕麦），约 700 亩，在 8 月燕麦收割之后该区域草场可进行轻度放牧（8~10 月）；第二部分作为秋季草场，约 1000 亩，包含 10 年前人工种植的紫花苜蓿草地 20~30 亩，8 月之前围封，8 月下旬至 9 月初放牧利用；第三部分约 1000 亩草场夏季正常放牧使用。

2018 年进行了野外调查采样工作，共采集了 4 个样地，并对其产量进行分析（表8-6）。同样划分了"羊草+针茅、隐子草+洽草+冰草、一年生植物、冷蒿+星毛委陵菜、杂类草"五个类别来判别当地草地资源退化情况。4 个样地的生物量分别为 99.57g/m^2、267.11g/m^2、64.38g/m^2、67.89g/m^2，平均生物量为 124.74g/m^2，1 号样地为秋季放牧场，羊草、针茅和隐子草等生长状况较为旺盛，生物量加和占比例为 89.25%，一年生植物占比例很低，表明秋季放牧场为未退化草地，2 号样地为秋季放牧场的人工紫花苜蓿草地，该样地生长紫花苜蓿，所以羊草、针茅较少，一年生植物较多，高达 75.06%，3 号、4 号样地为夏季放牧场，羊草、针茅和隐子草生物量占比例加和超过一年生植物占比例，且羊草、针茅生物量占比例高于隐子草等，表明这两个样地所处地域为未退化草地。

表 8-6 2018 年草地资源状况

样地号	总生物量/(g/m²)	分种	比例/%
1	99.57	羊草+针茅	70.63
		隐子草+洽草+冰草	18.62
		一年生植物	0.25
		冷蒿+星毛委陵菜	3.37
		杂类草	7.13
2	267.11	羊草+针茅	0.47
		隐子草+洽草+冰草	19.85
		一年生植物	75.06
		冷蒿+星毛委陵菜	2.75
		杂类草	1.88
3	64.38	羊草+针茅	37.33
		隐子草+洽草+冰草	5.60
		一年生植物	40.29
		杂类草	16.78
4	67.89	羊草+针茅	26.95
		隐子草+洽草+冰草	18.35
		一年生植物	44.98
		杂类草	9.72

2020 年该牧户 4500 亩草场，其中人工草料基地 2000 亩，承包给伊利公司，但是公司打草过后的草地自己仍可使用，草地利用模式的改变与管理模式的完善使人工饲草料基地植被生长状况更良好（图 8-3）。

(a)2018年   (b)2020年

图 8-3　人工饲草料基地

为对比牧户草场的改善状况，共采集了 5 个样地，并对其产量进行分析（表8-7）。5 个样地的生物量分别为 113.94g/m²、110.11g/m²、84.38g/m²、88.67g/m² 和 66.96g/m²，平均生物量92.81g/m²，1 号样地为夏季打草场，该样地羊草、针茅和隐子草等建群种和伴生种的植物生物量占比例加和高达95.52%，表明该样地未退化，且植物生长状态良好，2 号、3 号、4 号样地为秋季放牧场，羊草、针茅和隐子草等建群种和伴生种的植物生物量占比例加和平均为58.95%，最高的达到了61.68%，而一年生植物占比例降低，说明秋季放牧场草场退化状况减轻，草地状况得到了改善（图8-4）。

表 8-7 2020 年草地资源状况

样地号	总生物量/(g/m²)	分种	比例/%
1	113.94	羊草+针茅	93.69
		隐子草+洽草+冰草	1.83
		一年生植物	4.48
2	110.11	羊草+针茅	18.95
		隐子草+洽草+冰草	39.55
		一年生植物	34.43
		冷蒿+星毛委陵菜	5.59
		杂类草	1.48
3	84.38	羊草+针茅	17.60
		隐子草+洽草+冰草	39.07
		一年生植物	32.60
		冷蒿+星毛委陵菜	10.41
		杂类草	0.32
4	88.67	羊草+针茅	14.51
		隐子草+洽草+冰草	47.17
		一年生植物	30.52
		杂类草	7.79
5	66.96	羊草+针茅	40.32
		隐子草+洽草+冰草	20.13
		一年生植物	37.44
		杂类草	2.11

5 号样地为夏季放牧场，与2018 年相比，羊草、针茅等建群种植物生物量占比例有所提高，隐子草、冰草等伴生种生物量占比例也提高，说明夏季放牧场草

(a)2018年

(b)2020年

图 8-4　秋季放牧场

地得到改善（图 8-5）。

(a)2018年

(b)2020年

图 8-5　夏季放牧场

8.3.2　季节轮用—人工饲草料基地建设养牛的经济效益

该牧户 2014 年主要是以"牛+羊+马养殖"模式进行草地利用，但面对草原严重退化，发现本地羊不适合舍饲，且不利于草地的保护，于是从 2018 年开始逐渐转变为"季节轮用—人工草料基地建设养牛生态畜牧业模式"，主要以养牛为主。

如表 8-8 所示，该牧户 2018 年放牧草场面积 4500 亩（约 3km²），该牧户主要饲养大畜，以养牛为主，同时饲养少数马匹，共有牛 115 头，其中牛犊 39 头，马 22 匹，其中马驹 5 匹；全部换算为标准羊单位为 690 只（注：1 马/牛 = 6 标准羊，1 马驹/牛犊 = 3 标准羊），放牧压力为 230 羊/km²。2019 年以饲养牛为主，共有 140 头，其中大牛 70 头，牛犊 70 头，放牧压力为 210 羊/km²；2020 年以养牛为主，共饲养 130 头，大牛 70 头，其中有母牛 60 头，牛犊 60 头，放牧压力为 200 羊/km²。

表 8-8   2018～2020 年放牧情况

年份	放牧面积/亩	面积换算/km²	标准羊/只	放牧压力/(羊/km²)
2018	4500	3	690	230.00
2019	4500	3	630	210.00
2020	4500	3	600	200.00

如表 8-9 所示，2018 年主要收入来源为畜禽出售及饲草料、马奶售卖，其中出售肉牛 40 头，根据当年市场价格去除饲料和给母牛保产牛犊的成本，平均每头牛利润为 8000 元；人工饲草料基地每年产青贮 450t，自用 100t，其余出售至伊利牧场，当年青贮市场价格为 450 元/t，饲草料收入为 15.75 万元；共养殖母马 22 匹，每天产 5 斤马奶，市场价格为 10 元/斤，每年每匹母马共产奶 180d，共 19.8 万元；另一部分来自于内蒙古自治区人民政府草原生态保护补助奖励，补贴为 3 元/亩，共 1.35 万元；年收入为 68.90 万元，支出为每年人工饲草料基地建设喷灌的保养维护、电费及人工等其他费用为 25 万元，该牧户 2018 年纯收入可达 43.9 万元。

表 8-9   2018～2020 年牧户收入情况

年份	收入来源	数量	单价/元	利润/万元	总年收入/万元
2018	牛	40	8 000	32	68.90
	马奶	22	9 000	19.8	
	饲草料	350	450	15.75	
	国家补贴	4 500	3	1.35	
2019	牛	60	9 000	54	75.35
	承包地	1	200 000	20	
	国家补贴	4 500	3	1.35	
2020	牛	70	9 000	63	84.35
	承包地	1	200 000	20	
	国家补贴	4 500	3	1.35	

2019 年主要收入来源为出售大牛 60 头，平均每头牛利润为 9000 元；一共 4500 亩草场，其中人工饲草料基地 2000 亩，承包给伊利公司，承包价格为 20 万元/a；内蒙古自治区人民政府草原生态保护补助奖励为 1.35 万元，该年年收入为

75.35 万元, 支出为冬季饲草料投入 8 万元, 每头牛护理和人工费共 1200 元/a, 冬季支出为 16.8 万元, 开春喂食青贮饲料, 青贮饲料为 360 元/t, 一年总共需要 60t 青贮, 春季青贮支出为 2.16 万元, 支出共 26.96 万元, 该牧户 2019 年纯收入为 48.39 万元。

2020 年主要收入来源为出售大牛 70 头, 平均每头牛利润为 9000 元; 一共 4500 亩草场, 其中人工饲草料基地 2000 亩, 承包给伊利公司, 承包价格为 20 万元/a, 虽承包出去但是公司打草后自己仍可放牧使用; 政府草场补贴 1.35 万元/a, 该牧户 2020 年年收入为 84.35 万元, 支出为饲草料购买以及每年人工饲草料基地建设喷灌的保养维护、电费及人工等其他费用为 22 万元, 该年纯收入为 62.35 万元。

该牧户家庭成员 2 人, 2020 年人均年收入比 2018 年提高了 9.225 万元, 家庭纯收入由 2018 年的 43.9 万元增加为 2020 年的 62.35 万元, 说明专业养牛与人工饲草料基地建设给牧民带来的收益更高, 并且放牧压力降低, 有利于更合理地保护草原。

8.3.3　总结

草场样地采集的数据与实地调研情况表明, 该牧户打草场、夏牧场、秋牧场植被情况好转, 植被生物量提高, 建群种与伴生种优势增加, 草地退化情况得到改善, 分季节轮用更好地保护了草地植物的生长, 又高效地保证了牲畜进食所需, 草地得到更长的时间 "休息", 为实现草地可持续开发利用提供了基础; 人工饲草料基地建设加大了牛饲草料供需的保障, 减少了牲畜长时间对草地的破坏, 且减少了牧民购买冬季饲草料的花销, 给牧民带来更大的收益; 单一的牛养殖与牛、羊、马混养相比, 草地得到了更好地保护与利用, 牧民经济收入也有所提高; "季节轮用—人工草料基地建设养牛生态畜牧业模式" 保障了牧民经济收入, 保护了草地资源, 草畜平衡为草地合理利用与可持续发展奠定基础。

8.4　轮牧与牧户—公司联合养马生态畜牧业模式

建立 "轮牧与牧户—公司联合养马生态畜牧业模式", 积极帮助牧民增加畜牧养殖收益, 实现家庭畜牧业可持续发展的有效措施就是采用轮牧与牧户—公司联合养马的方式, 最终实现保护草地生态和增收的双重目的。具体做法就是在草场上合理划区养殖放牧, 充分利用夏—冬牧场, 采用公司对租用的牧户草场和马匹进行统一管理的牧户—公司联合养马的生态畜牧模式。

2018 年、2019 年和 2020 年连续三年在位于宝力根苏木哈尼乌拉嘎查的该牧户开展工作，该牧户全家有两口人，放牧草场共计 46 000 亩。该牧户家有 4 个牧场，其分布情况如图 8-7。其中 1 号牧场为冬牧场，用于牲畜冬季放牧；2 号牧场为夏牧场，用于牲畜夏季放牧；3 号牧场为打草场，占地 540 亩，待秋季牧草停止生长时刈割晒制干草，储藏供冬季牲畜补饲；4 号牧场占地面积较小，非特定夏冬季放牧场，用于牲畜放牧。此外，该牧户还有小面积的放牧场用于牛、马、羊和骆驼放牧，部分耕地已被承包出去，4 号牧场东侧分别为马匹挤奶用地、赛马养殖区以及体质弱的牛、马冬季放牧场。

8.4.1　草地资源状况

牧马牧户共有草场 46 000 亩，其中有打草场 9808 亩。2018 年在草场中共采集了 5 个样地（1~4 号为正常放牧草场不同坡位采集，5 号样地采集于打草场）。表 8-10 为 2018 年该牧户家草场的资源现状，正常放牧草场中的 4 个草场的生物量分别为 69.48g/m^2、64.63g/m^2、63.30g/m^2、44.03g/m^2。1 号样地的一年生植物占比例超过为 60%，远大于羊草、针茅和隐子草等，1 号样地为重度退化样地。而 2 号、3 号样地中羊草、针茅和隐子草等占比例大于一年生植物，但 2 号样地羊草、针茅生物量占比例略低于隐子草等，呈现轻度退化趋势；3 号样地羊草、针茅生物量占比例高于隐子草等，该样地为未退化草地。4 号样地一年生植物占比例略超过羊草、针茅和隐子草等植物生物量占比例，表明该样地有重度退化趋势。打草场的生物量为 128.18g/m^2，样地中羊草、针茅和隐子草等的生物量占比例和超过了 70%，为未退化草地。

表 8-10　2018 年草地资源现状

样方号	总生物量/(g/m²)	分种	比例/%
1	69.48	羊草+针茅	7.07
		隐子草+洽草+冰草	22.20
		一年生植物	63.39
		杂草类	7.33
2	64.63	羊草+针茅	24.08
		隐子草+洽草+冰草	25.44
		一年生植物	37.85
		杂草类	12.63

续表

样方号	总生物量/(g/m²)	分种	比例/%
3	63.30	羊草+针茅	34.04
		隐子草+洽草+冰草	11.25
		一年生植物	44.43
		杂草类	10.28
4	44.03	羊草+针茅	15.61
		隐子草+洽草+冰草	27.43
		一年生植物	44.42
		杂草类	12.54
5	128.18	羊草+针茅	39.89
		隐子草+洽草+冰草	39.31
		一年生植物	1.26
		杂草类	19.54

2020 年在草场中共采集了 9 个样地 (1~6 号为正常放牧草场不同坡位采集,7~9 号样地采集于打草场)。由表 8-11 可知,正常放牧草场中 6 个样地的生物量分别为 64.48g/m²、63.32g/m²、82.17g/m²、75.4g/m²、60.05g/m²、78.71g/m²。正常放牧草场平均生物量为 70.69g/m²,2 号、3 号、4 号和 6 号样地冷蒿、星毛委陵菜、灰绿藜及薹草等一年生植物和杂类草占比例很高,分别为 84.67%、69.67%、69.53% 和 90.25%,为重度退化草地。而 1 号和 5 号样地羊草、针茅和隐子草等建群种和伴生种的植物生物量占比例较高,分别为 67.42% 和54.12%,为未退化草地。打草场 3 个样地的生物量分别为 192.56g/m²、117.4g/m²、167.34g/m²,羊草、针茅和隐子草等建群种和伴生种的平均植物生物量占比例为60.81%,为未退化草地。

表 8-11 2020 年草地资源现状

样方号	总生物量/(g/m²)	分种	比例/%
1	64.48	羊草+针茅	43.33
		隐子草+洽草+冰草	24.08
		一年生植物	15.17
		杂草类	17.42
2	63.32	羊草+针茅	14.55
		隐子草+洽草+冰草	0.79
		一年生植物	54.77
		杂草类	29.90

样方号	总生物量/(g/m²)	分种	比例/%
3	82.17	羊草+针茅	29.63
		隐子草+冶草+冰草	0.69
		一年生植物	37.13
		杂草类	32.54
4	75.4	羊草+针茅	28.94
		隐子草+冶草+冰草	1.53
		一年生植物	47.37
		杂草类	22.16
5	60.05	羊草+针茅	52.07
		隐子草+冶草+冰草	2.05
		一年生植物	22.38
		杂草类	23.50
6	78.71	羊草+针茅	9.12
		隐子草+冶草+冰草	0.64
		一年生植物	40.76
		杂草类	49.49
7	192.56	羊草+针茅	43.59
		隐子草+冶草+冰草	22.95
		一年生植物	50.27
		杂草类	3.42
8	117.4	羊草+针茅	23.61
		隐子草+冶草+冰草	28.88
		一年生植物	43.05
		杂草类	4.45
9	167.34	羊草+针茅	51.95
		隐子草+冶草+冰草	11.43
		一年生植物	35.72
		杂草类	0.90

2020年正常放牧草场和打草场样地的生物量较2018年均有不同程度的增长，说明该牧户的正常放牧草场和打草场的退化状况有所减轻，草地状况得到了改善。图8-6为该牧户牧马草场2018年和2020年的草场情况，能够明显看出草场

的退化情况有所改善。

(a)2018年   (b)2020年

图 8-6 牧马草场

8.4.2 轮牧与牧户—公司联合养马经济效益

牧马牧户的放牧面积为 46 000 亩，换算计 4km²。2018 年牧户共有马 234 匹，其中马驹 56 匹；共有牛 118 头，其中牛犊 31 头；共有羊 556 只，其中羊羔 236 只（羊全部外包），全部换算为标准羊单位为 1851 只（注：1 马/牛 = 6 标准羊，1 马驹/牛犊 = 3 标准羊），综合以上数据，计算出该牧户家的放牧压力为 462.75 只羊/km²。

当地的家庭经营模式主要是与产业相结合，即引进投资建设马奶相关的企业，拉动当地经济发展，同时极力推荐牧民合作社方式养殖马匹，正在进行推广。马奶啤是与马相关的产品之一，当地牧民与北京某集团公司签约供应，100 匹马产出马奶 400~500 斤/d，以 10 元/斤（冬季 15~16 元/斤）的价格进行收购。马奶啤产量约为 50 万瓶/月，单价 6.5 元/瓶。牧户与公司联合养马的畜牧业模式有助于建设特色的马产业、马科学、马文化，可以长期增加当地马产业的经济效益，推进马产业蓬勃向前发展。合作企业实力雄厚，截至 2019 年 8 月计划欲开发 745 个项目，已研发包括马奶啤在内的 47 个产品。

如表 8-12 所示，2018 年牧户主要收入来源为畜禽出售及马奶售卖，出栏牛 40~50 头，平均每头牛售价至少 8000 元，品质好的牛售价至少 10 000 元；2018 年出栏了 40 只左右公马匹，每匹 7000~8000 元；有 70 匹马可产奶，每匹马产奶 4~5 斤/天，马的哺乳期为 180 天，马奶单价为 10 元/斤。牧马牧户与牧羊和牧牛的牧户相比其放牧压力较大，与之相对的经济收入和畜牧业支出也是最高的，畜牧业支出约为 27 万元，主要支出为饲草。马奶需雇佣工人进行前期收集。此外，草场每年政府补贴 3 元/亩，牧户有草场 46 000 亩，每年有草场补贴 1.8 万元。该牧户年净收入约 77.85 万元。家庭成员 2 人，人均年收入 38.925 万元。

表 8-12　2018～2020 年牧民收入状况　　　　（单位：万元）

年份	畜禽售卖/承包	马奶	政府补贴	公司联合	支出	纯收入
2018	74.25	50.4	1.8	—	48.6	77.85
2019	37.875	—	1.8	45	—	84.675
2020	67.875	—	1.8	30	10	89.675

注：除公司租借草场和马匹及政府补贴外，其他收入与支出均为入户调查后估算所得

2019 年牧户开始与公司联合养马，公司以 35 万元/a 价格租借牧户的草场和马匹，其中草场 10 元/亩（所有马匹也包给公司，公司包干），该牧户参与公司养殖，公司支付 5 万元/a 的劳务费（两人共计 10 万元）。该牧户养殖有 70～80 头牛，450 多只羊，将这些牛、羊以每年 150 元/只承包出去，承包期 3 年。示范牧户额外饲养 4～5 匹竞技马。政府以 3 元/亩对牧户草场进行补贴，1.8 万元/a。该牧户 2019 年净收入约 84.675 万元。家庭成员 2 人，人均年收入 42.3375 万元。

2020 年牧户将 170 多匹马和 3000 亩草场外租给公司，无需支付额外费用（草料、人工等），公司有 20 多头骆驼在租借的草场进行放牧，马匹和草场租金为 30 万元/a。此外，牧户在未外租的草场上养牛 75 头，其中大牛 50 多头，小牛 20 多头，养羊 40 只，净收入 20 万元。公司雇人放牧养马和骆驼，牧户家的牛和羊可由公司雇佣的人员代为放牧，但公司与牧民家的牲畜是在各自草场进行放牧，工人的佣金由公司支付，计 10 万元/a。此外，承包出去的牛和羊收入为 7.875 万元/a，草场政府补贴 1.8 万元/a。2020 年除购入草料的 10 万元，牧民的年纯收入为 89.675 万，人均年收入 44.8375 万元。

由于气候和经济的原因，分草场是适应时代和现状的政策，是给当地牧民的"定心丸"。但现阶段放牧压力大，草场退化日益严重，经营方式必须集中。应积极研究学习国外好的畜牧方式，畜牧业生产较发达的澳大利亚、新西兰都实行了划区轮牧。轮牧是经济有效利用草地的一种放牧方式，其中澳大利亚的人工草场一般是以 70% 的黑麦草籽和 30% 的红、白三叶草籽混播。三叶草夏季生长旺盛，黑麦草在寒冷或潮湿的冬季、春季、秋季都能生长，这种科学的结合能使全年产草量比较均衡，人工草场每半月即可轮牧 1 次。但中国天然草地的生长周期短，根据实际情况，示范牧户采取夏—冬牧场轮牧和冬季舍饲相结合的方式进行畜牧养殖。试验牧户在多年实际养殖过程中积累经验发现，牛、马、羊不应混养，应分开划区养殖。试验牧户有草场 46 000 亩，在自身条件允许的情况下进

行了划区养殖，其中将部分草场围封用作打草场，冬季利用。在干旱情况下，打草场可作为应急放牧场进行放牧，缓解草场的放牧压力以应对干旱缺水等极端情况。

牧户—公司联合养马的生态畜牧模式，是公司对租用的牧户草场和马匹进行统一管理。在草场上合理划区养殖放牧，充分利用夏—冬牧场。在整个联合养马的过程中，牧户不需要额外的费用支出。马匹冬季所需的草料以及在喂养过程中马匹患病的救治均由公司方面承担。该牧户将马匹和草场租借给公司，免除了养殖中的附加费用，牛和羊承包出去，总的来说牧户省时省力。表 8-12 为 2018 ~ 2020 年牧民收入状况汇总表，牧民在未与公司联合养马前，总收入是高于牧户—公司联合养马的，相对的原模式养殖方式下支出费用高，牧民纯收入是低于牧户—公司联合养马畜牧模式的。除了经济收益有增加外，牧户家草场的草地状况有改善，退化情况在一定情况下有所减轻。在生态和经济两个方面，轮牧与牧户—公司联合养马生态畜牧业模式都有突出表现。牧户—公司联合养马生态畜牧业模式是一个新的尝试和突破，在实行过程中具体细节和方式都在不断完善改进，该牧户的成功转型可作为一个示范。但是与该牧户相比其他草场较少的牧户恐难以实现划区养殖和夏—冬轮牧与牧户—公司联合养马生态畜牧业模式，那么联户的方式就应运而生，在当前形势下，联户需要政府以及牧民的认可，推广扩大轮牧以及牧户—公司联合养马生态畜牧业模式任重而道远。

8.5　缺乏管理的草场流转效果的生态学思考

8.5.1　草地资源现状

该牧户位于宝力根苏木哈尼乌拉嘎查，一共拥有可利用草场 2100 亩，其中分配到自家的草场面积为 900 亩，为满足自家畜牧需要，向其他牧户租赁了 1200 亩面积的草场；在草场利用分配方面，将其中 270 亩草场划分为打草场，其余 1830 亩面积草场为正常放牧草场。为掌握该牧户草场的实际情况，2018 年进行了野外调查采样工作，共采集了 2 个样地，并对其产量进行分析（表 8-13）。两个样地生物量分别为 95.41g/m²、118.99g/m²；植物类型组成为：一年生植物生物量占比例分别为 84.08% 和 85.75%，而羊草+针茅生物量占比例仅为 3.49% 和 0.33%，隐子草+洽草+冰草生物量占比例仅为 0.16% 和 1.09%，多年生植物生物量占比例不足 10%，表明该草场为重度退化草场。

表 8-13　2018 年草地资源状况

样方号	生物量/(g/m²)	植物类型	生物量占比例/%
1	95.41	羊草+针茅	3.49
		隐子草+洽草+冰草	0.16
		一年生植物	84.08
		杂类草	12.28
2	118.99	羊草+针茅	0.33
		隐子草+洽草+冰草	1.09
		一年生植物	85.75
		杂类草	12.50

如表 8-14 所示，2020 年三个样地生物量分别为 70.05g/m²、65.60g/m² 和 49.73g/m²；植物类型组成为一年生生物量和杂草类植物为主，如样地 2 一年生植物生物量高达 91.55%，样地 3 杂草类生物量高达 96.08%，原生建群种伴生种已经几近消失，多年生植物仅在样地 1 中发现占比例稍高，但一年生和杂草类植物仍为主要物种组成部分，占总生物量的 66.65% 左右。由此可见，2020 年该草场仍为重度退化草场，且与 2018 年相比较而言，草地生物量更低，退化情况更严重。

表 8-14　2020 年草地资源状况

样方号	生物量/(g/m²)	植物类型	生物量占比例/%
1	70.05	羊草+针茅	33.35
		隐子草+洽草+冰草	0.00
		一年生植物	47.54
		杂类草	19.12
2	65.60	羊草+针茅	2.44
		隐子草+洽草+冰草	0.00
		一年生植物	91.55
		杂类草	6.02
3	49.73	羊草+针茅	1.61
		隐子草+洽草+冰草	0.00
		一年生植物	2.32
		杂类草	96.08

8.5.2 草场利用模式与经济收益

如表 8-15 所示,该牧户家 2018 年一共饲养了 50 头牛,其中 10 头为奶牛;共饲养了 120 只羊,全部外包给其他牧户,不在自家草场饲养;2020 年牲畜数量变化不大,一共饲养了 50 头牛,其中 10 头为奶牛;共饲养了 120 只羊,全部外包给其他牧户,不在自家草场饲养;按照标准羊换算:1 马/牛 = 6 标准羊、1 马驹/牛犊 = 3 标准羊,将牛换算成标准羊后计算该草场放牧压力分别为 245.9 羊/km^2、255.7 羊/km^2,放牧压力增加。

表 8-15 放牧压力状况

年份	放牧面积/亩	面积换算/km^2	标准羊/只	放牧压力/(羊/km^2)
2018	1830	1.22	420	245.9
2020	1830	1.22	432	255.7

如表 8-16 所示,该牧户其主要收入来源为畜禽出售及牛奶售卖,2018 年家庭年收入为 10 万元,家庭成员 3 人,人均年收入仅为 3.33 万元;2020 年家庭年收入为 9 万元,人均年收入 3 万元。

表 8-16 牧户家庭经济收益

年份	牧户年收入/万元	家庭人口数	人均年收入/万元
2018	10.00	3	3.33
2020	9.00	3	3.00

综上所述,该牧户家庭分配到户的草场面积有限,仅为 900 亩,因此在经营草场模式上,采用较为常见的租赁草场和外包养殖的模式。但无论是租赁草场还是外包养殖都无疑增加了畜牧养殖的成本,经济效益低下;同时,在利用租赁草场方面,放牧压力到达了较高的 255.7 羊/km^2,而样方调查也显示该草场已为重度退化草场,平均生物量仅为 107.20g/m^2 和 61.79g/m^2,如不降雨,草地为裸地状态;而在经济收益方面,该牧户的人均收益仅为 3 万元左右,远低于上述 3 个示范牧户;由此可见,传统的缺乏管理的草场流转方式,其固有的思维只考虑增加放牧来提高经济收入,而忽略高的放牧压力,其后果是草地退化程度增加,导致牧户需要购买更多的饲草料来养殖牲畜,因此这种经营模式缺乏科学的管理和先进的思维模式,不仅会加大草场的压力,也会降低经济效益,对草地资源状况和牧民收入都起到消极的作用。

参 考 文 献

阿穆拉，邢旗，梁东亮，等.2014.封育措施对荒漠草原退化植被恢复的影响.草原与草业，26（3）：28-33.

阿荣，毕其格，董振华.2019.基于MODIS/NDVI的锡林郭勒草原植被变化及其归因.资源科学，41（7）：1374-1386.

艾丽娅，王少军，张志.2019.1977—2017年锡林郭勒盟中部草原植被覆盖时空演变及预测.水土保持通报，39（5）：249-256.

白永飞，陈佐忠.2000.锡林河流域羊草草原植物种群和功能群的长期变异性及其对群落稳定性的影响.植物生态学报，24（6）：641-647.

白永飞，李凌浩，王其兵，等.2000.锡林河流域草原群落植物多样性和初级生产力沿水热梯度变化的样带研究.植物生态学报，24（6）：667-673.

白永飞，李凌浩，黄建辉，等.2001.内蒙古高原针茅草原植物多样性与植物功能群组成对群落初级生产力稳定性的影响.植物学报，43（3）：280-287.

白永飞，张丽霞，张焱，等.2002.内蒙古锡林河流域草原群落植物功能群组成沿水热梯度变化的样带研究.植物生态学报，26（3）：308-316.

白永飞，郑淑霞，潘庆民，等.2018.草原生态系统科研样地.北京：中国科学院植物研究所.

宝音陶格涛，刘海松，图雅，等.2009.退化羊草草原围栏封育多样性动态研究.中国草地学报，31（5）：37-41.

鲍雅静.2001.羊草草原各草演替与能量固定及分配规律的关系研究.呼和浩特：内蒙古大学博士学位论文.

鲍雅静，李政海.2003.内蒙古羊草草原群落主要植物的热值动态.生态学报，23（3）：606-613.

鲍雅静，李政海，仲延凯，等.2004.不同频次刈割对内蒙古羊草草原群落能量固定与分配规律的影响.草业学报，13（5）：46-52.

鲍雅静，李政海，韩兴国，等.2006.植物热值及其生物生态学属性.生态学杂志，25（9）：1095-1103.

鲍雅静，李政海，韩兴国，等.2007.内蒙古羊草草原植物种能量含量及其在群落中的作用.生态学报，27（11）：4413-4451.

边玉明，代海燕，王冰，等.2017.内蒙古大兴安岭林区年降水量变化特征及周期分析.水土保持研究，24（3）：146-150.

布尔金，赵澍，何峰，等.2014.新疆草地畜牧业可持续发展战略研究.中国农业资源与规划，

35（3）：120-127.

蔡艳，吕光辉，何学敏，等.2019.不同利用方式下草地生态系统的多功能性与物种多样性.干旱地区农业研究，37（5）：200-210.

曹灿云.2018.小波分析在数字图像处理中的应用.信息与电脑（理论版），（18）：114-115，21.

曹晔，王钟建.1999.中国草地资源可持续利用问题研究.中国农村经济，（7）：19-22.

陈敏，陈玉花.2017.内蒙古草原可持续发展问题的历史反思.现代矿业，33（12）：241-243.

陈伟生，关龙，黄瑞林，等.2019.论我国畜牧业可持续发展.中国科学院院刊，34（2）：135-144.

陈仲新，张新时.2000.中国生态系统效益的价值.科学通报，45（1）：17-22，113.

丁洁.2014.内蒙古典型草原保护与利用景观生态安全格局研究.呼和浩特：内蒙古大学硕士学位论文.

董全民，马玉寿，李青云，等.2004.牦牛放牧对小嵩草高草甸暖季草场植物群落组成和植物多样性的影响.西北植物学报，25（1）：94-102.

董孝斌，张新时.2005.我国草地的发展观.生态经济，10：70-73.

杜子涛，占玉林，王长耀.2008.基于 NDVI 序列影像的植被覆盖变化研究.遥感技术与应用，23（1）：47-50.

冯晓龙，刘明月，仇焕广.2019.草原生态补奖政策能抑制牧户超载过牧行为吗？基于社会资本调节效应的分析.中国人口·资源与环境，29（7）：157-165.

高成芬，张德罡，王国栋.2021.不同强度短期放牧对高寒草甸植被特征的影响.草原与草坪，41（5）：9-15.

高凯，谢中兵，徐苏铁，等.2012a.内蒙古锡林河流域羊草草原15种植物热值特征.生态学报，32（2）：588-594.

高凯，朱铁霞，王其兵.2012b.氮肥对菊芋生物量、热值和灰分含量的影响.植物营养与肥料学报，18（2）：512-517.

高凯，朱铁霞，王其兵.2012c.内蒙古锡林河流域羊草草原主要建群植物热值及灰分动态变化.生态学杂志，31（3）：557-560.

高韶勃，刘磊，王宇坤，等.2017.不同利用方式下内蒙古典型草原群落物种相互关系的年际变化.生态学报，37（19）：6562-6570.

葛全胜，赵名茶，郑景云.2000.20世纪中国土地利用变化研究.地理学报，55（6）：698-706.

官丽莉，周小勇，罗艳.2005.我国植物热值研究综述.生态学杂志，24（4）：452-457.

郭继勋，王若丹.2000.东北草原优势植物羊草热值和能量特征.草业学报，9（4）：28-32.

海日拉.2018.社会工作视角下的新型牧业社区建设研究.呼和浩特：内蒙古师范大学硕士学位论文.

韩芳，牛建明，刘朋涛，等.2010.气候变化对内蒙古荒漠草原牧草气候生产力的影响.中国草地学报，32（5）：57-65.

韩满都拉.2019.内蒙古高原温带草地畜牧业可持续发展评价.中国农业资源与区划，40

（1）：190-194.

黄文秀．1991．西南畜牧业资源开发与基地建设．北京：科学出版社．

贾慎修．2002．草地经营学及其发展．见：《贾慎修文集》编辑委员会．贾慎修文集．北京：中
国农业大学出版社．

江小雷，张卫国，严林，等．2004．植物群落物种多样性对生态系统生产力的影响．草业学报，
13（6）：8-13.

姜恕．1988．草原的退化及其防治策略初探．资源科学，2（1）：1-7.

姜晔，毕晓丽，黄建辉，等．2010．内蒙古锡林河流域植被退化的格局及驱动力分析．植物生
态学报，34（10）：1132-1141.

焦珂伟，高江波，吴绍洪，等．2018．植被活动对气候变化的响应过程研究进展．生态学报，
38（6）：2229-2238.

焦树英，韩国栋，李永强，等．2006．不同载畜率对荒漠草原群落结构和功能群生产力的影响．
西北植物学报，26（3）：564-571.

金良．2011．基于 3S 技术的天然草原土地利用动态研究：以锡林郭勒草原国家级自然保护区为
例．干旱区资源与环境，25（4）：121-126.

井新，贺金生．2021．生物多样性与生态系统多功能性和多服务性的关系：回顾与展望．植物
生态学报，45（10）：1094-1111.

孔德帅，胡振通，靳乐山．2016．牧民草原畜牧业经营代际传递意愿及其影响因素分析——基
于内蒙古自治区 34 个嘎查的调查．中国农村观察，1：75-85，93.

李博．1990．内蒙古鄂尔多斯高原自然资源与环境研究．北京：科学出版社．

李博．1997a．气候变化对内蒙古温带草原地上生物量的潜在影响模拟．北京：中国农业科技出
版社．

李博．1997b．中国北方草地退化及其防治对策．中国农业科学，30（6）：2-10.

李博，雍世鹏，崔海．1991．内蒙古自治区资源系列地图．北京：科学出版社．

李金花，李镇清，任继周．2002．放牧对草原植物的影响．草业学报，11（1）：4-11.

李林栖，马玉寿，李世雄，等．2017．返青期休牧对祁连山区中度退化草甸化草原草地的影响．
草业科学，34（10）：2016-2023.

李梦娇，李政海，鲍雅静，等．2016．呼伦贝尔草原载畜量及草畜平衡调控研究．中国草地学
报，38（2）：72-78.

李绍良，贾树海，陈有君，等．1997．内蒙古草原土壤退化进程及其评价指标的研究．土壤通
报，（6）：2-4.

李永宏．1988．内蒙古锡林河流域羊草草原和克氏针茅草原在放牧影响下的分异和趋同．植物
生态学和地植物学学报，12（3）：189-196.

李政海，王炜，刘钟龄．1995．退化草原围封恢复过程中草场质量动态的研究．内蒙古大学学
报（自然科学版），26（3）：334-338.

李周园，叶小洲，王少鹏．2021．生态系统稳定性及其与生物多样性的关系．植物生态学报，
45（10）：13.

林育真，付荣恕．2015．生态学（第二版）．北京：科学出版社．

梁艳，干珠扎布，张伟娜，等.2014.气候变化对中国草原生态系统影响研究综述.中国农业科技导报，16（2）：1-8.

廖国藩，贾幼陵.1996.中国草地资源.北京：中国科学技术出版社.

林承超.1999.福州鼓山季风常绿阔叶林及其林缘几种植物叶热值的营养成分.生态学报，19（6）：832-836.

林而达，张厚瑄，王京华.1997.全球气候变化对中国农业影响的模拟.北京：中国农业科技出版社.

刘佳佳，黄甘霖.2019.锡林郭勒盟和锡林浩特市草原生态系统服务与人类福祉的关系研究综述.草业科学，36（2）：573-593.

刘黎明，张凤荣，赵英伟.2003.2000-2050年中国草地资源综合生产能力预测分析.草业学报，11（1）：1-3.

刘丽.2017.区域尺度上植被发育的水热匹配指数及验证.呼和浩特：内蒙古大学硕士学位论文.

刘丽，李政海，鲍雅静，等.2018.典型草原植物群落根系垂直分布与草原退化阶段的对应变化关系.中国草地学报，40（1）：93-98.

刘丝雨，李晓兵，李梦圆，等.2021.内蒙古典型草原植被和土壤特性对放牧强度的响应.中国草地学报，43（9）：23-31.

刘讯.2003.中连川撂荒地演替植物功能群多样性分析.兰州：兰州大学硕士学位论文.

刘钟龄，王炜，郝敦元，等.2002.内蒙古草原退化与恢复演替机理的探讨.干旱区资源与环境，16（1）：84-94.

柳雪梅，曾伟生.2019.植物热值研究综述.林业资源管理，48（5）：104-112.

卢琦，吴波.2002.中国荒漠化灾害评估及其经济价值核算.中国人口·资源与环境，12（2）：31-35.

卢全晟，张晓莉.2018.美英澳新四国肉羊产业发展经验与启示.黑龙江畜牧兽医，8（16）：35-38.

卢欣石，何琪.2000.内蒙古草原带防沙治沙现状、分区和对策.中国农业资源与区划，21（4）：61-65.

马梅，张圣微，魏宝成.2017.锡林郭勒草原近30年草地退化的变化特征及其驱动因素分析.中国草地学报，39（4）：86-93.

马文红，方精云，杨元合，等.2010.中国北方草地生物量动态及其与气候因子的关系.中国科学：生命科学，53（7）：841-850.

孟克.2007.围封转移对锡林郭勒盟草地生产力影响研究.北京：中国农业科学院硕士学位论文.

米楠.2017.基于草畜平衡的荒漠草原可持续利用模式研究.银川：宁夏大学博士学位论文.

缪丽娟，蒋冲，何斌，等.2014.近10年来蒙古高原植被覆盖变化对气候的响应.生态学报，34（5）：1295-1301.

穆少杰，李建龙，陈奕兆，等.2012.2001-2010年内蒙古植被覆盖度时空变化特征.地理学报，67（9）：1255-1268.

倪健.2001.区域尺度的中国植物功能型与生物群区.植物学报,43(4):419-425.

潘建伟.2004.澳大利亚畜牧业经济特征及其启示.北方经济,1(9):33-34.

彭珂珊.2003.草地灾害对西部生态系统重建的影响分析.青海师专学报,23(6):140-145.

秦洁,韩国栋,乔江,等.2016.内蒙古不同草地类型针茅属植物对放牧强度和气候因子的响应.生态学杂志,35(8):2066-2073.

全国土地退化防治学术讨论会.1990.中国土地退化防治研究.北京:中国科学技术出版社.

任继周,胡自治,牟新待,等.1980.草原的综合顺序分类法及其草原发生学意义.中国草原,2(1):12-24.

邵玉琴,刘钟龄,贾志斌,等.2011.不同治理措施对退化草原土壤可培养微生物区系的影响.中国草地学报,33(5):77-81.

沈斌,房世波,余卫国,等.2016.NDVI与气候因子关系在不同时间尺度上的结果差异.遥感学报,20(3):481-490.

沈海花,朱言坤,赵霞,等.2016.中国草地资源的现状分析.科学通报,61(2):139-154.

石华灵.2017.澳大利亚畜牧业经济的特点及对我国的启示.黑龙江畜牧兽医,4(7):53-55.

宋美杰,罗艳云,段利民.2019.基于改进遥感生态指数模型的锡林郭勒草原生态环境评价.干旱区研究,36(6):1521-1527.

苏大学.1994.中国草地资源的区域分布与生产力结构.草地学报,1(2):71-77.

孙国夫,郑志明,王兆骞.1993.水稻热值的动态变化研究.生态学杂志,12(1):1-4.

孙慧珍,国庆喜,周晓峰.2004.植物功能型分类标准及方法.东北林业大学学报,32(2):81-83.

孙永良.2018.加快科技创新推动内蒙古畜牧业持续发展.农民致富之友,62(1):187.

宋永昌,阎恩荣,宋坤.2017.再议中国的植被分类系统.植物生态学报,41(2):269-278.

谭嫣辞,鲍雅静,李政海,等.2019.蒙辽农牧交错区草地植物种群和功能群热值研究.草地学报,27(1):15-21.

汤永康,武艳涛,武魁,等.2019.放牧对草地生态系统服务和功能权衡关系的影响.植物生态学报,43(5):408-417.

田苗,宋广艳,赵宁,等.2015.亚热带常绿阔叶林和暖温带落叶阔叶林叶片热值比较研究.生态学报,35(23):7709-7717.

田志秀,张安兵,王贺封,等.2019.锡林郭勒盟不同草原类型EVI的时空变化及其对气候的响应.草业科学,36(2):346-358.

仝川,郗凤江,杨景荣,等.2003.锡林河流域中游草原植被退化遥感监测及合理放牧强度的确定.草业学报,12(4):78-83.

王德利,王岭.2019.草地管理概念的新释义.科学通报,64(11):8.

王国杰,汪诗平,郝彦宾,等.2005.水分梯度上放牧对内蒙古主要草原群落功能群多样性与生产力关系的影响.生态学报,25(7):1650-1656.

王海梅,李政海,韩国栋,等.2009.锡林郭勒地区植被覆盖的空间分布及年代变化规律分析.生态环境学报,18(4):1472-1477.

王海梅,李政海,王珍.2013.气候和放牧对锡林郭勒地区植被覆盖变化的影响.应用生态学报, 24 (1): 156-160.

王合云, 郭建英, 董智, 等. 2016. 不同放牧退化程度的大针茅典型草原有机碳储量特征. 中国草地学报, 38 (2): 65-71.

王堃, 韩建国, 周禾. 2002. 中国草业现状及发展战略. 草地学报, 10 (4): 293-297.

王丽焕, 毛中丽, 陈琴, 等. 2014. 英国草地畜牧业发展的启示与建议. 草业与畜牧, 35 (1): 57-59.

王炜, 梁存柱, 刘钟龄, 等. 1999. 内蒙古草原退化群落恢复演替的研究 Ⅳ——恢复演替过程中植物种群动态的分析. 干旱区资源与环境, 13 (4): 44-55.

王文圣, 丁晶, 李跃清. 2005. 水文小波分析. 北京: 化学工业出版社.

王业侨, 刘彦随. 2006. 新西兰农牧业发展模式及其启示. 经济经纬, 13 (3): 25-77.

王云霞. 2010. 内蒙古草地资源退化及其影响因素的实证研究. 呼和浩特: 内蒙古农业大学博士学位论文.

王长庭, 龙瑞军, 丁路明. 2004. 高寒草甸不同草地类型功能群多样性及组成对植物群落生产力的影响. 生物多样性, 12 (4): 403-409.

王正文, 祝廷成. 2004. 松嫩草原主要草本植物的生态位关系及其对水淹干扰的响应. 草业学报, 15 (3): 27-33.

翁恩生, 周广胜. 2005. 用于全球变化研究的中国植物功能型划分. 植物生态学报, 29 (1): 81-97.

邬嘉华, 王立新, 张景慧, 等. 2018. 温带典型草原土壤理化性质及微生物量对放牧强度的响应. 草地学报, 26 (4): 832-840.

吴雨晴, 田赟, 周建琴, 等. 2019. 不同放牧制度草地土壤碳氮磷化学计量特征. 应用与环境生物学报, 25 (14): 801-807.

吴征镒. 1980. 中国植被. 北京: 科学出版社.

武倩, 韩国栋, 王成杰, 等. 2015. 短期内混合放牧对荒漠草原植物群落特征的影响. 草原与草业, 27 (1): 40-45.

肖翔, 格日才旦, 侯扶江. 2019. 青藏高原放牧和地形对高寒草甸群落 α 多样性和土壤物理性质的影响. 草业科学, 36 (2): 3041-3051.

肖燕, 张科燕, 张树斌, 等. 2020. 羊蹄甲属藤本和树木叶片热值与建成成本的比较研究. 植物科学学报, 38 (3): 428-436.

谢婷, 李云飞, 李小军. 2021. 腾格里沙漠东南缘固沙植被区生物土壤结皮及下层土壤有机碳矿化特征. 生态学报, 41 (6): 2339-2348.

谢庄, 曹鸿兴, 李慧, 等. 2000. 近百余年北京气候变化的小波特征. 气象学报, 58 (3): 362-369.

徐斌, 杨秀春, 陶伟国, 等. 2007. 中国草原产草量遥感监测. 生态学报, 27 (2): 405-413.

徐建华. 2017. 现代地理学中的数学方法 (第三版). 北京: 高等教育出版社.

徐炜, 井新, 马志远, 等. 2016. 生态系统多功能性的测度方法. 生物多样性, 24 (1): 72-84.

许凯扬, 叶万辉, 曹洪麟, 等. 2004. 植物群落的生物多样性及其可入侵性关系的实验研究.

植物生态学报, 28 (3): 385-391.

许月卿, 李双成, 蔡运龙. 2004. 基于小波分析的河北平原降水变化规律研究 (地球科学). 中国科学 D 辑, 34 (12): 1176-1183.

许志信. 2000. 草地建设与畜牧业可持续发展. 中国农村经济, 16 (3): 32-34.

闫军, 尤莉. 2006. 呼和浩特近 40 年降水的小波特征. 内蒙古气象, 30 (1): 61-81.

杨福囤, 何海菊. 1983. 高寒草甸地区常见植物热值的初步研究. 植物生态学与地植物学丛刊, 7 (4): 280-288.

杨晓慧. 2007. 内蒙古三种草原不同退化阶段植物能量功能群动态研究. 呼和浩特: 内蒙古农业大学硕士学位论文.

由文辉, 宋永昌. 1995. 淀山湖水生维管束植物群落能量的研究. 植物生态学报, 19 (3): 208-216.

于丰源, 秦洁, 靳宇曦, 等. 2018. 放牧强度对草甸草原植物群落特征的影响. 草原与草业, 30 (2): 31-37.

于应文, 胡自治, 张德罡. 2000. 天祝金强河高寒地区金露梅的热值及其季节动态. 草业科学, 17 (2): 1-4.

云文丽, 侯琼, 乌兰巴特尔. 2008. 近 50 年气候变化对内蒙古典型草原净第一性生产力的影响. 中国农业气象, 29 (3): 294-297.

张斌, 雷金蓉, 刘刚才, 等. 2010. 元谋干热河谷近 50a 降水变化的多时间尺度分析. 山地学报, 28 (6): 680-686.

张建丽, 张丽红, 陈丽萍, 等. 2012. 不同管理方式对锡林郭勒大针茅典型草原退化群落的恢复作用. 中国草地学报, 34 (6): 81-88.

张连义, 宝路如, 尔敦扎玛, 等. 2008. 锡林郭勒盟草地植被生物量遥感监测模型的研究. 中国草地学报, 30 (1): 6-14.

张娜. 2017. 内蒙古草原畜牧业适度规模经营研究. 呼和浩特: 内蒙古大学硕士学位论文.

张抒宇. 2019. 草地畜牧业生产方式调整和生态环境治理. 农民致富之友, 4: 154.

张新时. 2003. 我国草原生产方式必须进行重大变革. 学部通讯, 67 (2): 37.

张雪峰. 2016. 草原景观服务时空动态与预测——以内蒙古锡林河流域为例. 呼和浩特: 内蒙古大学博士学位论文.

赵一安. 2016. 割草制度对退化草地不同改良措施群落特征及恢复演替的影响. 呼和浩特: 内蒙古大学硕士学位论文.

周禾, 陈佐忠, 卢欣石. 1999. 中国草地自然灾害及其防治对策. 中国草地, 21 (2): 2-4, 8.

周洁, 祖力菲娅·买买提, 裴要男, 等. 2019. 牧户对草畜平衡补偿标准的受偿意愿分析——基于对新疆 223 户牧户的调查研究. 干旱区资源与环境, 33 (10): 79-84.

朱玉荷, 肖虹, 王冰, 等. 2022. 蒙古高原草地不同深度土壤碳氮磷化学计量特征对气候因子的响应. 植物生态学报, 46 (3): 340-349.

朱增勇, 刘现朝. 2010. 美国畜牧业历史及其现状. 世界农业, 32 (7): 61-64.

朱振瑛. 2017. 保护草原生态, 促进畜牧业可持续发展. 农业工程技术, 37 (29): 67.

左小安, 赵学勇, 张铜会, 等. 2006. 退化沙质草场群落特征及功能群生物量的空间变异性.

水土保持通报，26（1）：21-25.

中国科学院中国植被图编辑委员会．2001．中国植被图集．北京：科学出版社．

Busby F，王明玖．1988．草地的重要性及草地管理面临的挑战．内蒙古草业，2（2）：60-63.

Abadín J，González-Prieto S J，Carballas T. 2011. Relationships among main soil properties and three N availability indices. Plant and Soil，339（1-2）：193-208.

Aguejdad R. 2021. The influence of the calibration interval on simulating non-stationary urban growth dynamic using CA-Markov Model. Remote Sensing，13（3）：468.

Akram M，Zhang Q，Li W. 2008. Policy analysis in grassland management of Xilingol prefecture，Inner Mongolia. Future of Drylands：493-505.

Alfredo H. 2016. Vegetations responses to climate variability. Nature，531（7593）：181-182.

Ali B A，Oumayma B，Riadh F I，et al. 2018. Comparative study of three satellite image time-series decomposition methods for vegetation change detection. European Journal of Remote Sensing，51（1）：607-615.

Anderson D M，Fredrickson E L，Estell R E. 2012. Managing livestock using animal behavior：mixed-species stocking and flerds. Animal，6（8）：1339-1349.

Bai Y F，Han X G，Wu J G，et al. 2004. Ecosystem stability and compensatory effects in the Inner Mongolia grassland. Nature，431（7005）：181-184.

Bai Y F，Wu J G，Pan Q M，et al. 2007. Positive linear relationship between productivity and diversity：evidence from the Eurasian Steppe. Journal of Applied Ecology，44（5）：1023-1034.

Bai Y F，Wu J G，Chris M C，et al. 2012. Grazing alters ecosystem functioning and C：N：P stoichiometry of grasslands along a regional precipitation gradient. Journal of Applied Ecology，49（6）：1204-1215.

Balvanera P，Pfisterer A B，Buchmann N，et al. 2006. Quantifying the evidence for biodiversity effects on ecosystem functioning and services. Ecology Letters，9（10）：1146-1156.

Bao Y J，Li Z H，Zhong Y K. 2004. Composition dynamic of plant functional groups and their effects on stability of community ANPP during 17 yr of mowing succession on *Leymus chinensis* steppe of Inner Mongolia. Acta Botanica Sinca，46（10）：1155-1162.

Batunacun，Nendel C，Hu Y F，et al. 2018. Land-use change and land degradation on the Mongolian Plateau from 1975 to 2015—A case study from Xilingol，China. Land Degradation and Development，29（6）：1595-1606.

Batunacun，Ralf W，Tobia L，et al. 2019. Identifying drivers of land degradation in Xilingol，China，between 1975 and 2015. Land Use Policy，83：543-559.

Boer M，Stafford M. 2003. A plant functional approach to the prediction of changes in Australian rangeland vegetation under grazing and fire. Journal of Vegetation Science，14（3）：333-334.

Briske D D. 2017. Rangeland systems：foundation for a conceptual framework. *In*：Briske D D. Rangeland Systems：Processes，Management and Challenges. Cham，Switzerland：Springer Nature.

Briske D D，Derner J D，Milchunas D G，et al. 2011. An evidence-based assessment of prescribed grazing practices. Washington D. C. ：United States Department of Agriculture：Natural Resource Conservation Service.

Burrell A L, Evans J P, Liu Y. 2017. Detecting dryland degradation using Time Series Segmentation and Residual Trend analysis (TSS-RESTREND) . Remote Sensing of Environment, 197：43-57.

Byrnes J E K, Gamfeldt L, Isbell F, et al. 2014. Investigating the relationship between biodiversity and ecosystem multifunctionality：challenges and solutions. Methods in Ecology and Evolution, 5 (2)：111-124.

Botzan M G. 1998. Modified de Martonne aridity index：application to the Napa Basin, California. Physical Geography, 19 (1)：55-70.

Campbell C A, Paul E A, Rennie D A, et al. 1967. Applicability of the carbon-dating method of analysis to soil humus studies. Soil Science, 104 (3)：217-224.

Cao F, Ge Y, Wang J F. 2013. Optimal discretization for geographical detectors-based risk assessment. GIScience & Remote Sensing, 50 (1)：78-92.

Cao F F, Li J X, Fu X, et al. 2020. Impacts of land conversion and management measures on net primary productivity in semi-arid grassland. Ecosystem Health and Sustainability, 6 (1)：1749010.

Cardinale B J, Matulich K L, Hooper D U, et al. 2011. The functional role of producer diversity in ecosystems. Am J Bot, 98 (3)：572-592.

Cardinale B J, Duffy J E, Gonzalez A, et al. 2012. Biodiversity loss and its impact on humanity. Nature, 486 (7401)：59-67.

Chang Q, Xu T T, Ding S W, et al. 2020. Herbivore assemblage as an important factor modulating grazing effects on ecosystem carbon fluxes in a meadow steppe in northeast China. Journal of Geophysical Research-Biogeosciences, 125 (9)：e2020JG005652.

Chen T, Xia J, Zou L, et al. 2020. Quantifying the influences of natural factors and human activities on NDVI changes in the Hanjiang River Basin, China. Remote Sensing, 12 (22)：3780.

Chernick M R. 2001. Wavelet methods for time series analysis. Technometrics, 43 (4)：491.

Clemen T. 1998. The use of scale information for integrating simulation models into environmental information systems. Ecological Modeling, 108 (1)：107-113.

Condit R, Stephen P H, Foster R B, et al. 1996. Changes in tree species abundance in a Neotropical forest：impact of climate change. Journal of Tropical Ecology, 12 (2)：231-256.

Costanza R, d'Arge R, de Groot R, et al. 1997. The value of the world's ecosystem services and natural capital. Nature, 387 (6630)：253-260.

Cui X Y, Wang Y F, Niu H S, et al. 2005. Effect of long-term grazing on soil organic carbon content in semiarid steppes in Inner Mongolia. Ecological Research, 20 (5)：519-527.

Culik II K, Hurd L P, Yu S. 1990. Computation theoretic aspects of cellular automata. Physica D：Nonlinear Phenomena, 45 (1)：357-378.

Dai G S, Ulgiati S, Zhang Y S, et al. 2014. The false promises of coal exploitation：how mining affects herdsmen well-being in the grassland ecosystems of Inner Mongolia. Energy Policy, 67：146-153.

Dansereau P. 1951. Description and recording of vegetation upon a structural basis. Ecology, 32 (2): 172-229.

Dayan S T. 1991. The guild concept and the structure of ecological communities. Annual Review of Ecology and Systematics, 22 (1): 115-143.

Debasish S, Kukal S S, Bawa S S. 2014. Soil organic carbon stock and fractions in relation to land use and soil depth in the degraded Shiwaliks Hills of Lower Himalayas. Land Degradation & Development, 25 (5): 407-416.

Dong S K, Gao H W, Xu G C, et al. 2007. Farmer and professional attitudes to the large-scale ban on livestock grazing of grasslands in China. Environmental Conservation, 34 (3): 246-254.

Dong L, Martinsen V, Wu Y T, et al. 2021. Effect of grazing exclusion and rotational grazing on labile soil organic carbon in north China. European Journal of Soil Science, 72 (1): 372-384.

Du J Q, Quan Z J, Fang S F, et al. 2020. Spatiotemporal changes in vegetation coverage and its causes in China since the Chinese economic reform. Environmental Science and Pollution Research, 27 (1): 1144-1159.

Emmett D J, Paul R J, Elizabeth A C. 2003. Grazer diversity effects on ecosystem functioning in seagrass beds. Ecology Letters, 6 (7): 637-645.

Evans R D, Gill R A, Eviner V T, et al. 2017. Soil and belowground processes. In: Briske D D. Rangeland Systems: Processes, Management and Challenges. Cham, Switzerland: Springer Nature.

Fan F, Liang C, Tang Y, et al. 2019. Effects and relationships of grazing intensity on multiple ecosystem services in the Inner Mongolian steppe. Science of the Total Environment, 675 (20): 642-650.

Fei P, You Q G, Xian X, et al. 2015. Effects of rodent-induced land degradation on ecosystem carbon fluxes in an alpine meadow in the Qinghai-Tibet Plateau, China. Solid Earth, 6 (2): 303-310.

Filazzola A, Brown C, Dettlaff M A, et al. 2020. The effects of livestock grazing on biodiversity are multi-trophic: a meta-analysis. Ecol Lett, 23 (8): 1298-1309.

Fontaine S, Barot S, Barre P, et al. 2007. Stability of organic carbon in deep soil layers controlled by fresh carbon supply. Nature, 450 (7167): 277-280.

Friedel M H. 1997. Discontinous change in arid woodland and grassland vegetation along gradients of cattle grazing in central Australia. Journal of Arid Environments, 37 (1): 145-164.

Friedel M H, Bastin G N, Griffin G F. 1988. Range assessment and monitoring of arid lands: the derivation of functional groups to simplify vegetation data. Journal of Environmental Management, 27: 85-97.

Fu X, Wang X, Yang Y J. 2018. Deriving suitability factors for CA-Markov land use simulation model based on local historical data. Journal of Environmental Management, 206: 10-19.

Gamfeldt L, Hillebrand H, Jonsson P R. 2008. Multiple functions increase the importance of biodiversity for overall ecosystem functioning. Ecology, 89 (5): 1223-1231.

Ganjurjav H, Gao Q Z, Zhang W N, et al. 2015. Effects of warming on CO$_2$ fluxes in an Alpine meadow ecosystem on the central Qinghai-Tibetan Plateau. PLoS One, 10 (7): e0132044.

Gardiner B, Berry P, Moulia B. 2016. Wind impacts on plant growth, mechanics and damage. Plant Sciences, 245: 94-118.

Gitay H, Noble I R. 1997. What are functional types and how should we seek them? *In*: Smith T M, Shugart H H, Woodward F I. Plant Functional Types: Their Relevance to Ecosystem Properties and Global Change. Cambridge: Cambridge University Press.

Glenn E, Squires V, Olsen M, et al. 1993. Potential for carbon sequestration in the drylands. Water, Air, and Soil Pollution, 70: 341-355.

Gómara I, Bellocchi G, Martin R, et al. 2020. Influence of climate variability on the potential forage production of a mown permanent grassland in the French Massif Central. Agricultural and Forest Meteorology, 280: 107768.

Gong J R, Wang Y H, Liu M, et al. 2014. Effects of land use on soil respiration in the temperate steppe of Inner Mongolia, China. Soil and Tillage Research, 144: 20-31.

Gong Z N, Zhao S Y, Gu J Z. 2017. Correlation analysis between vegetation coverage and climate drought conditions in North China during 2001–2013. Journal of Geographical Sciences, 27 (2): 143-160.

Grime J P, Hodgson J G, Hunt U H R. 1988. Comparative Plant Ecology: A Functional Approach to Common British Species. London: Unwin Hyman.

Grime J P, Rincon E R, Wickerson B E. 1990. Bryophytes and plant strategy theory. Bryophytes and Plant Strategy Theory, 104 (1-3): 175-186.

Gu Z J, Duan X W, Shi Y D, et al. 2018. Spatiotemporal variation in vegetation coverage and its response to climatic factors in the Red River Basin, China. Ecological Indicators, 93: 54-64.

Guo W H, Kang S Z, Li F S, et al. 2014. Variation of NEE and its affecting factors in a vineyard of arid region of northwest China. Atmospheric Environment, 84: 349-354.

Guretzky J A, John A, Kenneth J M, et al. 2005. Species diversity and functional composition of pasture that vary in landscape position and grazing management. Crop Science, 45 (1): 282-289.

Hadden D, Grelle A. 2016. Changing temperature response of respiration turns boreal forest from carbon sink into carbon source. Agricultural and Forest Meteorology, 223: 30-38.

Hao L, Sun G, Liu Y Q, et al. 2014. Effects of precipitation on grassland ecosystem restoration under grazing exclusion in Inner Mongolia, China. Landscape Ecology, 29 (10): 1657-1673.

Hawkins M. 1989. Guilds: the multiple meanings of a concept. Annual Review of Entomology, 34 (1): 423-451.

Hayashi M, Fujita N, Yamauchi A. 2007. Theory of grazing optimization in which herbivory improves photosynthetic ability. Journal of Theoretical Biology, 248 (2): 367-376.

He C Y, Tian J, Gao B, et al. 2015. Differentiating climate and human-induced drivers of grassland degradation in the Liao River Basin, China. Environmental Monitoring and Assessment, 187 (1): 1-14.

He B, Liu J, Guo L, et al. 2018. Recovery of ecosystem carbon and energy fluxes from the 2003 drought in Europe and the 2012 drought in the United States. Geophysical Research Letters, 45 (10): 4879-4888.

Hector A, Bagchi R. 2007. Biodiversity and ecosystem multifunctionality. Nature, 448 (7150): 188-190.

Hector A, Schmid B, Beierkuhnlein C, et al. 1999. Plant diversity and productivity experiments in European grasslands. Science, 286 (5442): 1123-1127.

Hein L, de Ridder N, Hiernaux P, et al. 2011. Desertification in the Sahel: towards better accounting for ecosystem dynamics in the interpretation of remote sensing images. Arid Environ, 75 (11): 1164-1172.

Hooper D U, Vitousek P M. 1997. The effects of plant composition and diversity on ecosystem processes. Science, 277 (5330): 1302-1305.

Hooper D U, Vitousek P M. 1998. Effects of plant composition and diversity on nutrient cycling. Ecological Monographs, 68 (1): 121-149.

Hooper D U, Adair E C, Cardinale B J, et al. 2012. A global synthesis reveals biodiversity loss as a major driver of ecosystem change. Nature, 486 (7401): 105-129.

Hossain M, Iabed S S. 2008. Effects of chemical composition on the rate and temporal pattern of decomposition in grassland species leaf litter. Grassland Science, 54 (1): 40-44.

Howard K S C, Eldridge D J, Soliveres S. 2012. Positive effects of shrubs on plant species diversity do not change along a gradient in grazing pressure in an arid shrub land. Basic and Applied Ecology, 13 (2): 159-168.

Hu Y F, Alatengtuya Y Y, Yu G M. 2013. The Ecological Environment Monitoring and Evaluation in Xilingol, Inner Monglia. Beijing: China Environmental Science Press.

Humboldt A. 1807. Le voyage aux régions equinoxiales du Nouveau Continent, fait en 1799-1804, par Alexandre de Humboldt et Aimé Bonpland. Paris.

Humboldt A. 2016. Ideen zu einer Physiognomik der Gewächse. Zeitschrift für Medien-und Kulturforschung, 7 (2): 77-84.

Jack M. 1986. Spezielle Okologie der Tropischen und Subtropischen Zonen. Heinrich Walter, Siegmar-W. Breckle. The Quarterly Review of Biology, 61 (3): 423-424.

Jennifer C D. 2000. Plant functional type: an alternative to taxonomic plant community description in biogeography? Progress in Physical Geography, 24 (4): 515-542.

Jiang G M, Dong M. 2000. A comparative study on photosynthesis and water use efficiency between clonal and non-clonal plant species along the Northeast China Transect (NECT). Acta Botanica Sinica, 42 (8): 855-863.

Jiang W G, Yuan L H, Wang W J, et al. 2015. Spatio-temporal analysis of vegetation variation in the Yellow River Basin. Ecological Indicators, 51: 117-126.

Jiang Y L, Lei Y B, Qin W, et al. 2019. Revealing microbial processes and nutrient limitation in soil through ecoenzymatic stoichiometry and glomalin-related soil proteins in a retreating glacier forefield. Geoderma, 338: 313-324.

Jiang Z Y, Hu Z M, Lai D Y F, et al. 2020. Light grazing facilitates carbon accumulation in subsoil in Chinese grasslands: a meta-analysis. Global Change Biology, 26 (12): 7186-7197.

Keddy P A. 1992. Assembly and response rules: two goals for predictive community ecology. Journal of Vegetation Science, 3 (2): 157-164.

Keller A A, Goldstein R A. 1998. Impact of carbon storage through restoration of drylands on the global carbon cycle. Environmental Management, 22 (5): 757-766.

Kendall M. 1975. Rank Correlation Methods. London: Griffin.

Kent M, Coker P D. 1992. Vegetation Description and Analysis. Chichester: Wiley.

Koerner S E, Smith M D, Burkepile D E, et al. 2018. Change in dominance determines herbivore effects on plant biodiversity. Nature Ecology & Evolution, 2: 1925-1932.

Küchler A W. 1967. Vegetation Mapping. New York: Ronald Press.

LeCain D R, Morgan J A, Schuman G E, et al. 2002. Carbon exchange and species composition of grazed pastures and exclosures in the shortgrass steppe of Colorado. Agriculture, Ecosystems & Environment, 93 (1): 421-435.

Li A, Wu J, Huang J. 2012. Distinguishing between human-induced and climate-driven vegetation changes: a critical application of RESTREND in Inner Mongolia. Landscape Ecology, 27 (7): 969-982.

Li A, Wu J G, Zhang X Y, et al. 2018. China's new rural "separating three property rights" land reform results in grassland degradation: evidence from Inner Mongolia. Land Use Policy, 71: 170-182.

Li J Q, Li Z L, Dong S P, et al. 2021. Spatial and temporal changes in vegetation and desertification (1982–2018) and their responses to climate change in the Ulan Buh Desert, Northwest China. Theoretical and Applied Climatology, 143 (3-4): 1643-1654.

Liang M, Chen J, Gornish E S, et al. 2018. Grazing effect on grasslands escalated by abnormal precipitations in Inner Mongolia. Ecology and Evolution, 8 (16): 8187-8196.

Liang M W, Gornish E S, Mariotte P, et al. 2019. Foliar nutrient content mediates grazing effects on species dominance and plant community biomass. Rangeland Ecology & Management, 72 (6): 899-906.

Liang M W, Liang C Z, Hautier Y, et al. 2021a. Grazing-induced biodiversity loss impairs grassland ecosystem stability at multiple scales. Ecology Letters, 24 (10): 2054-2064.

Liang M W, Smith N G, Chen J Q, et al. 2021b. Shifts in plant composition mediate grazing effects on carbon cycling in grasslands. Journal of Applied Ecology, 58 (3): 518-527.

Lin H, Cao M. 2008. Plant energy storage strategy and caloric value. Ecological Modelling, 217 (1): 132-138.

Liu C, Melack J, Tian Y, et al. 2019. Detecting land degradation in eastern China grasslands with time series segmentation and residual trend analysis (TSS-RESTREND) and GIMMS NDVI3g data. Remote Sensing, 11 (9): 1014.

Liu C L, Li W L, Zhu G F, et al. 2020. Land use/land cover changes and their driving factors in the northeastern Tibetan Plateau based on geographical detectors and Google Earth engine: a case study in Gannan Prefecture. Remote Sensing, 12 (19): 3139.

Loreau M, Naeem S, Inchausti P, et al. 2001. Biodiversity and ecosystem functioning: current knowledge and future challenges. Science, 294 (5543): 804-808.

Loreau M, Mouquet N, Gonzalez A. 2003. Biodiversity as spatial insurance in heterogeneous land-scapes. Proceedings of the National Academy of Sciences, 100 (22): 12765-12770.

Lu X, Kelsey K C, Yan Y, et al. 2017. Effects of grazing on ecosystem structure and function of Alpine grasslands in Qinghai-Tibetan Plateau: a synthesis. Ecosphere, 8 (1): e01656.

Luo Z, Feng W, Luo Y, et al. 2017. Soil organic carbon dynamics jointly controlled by climate, carbon inputs, soil properties and soil carbon fractions. Global Change Biology, 23 (10): 4430-4439.

Maestre F, Quero J, Gotelli N, et al. 2012. Plant species richness and ecosystem multifunctionality in global drylands. Science, 335 (6065): 214-218.

Mann H B. 1945. Nonparametric test against trend. Econometrica, 13 (3): 245-259.

Manning P, van der Plas F, Soliveres F, et al. 2018. Redefining ecosystem multifunctionality. Nature Ecology & Evolution, 2 (3): 427-436.

McNaughton S J, Wolf L L. 1970. Dominance and the niche in ecological systems. Science, 167 (3915): 131-139.

McSherry M E, Ritchie M E. 2013. Effects of grazing on grassland soil carbon: a global review. Global Change Biology, 19 (5): 1347-1357.

Meng L Q, Gao S, Li Y S, et al. 2020. Spatial and temporal characteristics of vegetation NDVI changes and the driving forces in Mongolia during 1982-2015. Remote Sensing, 12 (4): 603.

Menge B A, Lubchenco J, Ashkenas L R, et al. 1986. Experimental separation of effects of consumers on sessile prey in the low zone of a rocky shore in the Bay of Panama: direct and indirect consequences of food web complexity. Journal of Environmental Marine Biology and Ecology, 100 (3): 225-269.

Michelle R L, Mark W. 1992. Classify plants into groups on the basis of associations of individual traits—evidence from Australian semi-arid woodlands. Journal of Ecology, 80 (3): 417-424.

Millennium ecosystemassessment (MEA). 2005. Ecosystems and Human Well-being: Synthesis. Washington D. C.: Island Press.

Munkhnasan L, Woo-Kyun L, Woo J S, et al. 2018. Long-term trend and correlation between vegetation green-ness and climate variables in Asia based on satellite data. MethodsX, 5: 803-807.

Naeem I, Wu X F, Asif T, et al. 2022. Livestock diversification implicitly affects litter decomposition depending on altered soil properties and plant litter quality in a meadow steppe. Plant and Soil, 473 (1-2): 49-62.

Nunes A N, Almeida A, Coelho C. 2011. Impacts of land use and cover type on runoff and soil erosion in a marginal area of Portugal. Applied Geography, 31 (2): 687-699.

Otgonbayar M, Atzberger C, Chambers J, et al. 2017. Land suitability evaluation for agricultural cropland in Mongolia using the spatial MCDM method and AHP based GIS. Journal of Geoscience and Environment Protection, 5 (9): 238-263.

Pan T, Zou X T, Liu Y J, et al. 2017. Contributions of climatic and non-climatic drivers to grassland variations on the Tibetan Plateau. Ecological Engineering, 108: 307-317.

Pan N Q, Feng X M, Fu B J, et al. 2018. Increasing global vegetation browning hidden in overall vegetation greening: insights from time- varying trends. Remote Sensing of Environment, 214: 59-72.

Pianka E R. 1975. Niche relations of desert lizards. In: Cody M, Diamond J. Ecology and Evolution of Communities. Cambridge: Harvard University Press.

Piao S L, Mohammat A, Fang J Y, et al. 2006. NDVI- based increase in growth of temperate grasslands and its responses to climate changes in China. Global Environmental Change, 16 (4): 340-348.

Pielou E C. 1967. The measurement of diversity in different types of biological collections. Journal of Theoretical Biology, 15 (1): 177.

Pierson D, Evans L, Kayhani K, et al. 2021. Mineral stabilization of soil carbon is suppressed by live roots, outweighing influences from litter quality or quantity. Biogeochemistry, 154 (3): 433-449.

Pimm S L. 1984. The complexity and stability of ecosystems. Nature, 307 (5949): 321-326.

Prommer J, Walker T W N, Wanek W, et al. 2019. Increased microbial growth, biomass, and turnover drive soil organic carbon accumulation at higher plant diversity. Global Change Biology, 26 (2): 667-681.

Qian T, Bagan H, Kinoshita T, et al. 2014. Spatial- temporal analyses of surface coal mining dominated land degradation in Holingol, Inner Mongolia. IEEE Journal of Selected Topics in Applied Earth Observations and Remote Sensing, 7 (5): 1675-1687.

Ramsay P M, Oxley E R B. 1997. The growth form composition of plant communities in the ecuadorian páramos. Plant Ecology, 131 (2): 173-192.

Raunkiaer C. 1934. Life Forms of Plants and Statistical Plant Geography. Oxford: The Clarendon Press.

Ren H Y, Valerie T E, Gui W Y, et al. 2018. Livestock grazing regulates ecosystem multifunctionality in semi-arid grassland. Functional Ecology, 32 (12): 2790-2800.

Rhif M, Abbes A B, Martinez B, et al. 2020. An improved trend vegetation analysis for non-stationary NDVI time series based on wavelet transform. Environmental Science and Pollution Research, 28 (34): 46603-46613.

Root R. 1967. The niche exploitation pattern of the blue- grey gnatcatcher. Ecological Monographs, 37 (4): 317-350.

Root R B. 2001. Encyclopedia of Biodiversity: Guilds. Amsterdam: Elsevier Inc.

Eze S, Palmer S M, Chapman P J. 2018. Soil organic carbon stock in grasslands: effects of inorganic fertilizers, liming and grazing in different climate settings. Journal of Environmental Management,

223：74-84.

Sanderson M, Skinner H, Barker D, et al. 2004. Plant species diversity and management of temperate forage and grazing land ecosystems. Crop Science, 44 (4)：1132-1144.

Schall J J, Pianka E R. 1978. Geographical trends in numbers of species. Science, 201 (4357)：679-686.

Schimel J P, Bennett J. 2004. Nitrogen mineralization：challenges of a changing paradigm. Ecology, 85 (3)：591-602.

Schwartz C C, Ellis J E. 1981. Feeding ecology and niche separation in some native and domestic ungulates on the shortgrass prairie. Journal of Applied Ecology, 18 (2)：343-353.

Shannon C E. 1948. A mathematical theory of communication. The Bell System Technical Journal, 27 (4)：379-423.

Shelford V E. 1913. Animal Communities in Temperate America：As Illustrated in the Chicago Region (No. 5). Chicago：Geographic Society of Chicago.

Shi N N, Xiao N W, Wang Q, et al. 2019. Temporal and spatial variation of vegetation NDVI and its driving forces in Xilingol. Chinese Journal of Plant Ecology, 43 (4)：331-341.

Simpson E H. 1949. Measurement of Diversity. Nature, 163 (4148)：688.

Singh J S, Gupta V K. 2018. Soil microbial biomass：a key soil driver in management of ecosystem functioning. Science of the Total Environment, 634：497-500.

Six J, Conant R T, Paul E A, et al. 2002. Stabilization mechanisms of soil organic matter：implications for C-saturation of soils. Plant and Soil, 241 (2)：155-176.

Song Y Z, Wang J F, Ge Y, et al. 2020. An optimal parameters-based geographical detector model enhances geographic characteristics of explanatory variables for spatial heterogeneity analysis：cases with different types of spatial data. GIScience & Remote Sensing, 57 (5)：593-610.

Steffen W L, Iii F, Sala O E. 1996. Global change and ecological complexity：an international research agenda. Trends in Ecology & Evolution, 11 (4)：186.

Stemmer M, von Lützow M, Kandeler E, et al. 1999. The effect of maize straw placement on mineralization of C and N in soil particle size fractions. European Journal of Soil Science, 50 (1)：73-85.

Subramanian B, Zhou W J, Ji H L, et al. 2020. Environmental and management controls of soil carbon storage in grasslands of southwestern China. Journal of Environmental Management, 254 (2)：109810.

Sun B, Li Z Y, Gao Z H, et al. 2017. Grassland degradation and restoration monitoring and driving forces analysis based on long time-series remote sensing data in Xilingol League. Acta Ecologica Sinica, 37 (4)：219-228.

Sun R, Chen S H, Su H B. 2021. Climate dynamics of the spatiotemporal changes of vegetation NDVI in northern China from 1982 to 2015. Remote Sensing, 13 (2)：187.

Swaine M D, Whitmore T C. 1988. On the definition of ecological species groups in tropical forests. Vegetatio, 75 (1)：81-86.

Szaro R C. 1986. Guild management: an evaluation of avian guilds as a predictive tool. Environmental Management, 10 (5): 681-688.

Tao S, Guang T T, Peng W F, et al. 2020. Spatial-temporal variation and driving forces of NDVI in the upper reaches of the Yangtze River from 2000 to 2015: a case study of Yibin City. Acta Ecol Sin, 40 (14): 5029-5043.

Tilman D, Knops J, Wedin D, et al. 1997. The influence of functional diversity and composition on ecosystem processes. Science, 277 (5330): 1300-1302.

Tilman D, Reich P B, Knops J M H. 2006. Biodiversity and ecosystem stability in a decade-long grassland experiment. Nature, 441 (7093): 629-632.

Uhrig R G, Labandera A M, Muhammad J, et al. 2016. Rhizobiales-like phosphatase 2 from *Arabidopsis thaliana* is a novel phospho-tyrosine-specific phospho-protein phosphatase (PPP) family protein phosphatase. The Journal of Biological Chemistry, 291 (11): 5926-5934.

Wagle P, Kakani V G. 2014. Seasonal variability in net ecosystem carbon dioxide exchange over a young Switchgrass stand. GCB Bioenergy, 6 (4): 339-350.

Wan Z Q, Yang J Y, Gu R, et al. 2016. Influence of different mowing systems on community characteristics and the compensatory growth of important species of the *Stipa grandis* steppe in Inner Mongolia. Sustainability, 8 (11): 1121.

Wang S P, Michel L. 2014. Ecosystem stability in space: α, β and γ variability. Ecology Letters, 17 (8): 891-901.

Wang S, Loreau M. 2016. Biodiversity and ecosystem stability across scales in metacommunities. Ecology Letters, 19 (5): 510-518.

Wang J S, Xu C D. 2017. Geodetector: principle and prospective. Acta Geographica Sinica, 72 (1): 116-134.

Wang J F, Wu T L. 2019. Analysis on runoff variation characteristics and its attribution in the upper reaches of Zhanghe river basin. Arid Land Resour, 33 (10): 165-171. (In Chinese)

Wang Q K, Wang S L, Zhong M C. 2013. Ecosystem carbon storage and soil organic carbon stability in pure and mixed stands of *Cunninghamia lanceolata* and *Michelia macclurei*. Plant and Soil, 370 (1-2): 295-304.

Wang X M, Lang L L, Yan P, et al. 2016. Aeolian processes and their effect on sandy desertification of the Qinghai-Tibet Plateau: a wind tunnel experiment. Soil and Tillage Research, 158: 67-75.

Wang J, Wang D, Li C, et al. 2018a. Feces nitrogen release induced by different large herbivores in a dry grassland. Ecological Applications, 28 (1): 201-211.

Wang L X, Yu D Y, Liu Z, et al. 2018b. Study on NDVI changes in Weihe Watershed based on CA-Markov model. Geological Journal, 53 (S2): 435-441.

Wang L, Delgado-Baquerizo M, Wang D, et al. 2019a. Diversifying livestock promotes multidiversity and multifunctionality in managed grasslands. Proc Natl Acad Sci U S A, 116 (13): 201807354.

Wang M, Yang W B, Wu N, et al. 2019b. Patterns and drivers of soil carbon stock in southern China grasslands. Agricultural and Forest Meteorology, 276-277: 107634.

Wang S, Fan J, Li Y, et al. 2019c. Dynamic response of water retention to grazing activity on grassland over the Three River Headwaters region. Agriculture, Ecosystems & Environment, 286: 106662.

Wang S, Lamy T, Hallett L M, et al. 2019d. Stability and synchrony across ecological hierarchies in heterogeneous metacommunities: linking theory to data. Ecography, 42 (6): 1200-1211.

Wang Z Y, Jin J, Zhang Y N, et al. 2019e. Impacts of mixed-grazing on root biomass and belowground net primary production in a temperate desert steppe. Royal Society Open Science, 6 (2): 180890.

Wang J F, Li X H, Christakos G, et al. 2020a. Geographical detectors-based health risk assessment and its application in the neural tube defects study of the Heshun Region, China. International Journal of Geographical Information Science, 24 (1): 107-127.

Wang X Y, Li F Y, Wang Y N, et al. 2020b. High ecosystem multifunctionality under moderate grazing is associated with high plant but low bacterial diversity in a semi-arid steppe grassland. Plant and Soil, 448 (1-2): 265-276.

Warming E, Vahl M. 1909. Oecology of Plants. Oxford: Clarendon Press.

Wei Y Q, Zhang Y J, Wilson G W T, et al. 2021. Transformation of litter carbon to stable soil organic matter is facilitated by ungulate trampling. Geoderma, 385 (7102): 114828.

Whittaker R H. 1965. Dominance and diversity in land plant communities. Science, 147 (3655): 250-260.

Woodward F I, Cramer W. 1996. Plant functional types and climatic change: introduction. Journal of Vegetation Science, 7 (3): 306-308.

Wu D G, Zhao X, Liang S L, et al. 2015. Time-lag effects of global vegetation responses to climate change. Global Change Biology, 21 (9): 3520-3531.

Wu N T, Liu G X, Liu A J, et al. 2020. Monitoring and driving force analysis of net primary productivity in native grassland: a case study in Xilingol steppe, China. The Journal of Applied Ecology, 31 (4): 1233-1240. (In Chinese)

Xie Y C, Sha Z Y. 2012. Quantitative analysis of driving factors of grassland degradation: a case study in Xilin River Basin, Inner Mongolia. The Scientific World Journal, (2012): 1-14.

Xie L F, Wu W C, Huang X L, et al. 2020. Mining and restoration monitoring of rare earth element (REE) exploitation by new remote sensing indicators in southern JiangXi, China. Remote Sensing, 12 (21): 3558.

Xin L, Li X B, Dou H S, et al. 2020. Evaluation of grassland carbon pool based on TECO-R model and climate-driving function: a case study in the Xilingol typical steppe region of Inner Mongolia, China. Ecological Indicators, 117: 106508.

Yan J J, Zhang G P, Ling H B, et al. 2022. Comparison of time-integrated NDVI and annual maximum NDVI for assessing grassland dynamics. Ecological Indicators, 136: 108611.

Yang Y, Niu J M, Zhang Q, et al. 2011. Ecological footprint analysis of a semi-arid grassland region facilitates assessment of its ecological carrying capacity: a case study of Xilinguole League. Acta

Ecologica Sinica, 31 (17): 5096-5104. (In Chinese)

Yang Y J, Wang S J, Bai X Y. 2019. Factors affecting long-term T rends in global NDVI. Forests, 10 (5): 372.

Yu L F, Chen Y, Sun W J, et al. 2019. Effects of grazing exclusion on soil carbon dynamics in alpine grasslands of the Tibetan Plateau. Geoderma, 353: 133-143.

Zavaleta E S, Pasari J R, Hulvey K B, et al. 2010. Sustaining multiple ecosystem functions in grassland communities requires higher biodiversity. Proceedings of the National Academy of Sciences of the United States of America, 107 (4): 1443-1446.

Zhang L Y, Liu A J, Xin Q, et al. 2006. Trend and analysis of vegetation variationof typical rangeland in Inner Mongolia—a case study of typical rangeland of Xilinguole. Journal of Arid Land Resources and Environment, 20 (2): 185-190. (In Chinese)

Zhang Y Z, Wang Q, Wang Z Q, et al. 2020. Impact of human activities and climate change on the grassland dynamics under different regime policies in the Mongol. Science of the Total Environment, 698: 13404.

Zhang R Y, Tian D S, Chen H Y H, et al. 2021. Biodiversity alleviates the decrease of grassland multifunctionality under grazing disturbance: a global meta- analysis. Global Ecology and Biogeography, 31 (1): 155-167.

Zhao Y, He C Y, Zhang Q. 2012. Monitoring vegetation dynamics by coupling linear trend analysis with change vector analysis: a case study in the Xilingol steppe in northern China. International Journal of Remote Sensing, 33 (1): 287-308.

Zhao M, He Z, Du J, et al. 2018. Assessing the effects of ecological engineering on carbon storage by linking the CA-Markov and invest models. Ecological Indicators, 98 (MAR): 29-38.

Zheng K Y, Tan L S, Sun Y W, et al. 2021. Impacts of climate change and anthropogenic activities on vegetation change: evidence from typical areas in China. Ecological Indicators, 126: 107648.

Zhou X Q, Wang J Z, Hao Y B, et al. 2010. Intermediate grazing intensities by sheep increase soil bacterial diversities in an Inner Mongolian steppe. Biology and Fertility of Soils, 46 (8): 817-824.

Zou X Y, Li J F, Cheng H, et al. 2018. Spatial variation of topsoil features in soil wind erosion areas of northern China. Catena, 167: 429-439.